教育部高等农林院校理科基础课程
教学指导委员会审定教材

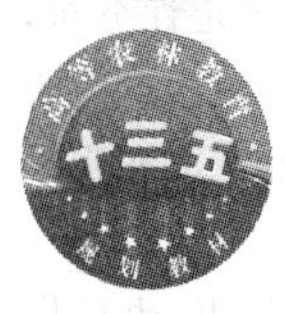

高等农林教育"十三五"规划教材

有机化学实验

Organic Chemistry Experiments

许苗军　李　莉　姜大伟　主编

中国农业大学出版社
·北京·

内容简介

本书共包括5章和附录，主要内容有：有机化学实验的基本知识，有机化学实验基本操作技术，有机化合物的结构表征技术，有机化合物的制备与合成实验，天然有机物的提取与分离，有机化合物的定性分析，综合性、设计性实验。本书内容丰富，根据农林高校有机化学的教学特点，以有机化学实验的传统教学内容为主，适度增加了天然产物的分离鉴定以及综合性、设计性实验等内容，实验内容紧密结合社会需求和实际应用，注重环保和安全意识，体现绿色化学的时代特色。

本书可以作为农学、林学、材料、食品、环境、林产化工等专业的本科生有机化学实验教学用书，也可供有机化学和相关专业的科研人员参考。

图书在版编目(CIP)数据

有机化学实验/许苗军，李莉，姜大伟主编.—北京：中国农业大学出版社，2017.5
ISBN 978-7-5655-1809-6

Ⅰ.①有…　Ⅱ.①许…　②李…　③姜…　Ⅲ.①有机化学-化学实验-高等学校-教材
Ⅳ.①O62-33

中国版本图书馆CIP数据核字(2017)第093463号

书　名　有机化学实验
作　者　许苗军　李　莉　姜大伟　主编

策划编辑　潘晓丽　**责任编辑**　王艳欣
封面设计　郑　川　**责任校对**　王晓凤
出版发行　中国农业大学出版社
社　址　北京市海淀区圆明园西路2号　**邮政编码**　100193
电　话　发行部 010-62818525，8625　**读者服务部** 010-62732336
编辑部 010-62732617，2618　**出　版　部** 010-62733440
网　址　http://www.cau.edu.cn/caup　**E-mail**　cbsszs@cau.edu.cn
经　销　新华书店
印　刷　涿州市星河印刷有限公司
版　次　2017年7月第1版　2017年7月第1次印刷
规　格　787×1 092　16开本　14.25印张　350千字
定　价　32.00元

图书如有质量问题本社发行部负责调换

出版说明

在教育部高教司农林医药处的关怀指导下，由教育部高等农林院校理科基础课程教学指导委员会（以下简称“基础课教指委”）推荐的本科农林类专业数学、物理、化学基础课程系列示范性教材现在与广大师生见面了。这是近些年全国高等农林院校为贯彻落实“质量工程”有关精神，广大一线教师深化改革，积极探索加强基础、注重应用、提高能力、培养高素质本科人才的立项研究成果，是具体体现“基础课教指委”组织编制的相关课程教学基本要求的物化成果。其目的在于引导深化高等农林教育教学改革，推动各农林院校紧密联系教学实际和培养人才需求，创建具有特色的数理化精品课程和精品教材，大力提高教学质量。

课程教学基本要求是高等学校制定相应课程教学计划和教学大纲的基本依据，也是规范教学和检查教学质量的依据，同时还是编写课程教材的依据。“基础课教指委”在教育部高教司农林医药处的统一部署下，经过批准立项，于2007年底开始组织农林院校有关数学、物理、化学基础课程专家成立专题研究组，研究编制农林类专业相关基础课程的教学基本要求，经过多次研讨和广泛征求全国农林院校一线教师意见，于2009年4月完成教学基本要求的编制工作，由“基础课教指委”审定并报教育部农林医药处审批。

为了配合农林类专业数理化基础课程教学基本要求的试行，“基础课教指委”统一规划了名为“教育部高等农林院校理科基础课程教学指导委员会推荐示范教材”（以下简称“推荐示范教材”）。“推荐示范教材”由“基础课教指委”统一组织编写出版，不仅确保教材的高质量，同时也使其具有比较鲜明的特色。

一、“推荐示范教材”与教学基本要求并行 教育部专门立项研究制定农林类专业理科基础课程教学基本要求，旨在总结农林类专业理科基础课程教育教学改革经验，规范农林类专业理科基础课程教学工作，全面提高教育教学质量。此次农林类专业数理化基础课程教学基本要求的研制，是迄今为止参与院校和教师最多、研讨最为深入、时间最长的一次教学研讨过程，使教学基本要求的制定具有扎实的基础，使其具有很强的针对性和指导性。通过“推荐示范教材”的使用推动教学基本要求的试行，既体现了“基础课教指委”对推行教学基本要求的决心，又体现了对“推荐示范教材”的重视。

二、规范课程教学与突出农林特色兼备 长期以来各高等农林院校数理化基础课程在教学计划安排和教学内容上存在着较大的趋同性和盲目性，课程定位不准，教学不够规范，必须科学地制定课程教学基本要求。同时由于农林学科的特点和专业培养目标、培养规格的不同，对相关数理化基础课程要求必须突出农林类专业特色。这次编制的相关课程教学基本要求最大限度地体现了各校在此方面的探索成果，“推荐示范教材”比较充分反映了农林类专业教学改革的新成果。

三、教材内容拓展与考研统一要求接轨 2008 年教育部实行了农学门类硕士研究生统一入学考试制度。这一制度的实行，促使农林类专业理科基础课程教学要求作必要的调整。“推荐示范教材”充分考虑了这一点，各门相关课程教材在内容上和深度上都密切配合这一考试制度的实行。

四、多种辅助教材与课程基本教材相配 为便于导教导学导考，我们以提供整体解决方案的模式，不仅提供课程主教材，还将逐步提供教学辅导书和教学课件等辅助教材，以丰富的教学资源充分满足教师和学生的需求，提高教学效果。

趁着即将编制国家级“十二五”规划教材建设项目之机，“基础课教指委”计划将“推荐示范教材”整体运行，以教材的高质量和新型高效的运行模式，力推本套教材列入“十二五”国家级规划教材项目。

“推荐示范教材”的编写和出版是一种尝试，赢得了许多院校和老师的参与和支持。在此，我们衷心地感谢积极参与的广大教师，同时真诚地希望有更多的读者参与到“推荐示范教材”的进一步建设中，为推进农林类专业理科基础课程教学改革，培养适应经济社会发展需要的基础扎实、能力强、素质高的专门人才做出更大贡献。

中国农业大学出版社

2009 年 8 月

前言

化学是一门兼具创造性和实用性的科学，而有机化学则是其最主要的组成部分之一，有机化学实验在培养学生掌握有机化学的基础理论、实验方法和技术的同时，还培养学生科学的思维、严谨的科学态度、实事求是的作风，更培养学生分析问题和解决问题的能力。本书是教育部高等农林院校理科基础课程教学指导委员会根据教育部高教司立项研制的《普通高等学校农林类专业数理化基础课程教学基本要求》而组织编写的，也是教指委审定的教材之一。本书包含了有机化学传统的实验基本操作和体现有机化学基础理论知识的实验内容，同时根据农林院校专业的特点，引入了一些与农林专业相关的实验内容。因此本教材可作为农学、林学、材料、食品、环境、林产化工等专业的本科生有机化学实验教学用书，具有较宽的使用面。

本书第 1 章为有机化学实验的一般知识，主要介绍实验室守则，安全知识，常用玻璃仪器及其保养和使用注意事项，实验记录、实验报告的基本格式要求，有机化学相关文献的出处及查询等内容。第 2 章为有机化学实验技术和基本操作，主要介绍有机化学实验基本操作，能量传递、物料转移、有机化合物分离提纯原理和方法，以及有机物的化学结构表征及物性检测手段等。第 3 章为单元反应与有机物的制备，介绍重要有机合成反应，相应有机化合物的具体合成方法和一些天然产物有效成分的提取过程，包括 39 个独立的有机合成实验和 8 个从常见天然产物中进行活性成分提取的实验，基本涵盖了有机化学的基础理论知识。为方便合成产物的验证，部分实验给出了产物的光谱图。第 4 章为有机化合物官能团检验与元素定性分析，介绍有机化合物中常见元素的定性分析及主要官能团的简易化学鉴定方法，包括木质素和纤维素结构中官能团的测定。第 5 章为综合性、设计性实验，综合性实验通过多步骤合成实验强化多种实验原理及技术的综合运用，设计性实验通过强化实验条件等因素与产物的结构与性能间的关系的分析，培养分析和解决问题的能力。本书在附录中介绍常用试剂、常见有机化合物的物理常数及有毒有害物质的存储及处理等内容，满足实验教学需求。本书实验以尽可能少量的试剂、小规格的仪器，训练常量实验的技能，其目的为节省试剂，缩短反应时间，减少能耗，且仪器轻巧，易于操作，符合节能减排、低碳环保、绿色实验的时代要求。

本书由东北林业大学许苗军拟定大纲并负责编写第 3 章，第 2 章和第 4 章由北京林业大学李莉和东北林业大学许苗军编写，第 1 章、第 5 章及附录部分由东北林业大学姜大伟编写，许苗军对全书进行统稿。全书由中国农业大学李楠教授审阅，特此致谢！

由于编者水平有限，书中疏漏与不当之处在所难免，敬请使用本教材的师生、读者批评指正。

编　者

2016 年 12 月

目录 CONTENTS

Chapter 1 第 1 章

有机化学实验的一般知识

The General Knowledge of Organic Chemistry Experiments

1.1 有机化学实验室守则及安全知识

1.1.1 实验室守则

为了保证有机化学实验课安全、有效、正确地进行，保证实验课的教学质量，培养学生良好的实验习惯和作风，锻炼学生形成严谨的科学态度，学生必须严格遵守下列规则：

(1)实验前必须认真预习实验，明确实验目的、原理及操作，认真填写预习报告。

(2)学生需提前 5 min 进入实验室，检查常规玻璃仪器及本次实验所需试剂。学生不应迟到，无故迟到时间较长者，该次实验不应计入成绩。

(3)进入实验室后，学生应迅速熟悉实验室环境，掌握实验室内水、电、煤气开关位置，熟悉灭火器材使用方法。

(4)为保证人身安全，学生必须穿实验服，戴护目镜进行实验。不得穿暴露衣物、拖鞋或凉鞋进入实验室。女同学需穿平底鞋，长发应扎在背后进行实验。

(5)实验过程中保持实验室桌面、地面、水槽整洁。实验过程需要有条不紊地进行，同时，操作实验要认真，观察现象要仔细，实验记录要详细，实验进行中不得擅自离开。

(6)学生应尊重教师的指导，按量取用试剂，注意节约。严格遵守试剂的使用规范，废物、废液不得乱丢或乱倒，应倒入指定的回收瓶内，养成良好的实验习惯。

(7)学生不得在实验室打闹嬉戏，应保持实验室安静，严禁大声喧哗，不得携带化学试剂在实验室来回走动。

(8)爱护实验仪器，不得动用与本实验无关的任何仪器设备。实验结束后常规玻璃仪器必须清洗干净，放至指定地点，公用仪器用后放回原处。整理好实验试剂，擦干净实验台面，认真检查所有水、电、煤气是否关闭。将预习报告交给指导教师批阅，待教师在预习报告上签字后方可离开实验室。

(9)轮流做值日,值日学生在实验结束后履行以下职责:打扫实验室卫生,清倒废物,复原公用仪器的位置,检查水、电、煤气,关好门窗,由教师检查后方可离去。

1.1.2 常见事故的预防和处理

在有机化学实验中许多试剂是易燃、易爆、有毒、有腐蚀性的,且大部分仪器是玻璃制品,若操作不当就有可能产生割伤、烧伤,更严重的会产生着火、爆炸、中毒等事故。学生应该充分认识到有机化学实验室是具有潜在危险的场所,必须非常重视安全问题,严格执行操作规程,加强安全管理,避免安全事故发生。

1.1.2.1 防火和灭火

有机化学实验中使用的有机溶剂大多是易燃的,而且大多数有机化学实验需要加热,甚至有时需要明火加热,有可能使易燃有机溶剂燃烧,因此在有机化学实验中防火和灭火就显得十分重要。

1. 防火

为了避免着火,必须注意下列事项:

(1)实验装置安装一定要正确,不能用明火对盛有易燃有机溶剂的烧瓶进行直接加热,操作必须规范,应使用石棉网、水浴、油浴等加热方式。

(2)不能用烧杯等开口容器盛放和处理易挥发、易燃有机溶剂。倾倒或转移溶剂时要远离火源,加热时必须采用具有回流冷凝管的装置。

(3)进行易燃物质热过滤时,必须关闭火源后,才可将可燃溶剂从一个容器倒入另一个容器。

(4)易燃、易挥发的废物不允许随便倒入废液缸和垃圾桶中,应倒入专门回收容器内进行回收。

(5)实验室不得存放大量易燃、易挥发有机溶剂。

2. 灭火

一旦发生着火,一定要沉着镇静。首先要切断电源,如使用煤气,应迅速关闭煤气,移走易燃物。然后,根据易燃物的性质和火势,用石棉布覆盖火源或用灭火器灭火。如衣服着火,应立即打开喷淋器(图1-1),边脱下衣服边淋水灭火,若火势过大,应一面呼救,一面卧地打滚将火压灭。切不可带火乱跑,避免火势进一步扩大。

图1-1 喷淋器

1.1.2.2 防爆

有机化学实验室发生爆炸的可能性有两种:①一些易发生爆炸的化合物,如过氧化物、多硝基化合物、叠氮化合物、金属钾、金属钠等,以及一些易燃易爆气体,如乙炔、氢气等使用不当会发生爆炸;②一些实验仪器安装或操作不当时,也易发生爆炸,如减压蒸馏时使用不耐压仪器等。如实验中发生爆炸其后果是非常严重的,一般预防爆炸的措施有以下几项:

(1)使用易燃易爆气体(如氢气、乙炔等)或遇水会发生剧烈反应的物质(如钾、钠等)时,应严格按操作规程操作,要特别小心。

(2)乙醚、四氢呋喃等醚类化合物蒸馏之前,必须检查是否有过氧化物存在，如发现过氧化物存在，立即用硫酸亚铁除去过氧化物后，再进行蒸馏，蒸馏时切勿蒸干。

(3)在进行实验之前，需先检查玻璃仪器是否有破损。实验进行时，仪器应安装正确，常压或加热系统一定要与大气相通。

(4)减压操作时为防止负压过大引起烧瓶破裂而发生爆炸，不能使用平底烧瓶、锥形瓶、薄壁试管等不耐压容器作为接收器或反应器。

(5)反应过于猛烈的实验，应控制反应速度和温度，特别注意避免化合物因受热分解引起体系热量和气体体积突然猛增而发生爆炸，必要时采取冷却措施。

1.1.2.3 中毒事故的预防

许多化学试剂都具有一定的毒性，对人体有不同程度的毒害，作用的方式和伤害的部位各不相同，中毒主要是通过呼吸道和皮肤接触有毒物质造成危害，所以在使用有毒化学试剂时应注意以下几点：

(1)有些有毒物质易渗入皮肤，称量试剂时应使用工具，防止试剂沾染皮肤。做完实验后，应用肥皂或洗手液反复洗手后再吃东西。切不可让有毒试剂沾及五官或伤口，更不可用嘴尝任何试剂。

(2)操作含有有毒或腐蚀性物质的有机实验必须在通风橱中进行，而且应该装有气体吸收装置，保持实验室空气流通，空气中含有毒气体的浓度须达到允许浓度以下。

(3)嗅闻化学试剂要谨慎从事，只能用手轻轻扇送少量气体，轻轻地嗅闻。

(4)剧毒试剂应存放在塞严的瓶内，标上标签，由专人负责保管，不得乱放。使用后的残渣、残液不应倒入下水道内，必须倒入指定的回收瓶里妥善处理。使用过的器皿应及时清洗。

(5)实验过程中如感觉不适，应根据以下情况分别处理：实验中如有头晕、恶心等轻微中毒症状，应立即停止实验，立即到空气新鲜的地方休息；若严重中毒，应马上送往医院救治。

1.1.2.4 化学灼伤的预防和处理

皮肤接触了强碱、强酸及溴等腐蚀性物质会发生灼伤，为避免灼伤，在使用或转移这类试剂时要十分小心，最好戴橡胶手套和防护目镜进行操作，如果被酸、碱或溴等灼伤应按下列要求处理：

1)酸灼伤　皮肤灼伤首先立即用大量水冲洗，然后用3%～5%碳酸氢钠溶液洗涤，再用水清洗，最后涂上防灼伤软膏，将伤口包扎好；眼睛灼伤先抹去眼睛周围的酸，再用大量水冲洗，然后用1%碳酸氢钠溶液清洗，最后用蒸馏水清洗。

2)碱灼伤　皮肤灼伤先用水清洗，然后用1%～2%醋酸溶液洗涤，再用清水冲洗，最后涂上药膏包扎好伤口；眼睛灼伤先抹去眼睛周围的碱，再用大量水冲洗，然用1%硼酸清洗，最后用蒸馏水清洗。

3)溴灼伤　如溴弄到皮肤上，应立即用酒精洗涤，然后用蒸馏水冲洗，再涂上甘油或烫伤药膏，将伤口包扎好。

上述各种急救法均为暂时减轻疼痛的措施，若处理之后仍感觉不适或疼痛，应立即前往医院诊治。

1.1.2.5 烫伤和割伤的处理

实验中常使用加热的器皿，以及在玻璃工操作实验中使用喷灯加热玻璃，容易发生烫伤。为预防烫伤，切勿用手去触摸刚加热过的玻璃仪器，以及用喷灯烧过的玻璃管（棒）以及玻璃仪器。若发生烫伤，轻者应涂上烫伤膏，情况严重者涂烫伤膏后立即送往医院。

打碎玻璃器皿处理碎玻璃时和玻璃工操作实验操作不当时，易发生割伤事故。割伤时应先仔细观察伤口有没有玻璃碎片，如果有玻璃碎片首先取出伤口中的碎玻璃，用双氧水洗净伤口后涂上红药水，再用消毒纱布包扎。情况严重者，应在伤口上方用纱布扎住动脉防止大量出血，并立即送往附近医院医治。

1.2 有机化学实验常用玻璃仪器简介和保养

1.2.1 有机化学实验常用玻璃仪器及主要用途

有机化学实验常用玻璃仪器分为两类，一类为普通玻璃仪器，另一类为标准磨口玻璃仪器。

1.2.1.1 普通玻璃仪器

玻璃仪器一般是由软质或硬质玻璃制作而成的。软质玻璃耐温、耐腐蚀性较差，但是价格便宜，一般用它制作普通漏斗、量筒、吸滤瓶及干燥器等。硬质玻璃具有较好的耐温和耐腐蚀性，制成的仪器可在温度变化较大的情况下使用，如烧瓶、烧杯及冷凝管等。

目前在大部分学校中普通玻璃仪器都已被标准磨口仪器所取代，但有一些仪器还有一定用途，见图 1-2。

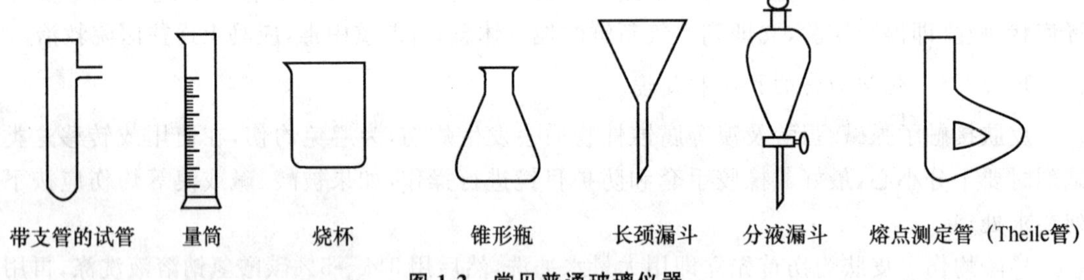

图 1-2 常见普通玻璃仪器

1.2.1.2 标准磨口玻璃仪器

标准磨口玻璃仪器是具有标准磨口或标准磨塞的玻璃仪器。这类仪器具有标准化、通用化和系列化的特点，见图 1-3。

标准磨口玻璃仪器均按国际通用技术标准制造，常用的标准磨口规格为 10、12、14、16、19、24、29、34、40 等，这里的数字编号是指磨口最大端的直径（mm）。有的标准磨口玻璃仪器用两个数字表示，如 10/30，10 表示磨口最大端的直径为 10 mm，30 表示磨口的高度为 30 mm。相同规格的内外磨口仪器可以相互紧密连接，而不同的规格则不能直接连接，但可以通过大小口（变口）接头，使它们彼此连接起来。使用标准磨口玻璃仪器既可免去配塞子、钻孔等手续，又

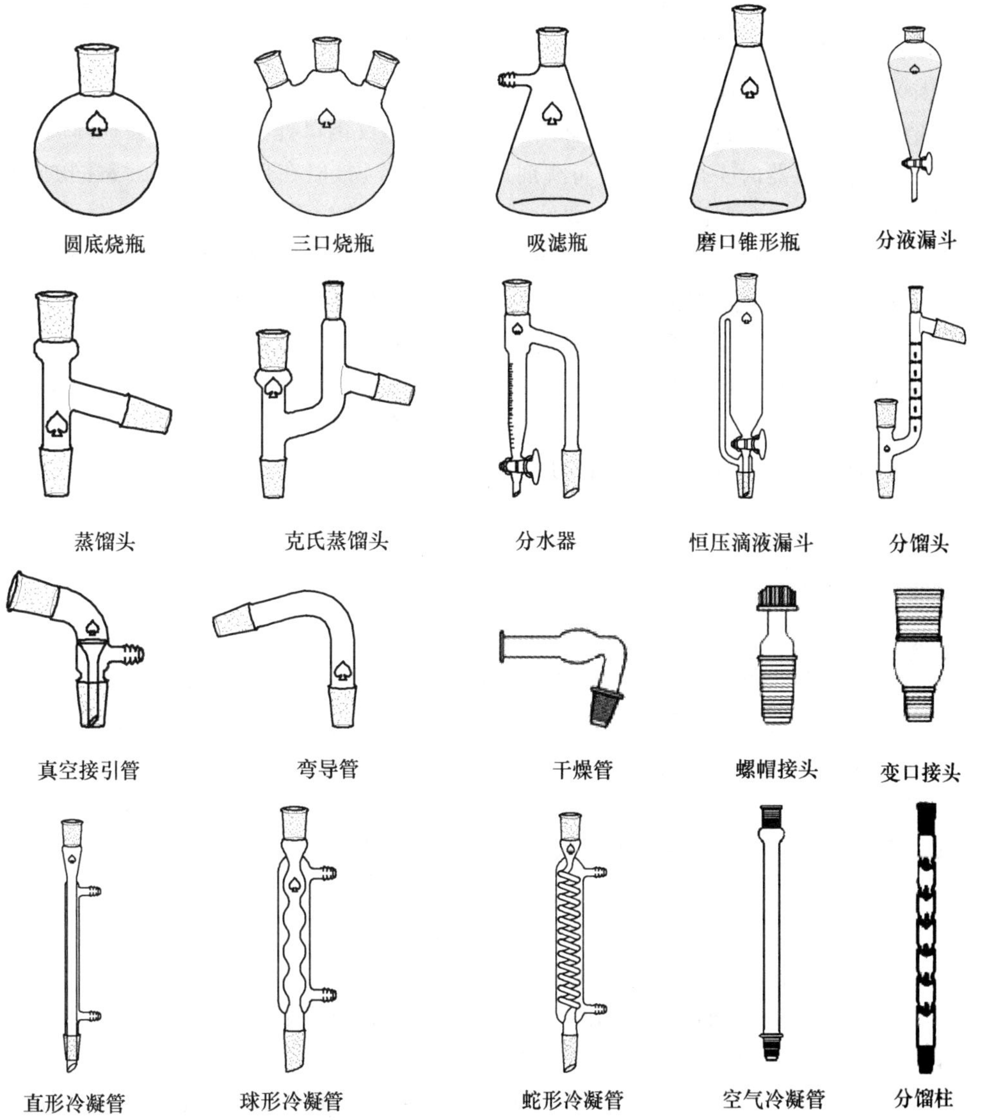

圆底烧瓶 三口烧瓶 吸滤瓶 磨口锥形瓶 分液漏斗

蒸馏头 克氏蒸馏头 分水器 恒压滴液漏斗 分馏头

真空接引管 弯导管 干燥管 螺帽接头 变口接头

直形冷凝管 球形冷凝管 蛇形冷凝管 空气冷凝管 分馏柱

图 1-3 常见标准磨口玻璃仪器

可避免塞子给反应带进杂质的可能，而且磨砂塞与磨口可紧密配合，密封性好。

1.2.2 玻璃仪器使用注意事项

1. 普通玻璃仪器

(1)玻璃仪器易碎，使用时要轻拿轻放。

(2)普通玻璃仪器中除烧杯、烧瓶和试管外都不能用火直接加热。

(3)锥形瓶、平底烧瓶不耐压，不能用于减压系统。

(4)带活塞的玻璃器皿(如分液漏斗等)用过洗净后在活塞和磨口间垫上小纸片，以防止黏结。

(5)温度计测量的温度范围不得超出其刻度范围,也不能把温度计当搅拌棒使用。温度计在使用之后应缓慢冷却,不能立即用冷水清洗,以免炸裂或汞柱断裂。

2. 标准磨口玻璃仪器

(1)磨口表面必须保持清洁,若沾有固体物质,能导致接口处漏气,同时会损坏磨口。

(2)使用磨口仪器时一般不需涂润滑剂以免沾污产物,但在反应中有强碱性物质时,则要涂润滑剂以防黏结。减压蒸馏时也要涂一些真空脂类的润滑剂。

(3)磨口仪器使用完毕后,应立即拆开洗净,以防磨口长期连接使磨口黏结而难以拆开。分液漏斗及滴液漏斗用毕洗净后,必须在活塞处放入小纸片以防黏结。

(4)安装仪器的方法要正确,首先选好主要仪器的位置,先下后上、从左到右(或从右到左)依次装配,磨口连接处要呈一直线,不能歪斜,以免因力量集中而造成仪器的破损。

(5)在常压下进行反应的装置,要与大气相通,不能密闭。

(6)夹烧瓶或冷凝管的铁夹的双钳,应贴有橡胶或石棉布,或缠上石棉绳或布条等,以防将仪器夹坏。夹子不要夹得太紧,以能旋动烧瓶或冷凝管为宜。

1.2.3 洗液的配制

1. 酸洗涤液

铬有致癌作用,因此配制和使用洗液时要极为小心,常用的两种配制方法如下:

(1)取 100 mL 工业浓硫酸置于烧杯内,小心加热,然后慢慢加入 5 g 重铬酸钾粉末,边加边搅拌,待全部溶解并缓慢冷却后,贮存于带磨口玻璃塞的细口瓶内。

(2)称取 5 g 重铬酸钾粉末,置于 250 mL 烧杯中,加 5 mL 水使其溶解,然后慢慢加入 100 mL 浓硫酸,溶液温度将达 80℃,待其冷却后贮存于磨口玻璃瓶内。

2. 其他洗涤液

(1)工业浓盐酸:可洗去水垢或某些无机盐沉淀。

(2)5%草酸溶液:用数滴硫酸酸化,可洗去高锰酸钾的痕迹。

(3)5%~10%磷酸三钠($Na_3PO_4 \cdot 12H_2O$)溶液:可洗涤油污物。

(4)30%硝酸溶液:洗涤二氧化碳测定仪及微量滴管。

(5)5%~10%乙二胺四乙酸二钠(EDTA-Na_2)溶液:加热煮沸可洗脱玻璃仪器内壁的白色沉淀物。

(6)尿素洗涤液:为蛋白质的良好溶剂,适用于洗涤盛过蛋白质制剂及血样的容器。

(7)有机溶剂:丙酮、乙醚、乙醇等可用于洗脱油脂、脂溶性染料污痕等,二甲苯可洗脱油漆的污垢。

(8)氢氧化钾的乙醇溶液和含有高锰酸钾的氢氧化钠溶液:这是两种强碱性洗涤液,对玻璃仪器的侵蚀性很强,可清除容器内壁污垢,洗涤时间不宜过长,使用时应小心谨慎。

1.2.4 玻璃仪器的清洗

玻璃仪器必须经常保持洁净,学生应该养成仪器用毕后即洗净的习惯。洗涤玻璃仪器的目的是为了避免杂质进入反应体系,确保实验顺利进行。为了清洗仪器方便,应在每次实验完后,立即清洗玻璃仪器。因为刚做完实验,可根据污物的情况、性质,采用一定的

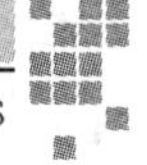

手段进行清洗。不清洁的玻璃仪器放置时间长了，会使溶剂挥发，污物干结，给清洗工作带来麻烦。有许多有机实验需用干燥的仪器，若在实验时洗仪器，会直接影响实验的进行和效果。

洗涤玻璃仪器的一般方法有以下几种：

1. 毛刷刷洗

长柄毛刷冲湿后蘸上去污粉或洗洁精刷洗仪器器壁。对圆底的玻璃仪器或三口烧瓶等，可将毛刷弯至一定的角度，刷洗到每个部位，直至污物去除为止，再用自来水冲洗干净。当用去污粉等物质难以去除污物时，则可根据污物的性质，加入少量有机溶剂溶解后洗涤。

2. 超声波清洗

有机化学实验中常用超声波清洗器来洗涤玻璃仪器。其优点是省时又方便，只要把用过的玻璃仪器放在配有洗涤剂溶液的超声波清洗器中，接通电源，利用声波的振动和能量，即可达到清洗仪器的目的。

1.2.5　玻璃仪器的干燥

在有机反应中，水的存在往往会影响反应的速度和产率，有些反应必须在无水条件下才能进行，因此仪器洗涤后常常需要干燥。下面介绍几种简单的干燥方法：

1. 自然晾干

在有机化学实验中，应尽量采用自然晾干法于实验前使仪器干燥。仪器洗净后，先尽量倒净其中的水滴，然后晾干。例如，烧杯可倒置于柜子内；蒸馏烧瓶、锥形瓶和量筒等可倒套在试管架的小木桩上；冷凝管可用夹子夹住，竖放在柜子里。放置一两天后，仪器就晾干了。

应该有计划地利用实验中的零星时间，把下次实验需用的仪器洗净并晾干，这样在做下一个实验时，就可以节省很多时间。

2. 在烘箱中烘干

一般用带鼓风机的电烘箱，烘箱温度保持在100～120℃。鼓风可以加速仪器的干燥。仪器放入前要尽量倒净其中的水，仪器放入时口应朝上，若仪器口朝下，烘干的仪器虽可无水渍，但由于从仪器内流出来的水珠滴到别的已烘热的仪器上，往往易引起后者炸裂。用坩埚钳把已烘干的仪器取出来，放在石棉板上冷却；注意别让烘得很热的仪器骤然碰到冷水或冷的金属表面，以免炸裂。厚壁仪器如量筒、吸滤瓶、冷凝管等，不宜在烘箱中烘干。分液漏斗和滴液漏斗，则必须在拔去盖子和旋塞并擦去油脂后，才能放入烘箱烘干。

3. 用气流干燥器吹干

在仪器洗净后，先将仪器内残留的水分甩尽，然后把仪器套到气流干燥器的多孔金属管上，注意调节热空气的温度。气流干燥器不宜长时间连续使用，否则易烧坏电机和电热丝。

4. 用有机溶剂干燥

体积小的仪器急须干燥时，可采用此法。洗净的仪器先用少量酒精洗涤一次，再用少量丙酮洗涤，最后用压缩空气或用吹风机（不必加热）把仪器吹干。用过的溶剂应倒入回收瓶中。

1.3 化学试剂的使用与保存

1.3.1 有毒化学试剂

1. 有毒气体

氟、氯、溴、一氧化碳等均为窒息性或具刺激性气体，使用时必须在通风良好的通风橱中进行，并设法吸收有毒气体，减少环境污染。

2. 强酸和强碱

硝酸、硫酸、盐酸、氢氧化钠、氢氧化钾等均刺激皮肤，有腐蚀作用，会造成化学烧伤，使用时要倍加小心。

3. 无机化学试剂

氰化物及氰氢酸毒性极强，使用时必须戴口罩、防护眼镜及手套，手上有伤害时不得进行使用氰化物的试验；研碎氰化物时，必须用有盖研钵，在通风橱中进行（不抽风），使用过的试剂、桌面均得清理，用水冲洗，手及脸应仔细洗净；实验服可能污染，必须及时换洗。汞在室温下即能蒸发，毒性极强，能导致急性或慢性中毒，使用时必须注意室内通风；如果汞洒到桌子或地面上，尽可能收集细粒，然后用硫黄粉、锌粉或三氯化铁溶液清除。此外，如溴、亚硝酸钠、白磷等都有剧毒，使用和保存应严格管理。

4. 有机化学试剂

有机溶剂均为脂溶性液体，对皮肤黏膜有刺激作用，对神经系统有选择作用；芳香硝基化合物的特点是能迅速被皮肤吸收，中毒后引起顽固性贫血及黄疸病，刺激皮肤引起湿疹；苯酚能够灼伤皮肤，引起坏死，皮肤沾染后应立即用温水及稀酒精清洗；生物碱大多数有强烈毒性，皮肤亦可吸收，可导致中毒甚至死亡。

使用有毒试剂时必须小心，了解其性质与使用方法，不要沾污皮肤，吸入蒸气及溅入口中。经常保持实验室及台面整洁，实验结束后必须养成洗手的习惯。

1.3.2 易燃化学试剂

1. 可燃气体

氢气、一氧化碳、硫化氢、甲烷、乙烯、乙炔及其他烃类气体等。

2. 易燃液体

汽油、苯、甲苯、二甲苯、甲醇、乙醇、乙醚、乙醛、丙酮、乙酸乙酯、二硫化碳等。

3. 易燃固体

硫、红磷、黄磷（自燃）、镁、铝粉、萘等。

对于以上易燃化学试剂，在使用和存放时应注意以下几点：

试剂与火源尽可能离得远些，尽量不用明火直接加热；盛有易燃试剂的容器不得靠近火源；数量较多的易燃试剂应放在危险试剂存储库内，不得存放在实验室内；量取易燃溶剂应远离火源，最好在通风橱中进行；蒸馏易燃溶剂（特别是低沸点易燃溶剂）的装置，要防止漏气，接收器支管应与橡皮管相连，使余气通往水槽或室外；使用易燃气体，如氢气、乙炔等时

要保持室内空气畅通，严禁明火并防止一切火星的发生。

1.3.3 易爆化学试剂

常见的这类试剂有三硝基甲苯、硝化甘油、硝酸铵、雷汞等。它们经过摩擦、震动、撞击，碰到火源、高温都会引起强烈反应，放出大量气体和能量，即产生猛烈的爆炸。保存时应将其置于阴凉、黑暗处，避光保存，装瓶单独存放在安全处，要保证轻拿轻放；使用时要避免摩擦、震动、撞击、接触火源。

1.4 实验预习、实验记录和实验报告

有机化学是一门以实验为基础的学科，许多化学理论与规律来自于实验，同时理论与规律的应用，也依赖于实验的探索与检验。有机化学实验是培养学生实践能力、科研能力和综合素质极其重要的环节和手段，同时培养学生自我拓宽知识的能力和创新能力。经过正规、系统的训练，掌握有机化学实验教学大纲中要求的基本操作技能和独立进行化学实验的能力；掌握有机化合物的重要性质和基本反应；掌握化合物的合成、分离和检测方法；掌握独立进行科学研究的方法。

1.4.1 实验预习

实验前通过认真预习，对实验的整个过程心中有数，才能使实验顺利进行，得到较大收获并达到预期的效果。在预习时首先要认真阅读实验教材和有关参考资料，明确实验目的；掌握试剂与产物的物理常数；了解涉及的实验技术的基本原理、操作、实验装置，特别是实验的关键之处；注意实验的安全事项。

预习要求：明确实验目的，了解实验原理，领会实验步骤和注意事项；根据实验内容从手册或参考书中查出实验过程中涉及的化合物的物理常数，其记录格式见表 1-1；写出预习报告，内容包括实验题目、实验日期、实验目的、实验步骤，空出适当部位用于现象记录。

表 1-1 常用化合物物理常数

名称	相对分子质量 (M_r)	相对密度 (d)	熔点 (mp)	沸点 (bp)	溶解度(s)		
					水($s_{水}$)	乙醇($s_{乙醇}$)	乙醚($s_{乙醚}$)

1.4.2 实验记录

在实验过程中，实验者必须养成一边进行实验一边直接在记录本上做记录的习惯，不能事后凭记忆补写，或以零星纸条暂记再转抄。记录的内容包括实验的全部过程，如加入试剂的数量，仪器装置，每一步操作的时间、内容和所观察到的现象(包括温度，颜色，体积或质量

的数据等)。记录要求实事求是,准确反映真实的情况,特别是当观察到的现象和预期的不同,以及实验步骤与教材规定的不一致时,要按照实际情况记录清楚,以便作为总结讨论的依据。其他各项,如实验过程中的一些准备工作,现象解释,称量数据,以及其他备忘事项,可以记在备注栏内。应该牢记,实验记录是原始资料,科学工作者必须重视。

实验记录是研究实验内容、书写实验报告和分析实验成败的依据,因此实验时一定要记录实验的全过程。应仔细观察,认真思索,详细如实地记录时间、试剂级别、用量、反应温度、现象的变化以及产物的性态(性态即指液体还是固体,什么颜色,若是固体则指结晶形态等),每一个实验人员都要养成良好的实验记录习惯。建议的实验记录的格式见表 1-2。

表 1-2 实验记录格式

实验步骤	现象	注意事项

1.4.3 实验报告

实验报告是根据实验记录进行整理、总结,对实验中出现的问题从理论上加以分析和讨论,使感性认识发生飞跃提高到理性认识的必要手段。实验报告的内容有:反应原理、主要试剂用量及规格、主要试剂及产物的物理常数、仪器装置、实验步骤、实验记录、产物物理状态、产量、产率、总结讨论等。

在有机化学反应中产率(或称百分产率)的高低和产物质量的好坏常常是评价实验方法及考核实验者实验技能的重要指标。在进行合成实验时,通常并不是完全按照反应方程式所要求的比例投入各原料,而是增加某原料的用量。究竟过量使用哪一种物质,则要根据其价格是否低廉,反应完成后是否容易去除或回收,能否引起副反应等情况来决定。在计算时,首先要根据反应方程式找出哪一种原料的相对用量最少,以它为基准计算其他原料的过量百分数。

实际产量是指实验中实际得到的纯粹产物的数量,简称产量。理论产量是假定反应物完全转化成产物,计算得到的产物数量。在有机化学反应中,常因为副反应、反应不完全以及分离提纯过程中引起的损失等原因,实际产量总是低于理论产量。实际产量和理论产量的比值为产率。

做完实验以后,除了整理报告,写出产物的产量、产率、状态和实际测得的物性,如沸程、熔程等数据,以及回答指定的问题,还要根据实际情况就产物的质量和数量,实验过程中出现的问题等进行讨论,以总结经验和教训。这是把直接的感性认识提高到理性思维的必要步骤,也是科学实验中不可缺少的一环。

实验讨论是将实验的现象及所得的实验结果综合归纳、分析提高的过程。对自己在实验中存在的问题进行分析,或对实验提出改进意见。在实验报告中以书面的形式展开讨论,对于提高总结能力和创新能力是很有好处的。

下面是一个合成实验的实验报告示例:

有机化学实验报告

实验名称：正溴丁烷的制备

目的要求：(1)了解从醇制备溴代烷的原理以及方法；

(2)初步掌握回流以及气体吸收装置和分液漏斗的使用方法。

主反应：

$$NaBr + H_2SO_4 \longrightarrow HBr + NaHSO_4$$

$$n\text{-}C_4H_9OH + HBr \xrightarrow{H_2SO_4} n\text{-}C_4H_9Br + H_2O$$

副反应：

$$CH_3CH_2CH_2CH_2OH \xrightarrow[\triangle]{H_2SO_4} CH_3CH_2CH{=}CH_2 + H_2O$$

$$2n\text{-}C_4H_9OH \xrightarrow[\triangle]{H_2SO_4} (n\text{-}C_4H_9)_2O + H_2O$$

$$2NaBr + 3H_2SO_4 \xrightarrow{\triangle} Br_2 + SO_2 + 2H_2O + 2NaHSO_4$$

主要试剂以及产物的物理常数见表1。

表1 实验用到的主要原料及产物的物理常数

名称	M_r	性状	ρ	mp/℃	bp/℃	s/(g/100 g)		
						$s_{水}$	$s_{乙醇}$	$s_{乙醚}$
正丁醇	74.12	无色透明液体	0.809 7	−89.2	117.7	7.92	∞	∞
正溴丁烷	137.03	无色透明液体	1.299	−112.4	101.6	不溶	∞	∞

主要试剂用量及规格：

正丁醇：化学纯，2 mL (0.022 mol)。

浓硫酸：工业品，相对密度1.84。

溴化钠：化学纯，2.8 g (0.027 mol)。

实验步骤及现象记录见表2。

表2 实验步骤及现象记录

实验步骤	现象	注意事项
(1)于25 mL烧瓶中放3 mL水，加3 mL浓 H_2SO_4，振摇冷却	放热，烧瓶烫手	注意 H_2SO_4 使用安全
(2)加2 mL n-C_4H_9OH、2.8 g NaBr，振摇，加沸石	不分层，有许多NaBr未溶。瓶中已出现白雾状HBr	加试剂次序不能颠倒
(3)装冷凝管、HBr吸收装置，石棉网小火加热1 h	沸腾，瓶中白雾状HBr增多，并从冷凝管上升，被气体吸收装置吸收。瓶中液体由一层变成三层，上层开始极薄，中层为橙黄色，上层越来越厚，中层越来越薄，最后消失。上层颜色由淡黄色变为橙黄色	加热速度不能过快，防止蒸气来不及冷凝而逸出

实验步骤	现象	注意事项
(4)稍冷，改成蒸馏装置，加沸石，蒸出 n-C_4H_9Br	馏出液混浊，分层，瓶中上层越来越少，最后消失，溶液棕黄色、澄清透明，冷却后蒸馏瓶冷却析出无色透明结晶($NaHSO_4$)	准确判断终点
(5) ①粗产物用 2 mL 水洗 ②在干燥分液漏斗中用 2 mL 浓 H_2SO_2 洗涤 ③等体积水洗涤 ④等体积 10% Na_2CO_3 洗涤 ⑤等体积水洗涤	①上层混浊，下层无色透明，经检验下层为产物 ②起初出现三层，振荡后变为两层，下层略显黄色 ③两层均无色透明 ④两层交界处有些絮状物 ⑤两层均无色透明	每次检验有机层，防止倒错
(6)粗产物置 10 mL 锥形瓶中，加 2 g $CaCl_2$，塞好瓶塞干燥	粗产物有些混浊，稍摇后透明	不时振摇
(7)产物滤入 25 mL 蒸馏烧瓶中，加沸石，蒸馏，收集 99～103℃馏分	无色透明馏出液，99℃以前馏出液很少，长时间稳定于 101～102℃。后升至 103℃，温度下降，瓶中液体很少，停止蒸馏	
(8)产物外观、质量	无色液体，产物重 1.8 g	

粗产物纯化过程及原理：

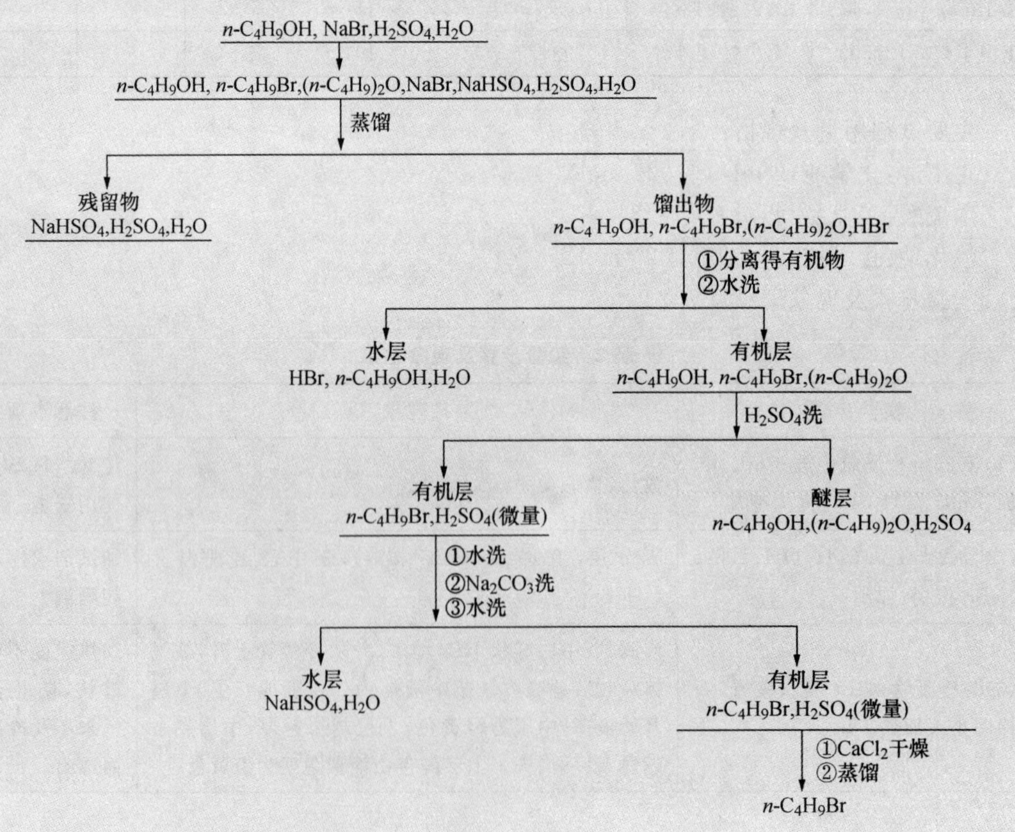

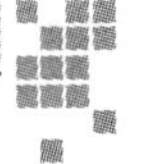

产率计算：

因其他试剂过量，理论产量应按正丁醇计算。0.022 mol 正丁醇能产生 0.022 mol 正溴丁烷，则 $m_{理}=n\times M_r=0.022\times137=3.014$ g。

$$产率=\frac{m_{产}}{m_{理}}\times100\%=\frac{1.8}{3.014}\times100\%=60\%$$

讨论：

(1)醇能与硫酸生成酯，而卤代烷不溶于硫酸，故随着正丁醇转化为正溴丁烷，烧瓶中分成三层。上层为正溴丁烷，中层可能为硫酸正丁酯，中层消失即表示大部分正丁醇已转化为正溴丁烷。上、中两层液体呈橙黄色是由于副反应产生的溴所致。从实验可知，溴在正溴丁烷中的溶解度较硫酸中的溶解度大。

(2)蒸去正溴丁烷后，烧瓶冷却析出的结晶是硫酸氢钠。

(3)由于操作时疏忽大意，反应开始前忘记加沸石了，使回流不正常，应停止加热，稍微冷却后，再加沸石继续回流，这样就使操作时间延长，这点应引起注意。

1.5 有机化学文献资料简介

查阅文献资料的主要目的是查找实验中用到的各种化合物的物理常数、化学性质等，以作为实验前选择仪器装置、操作方法和安全措施的依据。同时经常查阅文献，尤其是有机化学的文献，可以不断发现、了解、掌握、运用有关的新知识、新技术。有机化合物的物理常数是设计制备实验方案、确定分离提纯化合物方法的重要依据，也常常利用有机化合物的物理性质鉴别有机化合物。因此，熟练使用文献资料对学好有机化学实验是重要的，尤其是对于开放实验教学。

有关有机化学的文献资料非常多，常用的有工具书、期刊、化学文摘和网络信息资源等。

1.5.1 工具书

1)《化工辞典》 王箴主编，北京：化学工业出版社，第 4 版，2010。

这是一本综合性化工工具书，自 1969 年第 1 版与读者见面以来，曾三次再版，多次重印。每次重印中也作了少量的修改，以使本辞典所反映的内容能跟上时代的步伐。由于《化工辞典》收词全面、新颖、实用，释义科学、准确、简明、规范，检索查阅方便，长期以来，深受广大读者青睐。第 4 版修订重点是力求反映改革开放以来我国化工领域的新进展和新成果。对许多概念、化工产品、生产方法、机械设备等都进行了更新，尤其在材料、环境保护、精细化工、生化、医药、化工设备及元素等各方面进行了全面、系统性调整。第 4 版增加了新词目 2 400 余条，删除过于陈旧的词目 400 余条。对原有词目的内容也作了相应的更新及修改，经过修订后的《化工辞典》第 4 版共收词 16 000 余条。

2)《精细化工辞典》 吴大全主编，北京：化学工业出版社，2003。

本辞典收集了无机化学品、有机工业化学品、生物化工等名词 2 440 多个。着重介绍这些产品的化学结构、性能、制法、配方、主要用途、应用原理、应用效果和发展趋势。

3)《有机制备化学手册》 韩广甸等,北京:石油化学工业出版社,1980。

本套书是常用的有机合成参考书,共分 3 卷,包括实验操作技术、溶剂的精制、辅助试剂的制备、典型有机反应的基本理论以及制备方法,其中列有 451 种有机化合物的详尽制备步骤。

4)《有机合成反应》 王葆仁,北京:科学出版社,1985。

全书分成氧化反应,还原反应,烯键、炔键的形成,加成反应,取代反应,缩合反应,元素、有机化合物在有机合成中的应用,以及一些有机合成反应中间体和用于合成的试剂等八个部分进行介绍讨论。系统地阐述了应用范围、实验操作和示例,特别着眼于新成果、新方法的介绍和反应机理等。

5)《有机合成事典》 樊能廷,北京:北京理工大学出版社,1995。

本书收入常用有机化合物 1 700 余种,对每种有机化合物的品名、化学文摘登记号、英文名、别名、分子式、相对分子质量、物理性质、合成反应、实验步骤及参考文献均有介绍,并附有分子式索引。

6)《有机化合物的波谱解析》 (美)西尔弗斯坦(Silverstein R)等著,药明康德新药开发有限公司分析部译,北京:华东理工大学出版社,2007。

本书依据经典有机合成反应的应用和进展,收入生产、教学、科研常用的 1 700 余种有机化合物,按反应类型分章编写。

7)*Dictionary of Organic Compounds*(6th ed) Cadogan J-I-G, Ley S V. Pattenden, London: Chapmann & Hall, 1996。

这套辞典列出了有机化合物的化学结构、物理常数、化学性质及其衍生物等,并附有制备的文献资料和美国化学文摘登记号。

8)*The Merck Index*(12nd ed) Budavari S, Whitehouse Station N J: Merck&Co. Inc, 1996。

这是美国 Merck 公司出版的一部有机化合物、药物大辞典,共收集了 1 万多种化合物的性质、结构式、组成元素百分比、毒性数据、标题化合物的衍生物、制备方法及参考文献等。

9)《CRC 化学和物理手册》(*CRC Handbook of Chemistry & Physics*, 82nd ed) Lide D R & Jr. Lide, Boca Raton: CRC Press, 2001。

美国化学橡胶公司(Chemical Rubber Co.)出版的一部著名的化学和物理学科的实用手册,出版于 1913 年,以后逐年改版。最近的新版每两年出版一次,每版都要修订,其编排体例和收录内容不断更新和发展。内容包括数学用表、元素和无机化合物、有机化合物、普通化学、普通物理常数及其他等六个方面。其中共列有 1.5 万余条有机化合物的物理常数,按有机化合物名称的英文字母顺序排列,书中还附有分子式索引。本书不仅提供了大学有机化学实验化学和物理方面的重要数据,而且还提供了大量科学研究和实验室工作所需要的知识。

10)《兰氏化学手册》(Lange's Handbook of Chemistry, 15th ed, 1998) Dean J A, New York: McGraw-Hill, 魏俊发等译,北京:科学出版社,2002。

它是一部资料齐全、数据翔实、使用方便,供化学及有关科学工作者使用的单卷式化学数据手册,在国际上享有盛誉。自 1934 年第 1 版问世以来,一直受到各国化学工作者的重视和欢迎。全书分 11 个部分,包括数学、综合数据和换算表、原子和分子结构、无机化学、分析化学、电化学、有机化学、光谱法、热力学性质、物理性质及杂录，正文以表格形式为主，所列数据和命名原则均取自国际纯粹与应用化学联合会最新数据和规定。

11)《海氏有机化合物词典》(*Heilbron's Dictionary of Organic Compounds*, 5th ed) Buckingham J, New York: Chapmann & Hall, 1982)。

于1934—1937年出第1版，由I. Heilbron主编；1965年出第4版，正编5卷；1965—1979年每年出1个补编，共15个补编；1982年出第5版。该词典提供了有机化合物的化学结构，物理、化学和其他性质，有关的参考文献及美国化学文摘登记号。全书共7卷。前5卷按化合物名称的字母顺序排列，后几卷分别为化合物名称索引和分子式索引、杂原子索引、美国化学文摘服务社(Chemical Abstracts Service, CAS)登记号索引。本书第3版有中译本，书名为《汉译海氏有机化合物辞典》，共4卷，1966年由科学出版社出版。

12)《Beilstein有机化学大全》(Beilstein F K, Beilsteins Handbuch der Organischen Chemie), Berlin: Springer-Verlag, 1918。

是一套十分完备的有机化学工具书，该书从1918年开始出版，该版又称正编(Hauptwerk)，收集了1918年以前所有的有机化合物数据，后来又出版续编(Erganzungswerke)，手册内容非常丰富，不仅介绍了化合物的来源、性质、用途及分析方法，而且还附有原始文献，极有参考价值。该手册虽然是以德文编写，但对于懂英文的人来说，通过分子式索引(Formelregister)，也可以获得不少信息。另外，本书第五续编已用英文编写，检索起来就更方便了。

1.5.2 期刊

1.5.2.1 中文期刊

《中国科学》是1950年中国科学院出版的杂志，分别有中文版与英文版(现名 *SCIENCE CHINA*，曾用名 *SCIENCE IN CHINA*, *SCIENTIA SINICA* 等)，是我国自然科学基础理论研究领域里权威性的学术刊物，在国内外都有着长期而广泛的影响。主要刊载自然科学各领域基础研究和应用研究方面具有创新性的、高水平的、有重要意义的研究成果。

《化学通报》，由中国科学院化学研究所、中国化学会主办，设有"进展评述"、"研究论文"、"研究简报"、"知识介绍"、"计算机应用"、"实验技术"、"化学教学"、"获奖介绍"、"机构介绍"、"化学史"、"化学家"、"书刊评介"、"信息服务"和"中国化学会通讯"等栏目。

《化学学报》创刊于1933年，原名《中国化学会会志》(*Journal of the Chinese Chemical Society*)，是我国创刊最早的化学学术期刊，1952年更名为《化学学报》，并从外文版改成中文版。

《化学世界》，创办于1946年5月，由上海华谊(集团)公司主管，上海市化学化工学会主办。

《有机化学》是由中国科学院主管，中国化学会主办，中国科学院上海有机化学研究所承办的学术刊物，是中国自然科学核心期刊之一。集中反映有机化学领域里各分支学科最新的研究成果、研究动态以及发展趋势。所载文章被美国《科学引文索引》(SCI)网络版、美国《化学文摘》(CA)、《俄罗斯文摘杂志》、《中国学术期刊文摘》、《中文科技期刊数据库》、《中国期刊全文数据库》、《中国学术期刊综合评价数据库》、《中国科技论文统计源期刊》、《中国核心期刊(遴选)数据库》、《中国化学化工文摘》等收录。面向国内外发行,读者对象为国内外化学工作者。在国内外具有广泛的影响,享有较高的声誉。

1.5.2.2 英文期刊

与有机化学有关的英文期刊最常用的有:

Journal of Chemical Society,简称 *J. Chem. Soc.*;

Journal of The American Chemical Society,简称 *J. Am. Chem. Soc.*;

The Journal of Organic Chemistry,简称 *J. Org. Chem.*;

Tetrahedron Letters;

Synthesis;

Organic Letter,简称 *O. L.*;

Synthesis Communication,简称 *Synth. Commun.*;

Chemical Communication,简称 *Chem. Commun.*。

上述各期刊目前均已有网上资源,可通过一定渠道快速地查阅到最新的文献资料。

1.5.3 化学文摘

化学文摘是将大量分散的各种文献加以收集、摘录、分类整理后的一种杂志。以美国《化学文摘》(Chemical Abstracts,C. A. 或 CA)最为重要。CA 的索引比较完善,有期索引、卷索引,每 10 卷有累积索引。可通过分子式索引(Formula Index)、化学物质索引(Chemical Substance Index)、普通主题索引(General Subject Index)、作者索引(Author Index)、专利索引(Patent Index)等进行检索。

1.5.4 网络信息资源

1)CHIN 网站 http://chin.csdl.ac.cn 该网站是在联合国教科文组织(UNESCO)和国家基金委支持下,由中国科学院化工冶金研究所计算机化学开放实验室于 1996 年建立的化学信息资源网站。通过 CHIN 网站,可以检索化学数据库(Chemical Databases)、中国化学化工资源(Chemical Resources in China)、网上化学杂志(Electronic Journals in Chemistry)、专利信息(Patent Services and Information on Internet)、化学软件(Chemical Software)等。其中,在化学数据库链接中,有化学反应数据库、化学文献数据库、谱图数据库(包括红外光谱、质谱、核磁共振谱、紫外光谱等)、物性数据库、物质安全数据库、中国化学数据库、著名在线化学数据库等。在这些数据库中有许多信息可以免费浏览。

2)ChemWeb.com 网站 http://www.chemweb.com 该网站是由 Current Science 和 MDL 公司组建的化学网站。ChemWeb.com 自称为世界化学俱乐部,采取会员制服务方式,浏览者首先须在 ChemWeb.com 注册,注册是免费的。现在 ChemWeb.com 网站能为会员提供的主要资源有:Library(期刊图书馆,有 227 种期刊)、Datebases(数据库,包括文摘、化学结构、专利等 32 种数据信息)、The Alchemist (ChemWeb.com 主办的在线杂志,主要反映最近化学新闻)、Available Chemicals Directory(化工产品目录,包括近 28 万种化合物、90 万种产品信息及 470 家化学品生产厂家)。ChemWeb.com 上所提供的信息服务只是

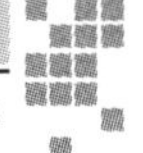

部分免费。

3)Chemistry Web Book 网站 http://webbook.nist.gov/chemistry 该网站由美国国家标准与技术研究院NIST基于Web的物性数据库建立，通过Chemistry Web Book可以检索化合物的红外谱图(IR spectrum)、质谱图(Mass spectrum)、紫外/可见光谱图(UV/Vis spectrum)、双原子分子常数(Constants of diatomic moleculars)等信息。

4)高校图书馆网站 如 http://njuct.edu.cn，http://www.lib.tsinghua.edu.cn，http://www.lib.seu.edu.cn，http://www.lib.ecust.edu.cn 等。进入有关学校的图书馆网站可以查阅中国期刊网的有关资料。绝大多数的中国期刊都上了“中国期刊网”，有关期刊可通过主题词、作者、期刊名称等查找。有关网络上还提供了CA检索功能。

5)化合物性质检索 http://chemfinder.cambridgesoft.com 剑桥软件公司的免费数据库服务。可以通过系统名、俗名、CAS登记号查询物质的物理化学常数，包括分子量、熔点、沸点、溶解性以及热力学、动力学部分数据。

6)美国化学会期刊网 http://pubs.acs.org/about.html 包括了美国化学会出版的各类期刊，如 *Journal of the American Chemical Society*，*Journal of Organic Chemistry*，*Organic Letters*，*Organic Process Research & Development*，*Organometallics* 等历年原文。可以通过期卷号和文章名、作者名等进行查询获得原文，但是需要购买版权。

Chapter 2 第2章

有机化学实验技术和基本操作

Experimental Techniques and Fundamental Operations of Organic Chemistry Experiments

2.1 有机化学实验中的物料计量与转移

有机化学实验中常用的物料多为液体或固体试剂。物料的准确计量和有效转移可以大大降低实验的误差。

固体试剂的计量采用称重法。精度要求不高时，可将待称量的固体试剂放在纸上或表面皿上，在托盘天平上称量。准确称取一定量的固体试剂时，可将待称量的固体试剂放在称量瓶中在分析天平上称量。对于易潮解或具有腐蚀性的固体试剂，不能放在纸上，而应该放在玻璃容器内快速进行称量。

液体试剂的计量与液体的用量和物理性质有关。当所用液体试剂的体积较大又不需要精确计量时，可以用量筒量取。对于黏度不太大的液体试剂，当需要精确计量时，可以用移液管或微量移液管量取，液体的用量少于0.5 mL时，也可以用称重法称取(对体积和质量进行换算时，需注意温度对密度的影响)。

物料的转移是有机化学实验操作中的普遍现象，也往往是有机化学实验中误差的主要来源。因为无论固体试剂还是液体试剂的转移，无论哪一种转移方式，都必然伴随着物料的损失。固体试剂的转移比较简单，一般情况下细心操作即可，有时对于含水量比较大的固体试剂，如重结晶操作中减压过滤后滤纸上的晶体，需要用玻璃棒或刮刀将晶体从滤纸上刮下，减少残留。

对于液体试剂，当其黏度比较大时，液体试剂在容器壁上的黏附现象比较严重，因此尽量减少转移步骤并尽可能减小容器的容积能够有效地减少转移误差。若液体试剂的沸点较低，则需要降低试剂的温度，减少由于蒸发带来的损失。

2.2 塞子钻孔和简单玻璃工技术

2.2.1 塞子钻孔

有机化学实验中常用的塞子有软木塞、橡胶塞和玻璃塞，其中需要钻孔的塞子为软木塞和橡皮塞。软木塞不易与有机化合物作用，但易漏气，易被酸碱腐蚀。橡皮塞也叫胶塞，不漏气，耐强碱性物质腐蚀，但易被强酸和某些有机化合物侵蚀或溶胀。实验中应根据物质的性质选用适宜的塞子。塞子大小要与仪器颈口或管口口径相适合，塞子进入仪器颈口或管口的部分是塞子本身高度的1/3～2/3。

在装配仪器时，有时需要在塞子中插入温度计或玻璃管，这就需要在软木塞或橡皮塞上钻孔。钻孔的大小要使温度计或玻璃管既可以顺利塞入孔中，又不至于松脱漏气。钻孔器是一组直径不同的金属管，如图2-1所示。对于橡皮塞，选择钻孔器的直径应比玻璃管的直径略粗一些；对于软木塞，则应使钻孔器的直径比玻璃管的直径略细一些。钻孔时，可以在钻孔器前端涂少许甘油或肥皂水，使之润滑便于钻孔。在塞子下垫一小块木板，钻孔器从塞子的小端垂直均匀地旋转钻入，当钻至塞子的一半时，反方向旋出钻孔器，捅出其中的塞芯。再从塞子的大端对准原钻孔位置按上述操作直至把孔钻穿。若用钻孔机钻孔，要把钻头对准塞子小端的适当位置，摇动手轮，直至钻透为止，然后再反向转动，退出钻头。钻软木塞之前，要用软木塞滚压器将塞子压紧压软，以免钻孔时塞子破裂。钻完孔后，若有必要，可以用小圆锉将钻孔修整光滑或稍稍扩大。

把玻璃管（或温度计）插入塞孔中时，应先在塞孔口处涂上少量水或甘油作润滑剂，一手持塞，一手握住玻璃管靠近塞子的地方（也可以用布包住玻璃管），缓缓均匀地旋转插入塞孔（图2-2）。不可以用力过猛或手握处距离塞子太远，否则可能会折断玻璃管并刺伤手掌。如果不费力就可以顺利插入玻璃管，说明塞孔过大，会漏气，不能使用；若塞孔过细而难于插入，则应先反方向缓缓拔出玻璃管，用小圆锉将钻孔稍稍扩大后重新插入。

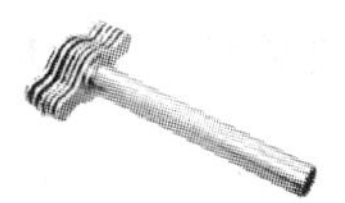

图2-1 钻孔器

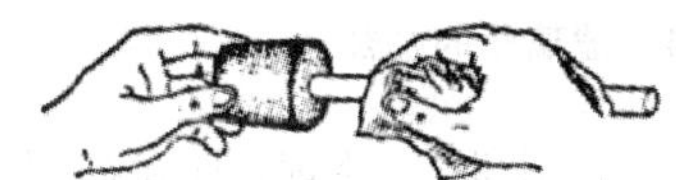

图2-2 将玻璃管插入塞孔中

2.2.2 简单玻璃工技术

标准磨口仪器的广泛使用使仪器之间的连接简单便利，但是在有些情况下还需要实验者自己动手加工制作一些玻璃器具，如毛细管、搅拌棒、玻璃铲、各种角度的玻璃弯管等，因此，应该掌握简单的玻璃工操作技术。

玻璃管（或棒）在加工前，应该先洗净，干燥后备用。用于制备毛细管的玻璃管，在拉制前要先用洗液浸泡洗涤，再用水洗净，干燥后再加工。

1. 切割

将玻璃管平放于实验台上，用锉刀或小砂轮片的边棱压在玻璃管要截断的地方，用力朝一个方向锉出一道凹痕，不可来回拉锉。锉出的凹痕要较深，并与玻璃管垂直，以保证折断后的玻璃管截面是平整的。然后双手握住玻璃管（可以用布包住），锉痕朝外，两手拇指顶住锉痕背面两侧，轻轻向前掰，同时双手向两端拉，玻璃管即可在锉痕处平整地断开（图2-3）。为了安全起见，折断时应远离眼睛并在锉痕两侧包上布后再折断。要截断的玻璃管较粗时，可以在锉痕上沾一点水，易于折断。

玻璃管的断口很锋利，易割破皮肤、橡皮管等，可以在锉刀面上将断口锉平，或者在火焰

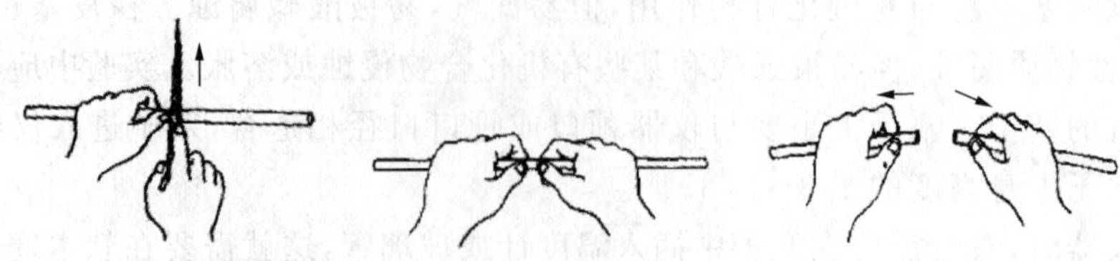

图 2-3 玻璃管的切割过程

上将断口烧熔，使断口平滑。注意不可熔烧过久，以免管口收缩变小。

2. 弯曲

两手持玻璃管把需要弯曲的部分放在煤气灯的弱火焰中边转动边预热，烘热后逐渐移入强火焰中缓缓转动(图 2-4)，玻璃管烧软(但不宜太软)时取离火焰，两手水平持着玻璃管向软化处轻轻用力，使之弯曲成所需角度。如果玻璃管要弯成较小的角度，则需要分几次逐渐弯曲。要注意的是，无论在加热或弯曲玻璃管时，双手都不要扭动，否则弯管不在同一平面内；不可在火焰中弯曲玻璃管。对弯好的玻璃管总的要求是弯角平滑，无折皱、不扭曲、不明显变细，弯角及其两边在同一平面内(图 2-5)。如果已经出现折皱或变细的情况，可以将玻璃管的一端塞住，将弯角烧软，从另一端轻轻吹气，使之稍微鼓胀并变圆滑。

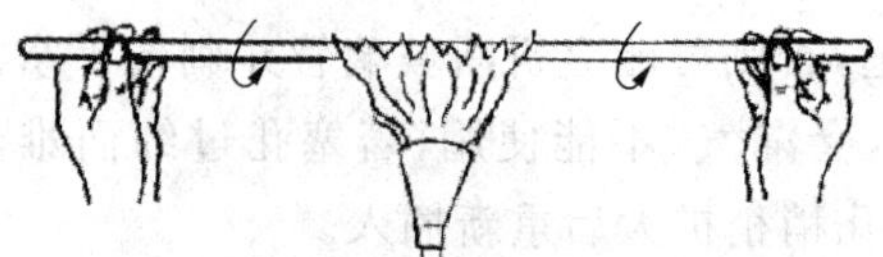

图 2-4 玻璃管的加热

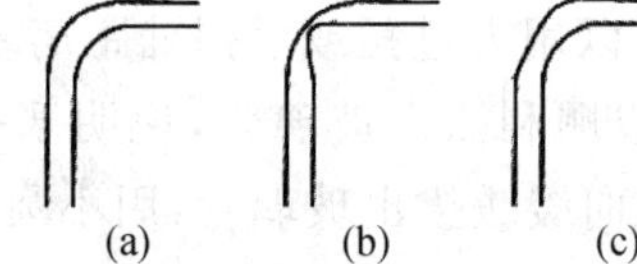

图 2-5 玻璃弯管好(a)、坏(b、c)的比较

玻璃管弯制好后应作退火处理，即应在弱火焰中加热片刻，放置在石棉网上冷却至室温，否则玻璃管因急速冷却，内部产生很大的应力，使玻璃管容易破裂。

3. 拉伸

玻璃管加热软化后可拉伸成不同内径的毛细管或滴管，用途不同，但其拉制方法相似。

拉制测定熔点用的毛细管时，要求拉得长而均匀，粗细适宜。因此在加热时，要使玻璃管的受热部分长一些，可以将玻璃管斜放在煤气灯上加热，或者加鱼尾灯头，或用两盏煤气灯对烧以扩展火焰宽度。先用弱火焰预热，再用强火焰边加热边转动玻璃管，当烧至暗红色变软后，移出火焰，边旋转边将玻璃管水平向外拉伸。拉时先慢后快，当最细处拉至直径约 1 mm 时稍稍停顿一下，然后快速向两边拉开。双手要拉直，以防变形(图 2-6)。拉好后的毛细管在石棉网上冷却后，用小砂轮片截取长度 10～15 cm 的小段，一端用小火封口，即将毛细管一端在弱火焰边缘不断轻捻转动加热，当顶端出现红色弯月面时即已封牢，应立即离开火焰。不可烧得过热过久，以免封底过厚或熔成大珠状，或弯曲变形，影响传热；但也要避免留有缝隙，引起渗液或漏液。

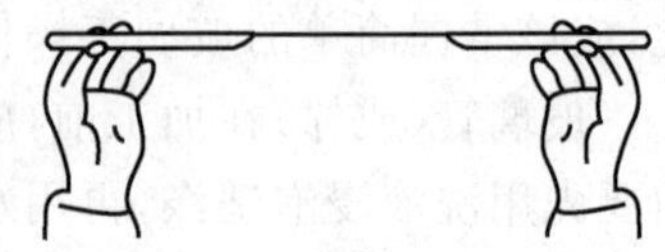

图 2-6 玻璃管的拉伸

减压蒸馏所用的毛细管很细，内径不大于 1 mm。而薄层点样所需的毛细管内径约 0.2 mm。这些细毛细管一般要分两次拉成。首先将一小段玻璃管烧软后，移离火焰，缓慢

拉伸，使细部直径达到 1.5 mm 左右，然后再将细部小心烧软，移离火焰，迅速向两边拉开，即可得到很细的毛细管。

拉制滴管时，也是将玻璃管先预热软化，然后移离火焰，两手缓缓同侧转动，同时沿水平方向慢慢拉伸至细管直径 1.5～2 mm，稍稍冷却定型后，截取细端长度 2～3 cm，小火烧圆细口一端，粗的端口用大火烧软后在石棉网上垂直按一下，使其边缘外翻，以利于安装胶帽。

2.3 加热和冷却

2.3.1 加热

大多数有机化学反应在室温下反应缓慢或难于进行，因此常常需要加热来加快反应速率并控制反应进程。一般情况下，温度每升高 10℃，反应速率增加 1 倍。有机化学实验的许多基本操作，例如蒸馏、分馏、干燥、重结晶、回流等，也都需要在加热条件下进行。有机实验室中常用的热源有酒精灯、煤气灯、电热套、电炉和红外光等，可以根据需要进行选用。

1. 直接加热

用酒精灯、煤气灯和电炉加热属于直接加热，又称明火加热。有机化学实验中很少采用直接加热方式，除了一些试管鉴别实验和元素分析实验以外。

2. 空气浴加热

为了避免受热不均，保证有机物加热的安全性和稳定性，实验室中常常采取间接加热的方式。若被加热物质沸点较高且不易燃烧，可以用热源隔着石棉网加热容器，这是最简单的空气浴。虽然扩大了受热面积，但这种加热方法依然存在加热不均匀的现象，因此不能用于回流低沸点易燃液体或减压蒸馏等操作中。

电热套是一种较好的空气浴加热设备，在有机化学实验室广泛使用。电热套与调压器配套联用，具有调温范围宽广、不见明火、使用安全的优点。一般加热温度在 60～400℃范围，可以用于加热和蒸馏易燃有机物。在使用中要避免将易燃液体洒在电热套上，否则有可能引起着火；还要注意防止水漏入电热套中引起短路或漏电。

3. 水浴加热

当加热温度不超过 100℃时，最好使用水浴加热。与空气浴相比，水浴加热较均匀，温度易控制，适合于低沸点物质回流加热。但是使用金属钾、钠以及无水操作时，应杜绝使用水浴加热，否则会引起火灾或使实验失败。

使用水浴时，水浴锅是常用的加热器。当加热少量低沸点液体时，也可用烧杯代替水浴锅。将容器浸于水浴中，切勿使容器触及水浴器壁及其底部，水浴中水的液面要略高于容器内的液面。测量水浴温度的温度计水银球应浸入水浴。若长时间加热，在操作过程中应及时添加热水，以补充加热过程中蒸发的水；或者在水中加入少量石蜡，石蜡受热熔化后铺在水面上，可减少水的蒸发。加热过程中，保持水浴中水的液面始终略高于容器内的液面。

若需加热到 100℃，可采用沸水浴或水蒸气浴。若加热温度稍高于 100℃，可选用适当无机盐类如 NaCl、$MgSO_4$ 等的饱和溶液作为浴液。

4. 油浴加热

加热温度在100～250℃之间可以用油浴加热。油浴的优点是受热均匀，油浴所能达到的最高温度由所用油的种类决定。容器内物质的温度一般比油浴温度低20℃左右。实验室常用的油有甘油、植物油、液体石蜡、硅油、真空泵油等。

1)甘油　可以加热到140～150℃，温度过高时则会分解。

2)甘油和邻苯二甲酸二丁酯的混合液　可以加热到140～180℃，温度过高则会分解。

3)植物油　如豆油、花生油、菜籽油等。可以加热到220℃左右。温度过高会分解或燃烧。若在植物油中加入1%的对苯二酚作抗氧化剂，可以增加它们在受热时的稳定性。

4)石蜡　液体石蜡和固体石蜡都可以加热到220℃，温度稍高虽不分解，但易燃烧。固体石蜡的优点还在于冷却到室温时凝为固体，便于保存。

5)硅油　加热至250℃时仍较稳定，透明度好、安全，是目前实验室里较常用的油浴之一。

6)真空泵油　加热至250℃时仍较稳定，但价格较高。

用油浴加热时，要在油浴中安装温度计，以便随时观测温度。油浴中油量不可过多，因为油的膨胀系数较大，受热时会溢出。油浴中要防止溅入水滴，否则加热时会产生泡沫或引起飞溅。使用油浴时要注意安全，防止着火，忌用明火直接加热油浴。加热过程中发现油冒烟情况严重时，应立即停止加热。

5. 酸浴加热

当加热温度在250～270℃范围时，可使用浓硫酸浴加热。当加热至300℃左右时，浓硫酸会分解产生白烟。若加入适量硫酸钾，可提高加热温度至350℃。

6. 沙浴加热

当加热温度在250～350℃范围时，可使用沙浴加热。一般将干燥的细沙装入铁盘，把容器半埋在沙中，并保持在底部留有一薄层沙，避免局部过热，同时又利于导热。容器四周沙层宜厚，有利于保温。温度计的水银球应靠近反应容器。沙浴无污染，但导热慢，散热快，升温不均匀，不易控制，在实验室中使用较少。

7. 微波加热

微波加热是近年来使用的一项新的加热技术。微波是指频率为300 MHz～300 GHz(波长在1 mm～1 m之间)的电磁波。微波加热具有如下三个特点：①能够实现选择性加热，即能使极性物质被快速加热，而非极性物质则几乎不被加热。②能快速到达反应温度，反应产率与产物纯度均大大提高。③加热均匀，能够实现分子水平意义上的搅拌，加热时间短，能耗低，效率高。

微波加热时要使用玻璃仪器或专门的微波炉器皿盛装试样，玻璃仪器不能是密闭的，以免压力过大，引起爆炸；不能使用任何金属仪器或带金属配件的仪器用于加热，以免发生危险。

8. 其他加热方法

如果需要加热到250℃以上，也可以考虑使用熔盐浴。如硝酸钠和硝酸钾等量混合，在218℃熔融，可加热至700℃。熔盐浴在室温下结为固体，移动和存放都很方便，但使用温度高，需要注意避免烫伤。

如果需要加热的温度较低，例如在50℃以下，也可以用红外灯加热。此外低沸点有机物的回流还可以采用电磁加热。

2.3.2 冷却

有机化学实验中在下述情况下经常需要进行冷却。

(1)有些化学反应是放热反应，当反应大量放热时，反应体系温度会迅速升高，需要降温来控制反应速度以避免反应过于剧烈而难以控制，甚至引起爆炸，或引起副反应。

(2)有些化学反应由于其中间体在室温下不稳定，需要在低温下进行。

(3)有时为了降低固体化合物在溶剂中的溶解度或促使晶体析出。

(4)需要将化合物的蒸气冷凝并收集时。

通常根据不同的要求，选择合适的冷却方法和冷却剂。

(1)冷却至室温时，可以把热物质放置在空气中慢慢自然降温至室温；或者将盛有反应物的容器浸没在自来水中冷却；需要快速冷却时，将盛有反应物的容器置于自来水流中冲淋或采用吹风机加速降温。

(2)冷却至0～5℃时，可采用冰水混合物，使用碎冰效果更佳。

(3)冷却至0℃以下时，可采用冰和无机盐的混合物。使用时将研细的盐和碎冰按一定比例混合，不同比例的混合物可制成制冷温度范围不同的冷却剂，如表2-1所示。

表2-1 常用冷却剂的组成及冷却温度范围 ℃

冷却剂	冷却温度	冷却剂	冷却温度
自来水	室温	干冰-3-庚酮	−38
冰-水	0～5	干冰-氯仿	−61
冰-NaCl(3∶1)	−5～−20	干冰-乙醇	−72
冰-NH_4Cl(10∶3)	约−15	干冰-丙酮	−78
冰-$NaNO_3$(5∶3)	−13～−20	干冰-乙醚	−100
冰-$CaCl_2\cdot6H_2O$(4∶5)	−20～−50	液氨-乙醚	−116
液氨	−33	液氮-乙酸乙酯	−84
干冰-乙二醇	−10	液氮-乙醇	−116
干冰-四氯化碳	−23	液氮-戊烷	−131
干冰-邻二甲苯	−29	液氮	−196

(4)冷却至−50℃以下时，可以用干冰(固体二氧化碳)和乙醇、乙醚、丙酮等的混合物。液氮可冷却至−196℃。其他冷却剂及冷却温度也列于表2-1。

为了保持制冷效果，通常把冷却剂置于保温瓶中，瓶口用布或铝箔覆盖，以减缓其挥发速度。冷却液体或固体时，可以将容器浸没于冷却剂中，一般不能将冷却剂直接加于被冷却物质中。

当温度低于−38℃时，不能使用水银温度计，因为水银在−38.9℃时会凝固。可以选用装有有机液体的低温温度计。有机液体传热较差、黏度较大，所以低温温度计达到平衡的时间较长。

2.4 搅拌与搅拌器

搅拌是有机化学实验中常用的基本操作之一。其目的是使反应物充分混合均匀,反应体系的热量更易于散发和传导,使反应体系的温度分布更均匀,有利于反应的进行。对于非均相反应,搅拌可以增大相间接触面,缩短反应时间,提高产率。对于边反应边加料的有机反应,搅拌可以防止反应物局部过浓、过热,减少副反应的发生。对于放热反应,搅拌可使反应体系热量更易散发,温度分布更加均匀,减少副反应。

搅拌的方法有三种:人工搅拌、机械搅拌和磁力搅拌。当反应较简单、反应时间不长、溶剂不易挥发、反应体系安全无毒时,可以在敞口容器中用玻璃棒手动搅拌。而对于具有反应较复杂、反应时间较长、溶剂较易挥发等特点的实验,则应采用机械搅拌或磁力搅拌。

2.4.1 机械搅拌

利用电动搅拌装置进行搅拌。为了保证搅拌的平稳,电动搅拌装置中的搅拌棒一般都安装在三口烧瓶的中间口上,搅拌器的轴、搅拌棒及烧瓶颈必须在同一轴线上。搅拌装置安装好后,先用手指搓动搅拌棒试转,确认搅拌棒及其叶片在转动时不会触及反应器壁、底和瓶内其他仪器(如温度计),然后才可旋动调速旋钮,缓缓由低挡向高挡旋转,直至所需转速,不可一下子旋到高挡。其间只要听到搅拌棒擦刮、撞击瓶壁的声音,或发现停转、疯转等异常情况,都应立即将调速旋钮旋至零,查找原因并适当调整后,再重新试转。

2.4.2 磁力搅拌

磁力搅拌装置简单,易于密封,搅拌平稳。多与电热套结合使用,具备加热、搅拌、控温等功能,使用方便。在物料较少、不需要太高温度的情况下,磁力搅拌可以替代其他方式的搅拌。但不适用于黏稠液体或是有大量固体参加或生成的反应体系,这时可选用机械搅拌。

2.5 干燥与干燥剂

干燥(desication)是有机化学实验中常用的重要操作之一,用于除去有机化合物中的少量水分或其他溶剂。有机化合物在进行定性、定量分析和波谱分析之前都必须经过干燥,以免影响结果的准确性。液体有机化合物在蒸馏前也需要干燥,防止水与液体有机物形成共沸物,在蒸馏时“前馏分”过多而降低产率。某些有机化学反应需要在“绝对无水”条件下进行,所用的仪器、试剂等都需要干燥处理。

2.5.1 基本原理

按照除水原理,干燥方法可分为物理方法和化学方法两种。

物理方法有晾干、加热、冷冻、真空干燥、分馏、共沸蒸馏和吸附等,还可以用离子交换树脂和分子筛除水。

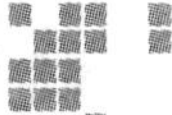

化学方法主要是利用干燥剂与水反应而达到除水干燥的目的。根据作用原理不同可将干燥剂分为两类:一类与水可逆地结合生成水合物,如无水硫酸钠、无水硫酸镁、无水硫酸铜、无水氯化钙等,在蒸馏前需将干燥剂分离出去;另一类与水发生化学反应生成新化合物,如氧化钙、五氧化二磷和金属钠等,由于反应不可逆,在蒸馏时可不必除去。

具体干燥时,需要综合考虑待干燥物的形态和性质,采用适宜的方法进行干燥。

2.5.2 液体有机化合物的干燥

若液体有机化合物可以与水形成二元共沸物或三元共沸物,其共沸点均低于该有机物本身的沸点,即可采用共沸蒸馏(或分馏)的方法除去少量的水分,当混合物蒸馏(或分馏)完毕即剩下无水有机化合物。

干燥液体有机物的最常用方法是直接将干燥剂加入到液体中,使干燥剂与水作用。

1. 干燥剂的选择

选择干燥剂要考虑如下因素:①干燥剂不与被干燥的有机物发生化学反应;②干燥剂不溶于被干燥的有机物;③干燥剂不能催化被干燥的有机物进行化学反应;④干燥剂的干燥效能和吸水容量;⑤干燥剂的干燥速度和价格。干燥剂的干燥效能、吸水容量和干燥速度反映了干燥剂的干燥能力。干燥效能是指达到平衡时液体被干燥的程度。对于形成水合物的无机盐干燥剂,常用吸水后结晶水的蒸气压来表示。水合物结晶水的蒸气压越小,干燥剂的干燥效能越强。吸水容量是指单位质量的干燥剂所吸收的水量。如氯化钙最多能形成 6 个结晶水的化合物,其吸水容量为 0.97,水合物在 25℃时水的蒸气压为 26.7 Pa;而无水硫酸钠可以形成 10 个结晶水的化合物,其吸水容量为 1.25,水合物在 25℃时水的蒸气压为 256 Pa。因此氯化钙的吸水容量较小,但干燥能力强;而硫酸钠的吸水容量较大,但干燥能力弱。当有机物中含水量较多时,可先选用吸水容量大的干燥剂除去大部分水分,再选用干燥能力强的干燥剂进行干燥。常用干燥剂的性能及应用范围如表 2-2 所示。

表 2-2 常用干燥剂的性能及应用范围

干燥剂	与水作用产物	吸水容量	干燥效能	干燥速度	适用范围
氯化钙	$CaCl_2 \cdot nH_2O$ $n=1,2,4,6$	0.97 (按 $CaCl_2 \cdot 6H_2O$ 计)	中等	较快	烷、烯、卤代烃、醚、丙酮、硝基化合物、中性气体、氯化氢;不能干燥醇、氨、胺、酚、酯、酸、酰胺,某些醛酮
硫酸镁	$MgSO_4 \cdot nH_2O$ $n=1,2,3,4,5,6,7$	1.05 (按 $MgSO_4 \cdot 7H_2O$ 计)	较弱	较快	卤代烃、醇、酚、醛、酮、酸、酯、硝基化合物、酰胺、腈及不能用氯化钙干燥的化合物
硫酸钠	$Na_2SO_4 \cdot 10H_2O$	1.25	弱	缓慢	卤代烃、醇、酚、醛、酮、酸、酯、硝基化合物、酰胺、腈及不能用氯化钙干燥的化合物
硫酸钙	$CaSO_4 \cdot 1/2H_2O$	0.06	强	快	烷、芳香烃、醇、醚、醛、酮
碳酸钾	$K_2CO_3 \cdot 1/2H_2O$	0.2	较弱	慢	醇、酮、酯、胺、杂环等碱性化合物;不适用于酸、酚及其他酸性化合物

续表 2-2

干燥剂	与水作用产物	吸水容量	干燥效能	干燥速度	适用范围
氢氧化钾(钠)	溶于水	—	中等	快	烃、乙醚、胺、杂环等碱性化合物
金属钠	$Na+H_2O=NaOH+1/2H_2$	—	强	快	烷烃、芳香烃、醚、叔胺中痕量水分；不适用于卤代烃、醇、醛、酮、酸、酯、某些胺
氧化钙	$Ca(OH)_2$	—	强	较快	低级醇、胺；不适用于酯、酸性化合物
五氧化二磷	H_3PO_4	—	强	快	烃、卤代烃、醚、腈中痕量水；不适用于醇、胺、酮及碱性物质
浓硫酸		—	强	快	饱和烃、芳烃、卤代烃、中性和酸性气体；不适用于烯、醇、醚及弱碱性物质
分子筛	物理吸附	～0.25	强	快	各类有机物
硅胶	物理吸附	—	强	较快	用于干燥器中；不适用于氟化氢的干燥

2. 干燥剂的用量

干燥剂的用量取决于被干燥液体的含水量、干燥剂的干燥效能和吸水容量、温度等因素。一般地，每 10 mL 样品加入干燥剂 0.5～1.0 g，加入时要注意少量多次，逐步添加。如果干燥剂附着于瓶壁或相互黏结在一起，表明干燥剂的用量不够，还需补加，直至出现松散的干燥剂颗粒。若容器底部出现白色混浊层，表明被干燥液体中的含水量过多，干燥剂已大部分溶于水，须将水层分出后再加入新的干燥剂。加入干燥剂的量不是越多越好，过多的干燥剂会吸附较多的被干燥液体，造成损失。

3. 操作方法

干燥前要尽可能将被干燥有机液体中的水分分离干净，没有可见的水层及水珠。通常是将待干燥的液体置于洁净干燥的锥形瓶中，加入颗粒大小合适的干燥剂，塞紧瓶口，轻轻振摇片刻，观察干燥剂的状态，少量多次添加，直至出现松散的干燥剂颗粒，静置干燥。干燥过程中可随时振摇锥形瓶，以提高干燥效率。干燥时间通常至少 30 min，有时甚至需要过夜。

2.5.3 固体有机化合物的干燥

固体有机化合物的干燥主要是除去固体中的少量水分或低沸点有机溶剂。固体有机物在结晶或沉淀滤集过程中，常常会带有一些水分或低沸点有机溶剂，需要干燥处理。干燥不完全，会对有机物的结晶或纯度的检验、产率的计算、结构的表征等产生影响。需要根据被干燥的固体有机化合物和被除去的溶剂的性质来选择合适的干燥方法。常见的干燥方法如下：

1. 自然晾干

适用于干燥受热易分解且不吸潮的固体有机物，或去除结晶中吸附的易燃和易挥发的有机溶剂如乙醚、石油醚、丙酮等。把待干燥的样品薄薄地摊在滤纸或表面皿上，在空气中慢慢晾干，可盖上滤纸防止灰尘落入。

2. 加热干燥

适用于热稳定性好、不易升华且熔点较高的固体有机物的干燥，可使用烘箱或红外灯(干燥箱)烘干。加热温度必须低于被干燥固体物质的熔点，以免熔融或分解。使用烘箱时必须保证其中不含易燃溶剂，严格控制温度。使用红外灯(干燥箱)时，由于红外线穿透能力强，干燥速度很快，需要注意经常翻动固体，可用于含有不易挥发溶剂的固体的干燥。

3. 干燥器干燥

适用于易吸潮或在高温干燥时会分解、变色或升华的固体物质。实验室常用的干燥器有三种：普通干燥器、真空干燥器和真空恒温干燥器(干燥枪)。真空干燥器的干燥效率高于普通干燥器，干燥枪只适用于干燥小量的固体样品，干燥效率高。

用干燥器干燥时需使用干燥剂，将干燥剂与被干燥固体置于同一个密闭的容器内，但彼此不接触，固体中的水或溶剂分子慢慢挥发出来并被干燥剂吸收。选择干燥剂时主要考虑其能否有效地吸收被干燥固体中的溶剂蒸气。干燥器中常用的干燥剂如表 2-3 所示。

表 2-3 干燥器中常用的干燥剂

干燥剂	可以吸收的溶剂蒸气
氧化钙	水、醋酸、氯化氢
氯化钙	水、醇
氢氧化钠	水、醋酸、氯化氢、酚、醇
浓硫酸	水、醋酸、醇
五氧化二磷	水、醇
石蜡片	醇、醚、石油醚、苯、甲苯、氯仿、四氯化碳
硅胶	水

4. 冰冻干燥

适用于受热不稳定或易吸潮物质的干燥。是利用冰晶升华的原理，将固体中的水分冻结后直接升华为蒸气除去。需要用到特殊的真空冷冻干燥设备，运行成本较高，实验室不常用。

2.5.4 气体的干燥

实验室中临时制备的或由储气钢瓶中导出的气体在参加反应或进行分析之前往往需要干燥。进行无水反应或蒸馏无水溶剂时，为避免空气中水汽的侵入，也需要对可能进入反应系统或蒸馏系统的空气进行干燥。气体的干燥方式有两种：冷冻法和吸附法。

1. 冷冻法

是将气体通过冷却阱(冷却阱可埋入干冰-甲醇或液态空气中)，气体受冷时，其中的水汽和其他可凝结的杂质冻凝下来留在冷却阱中被除去。该法可用于干燥低沸点气体。

2. 吸附法

是使气体通过吸附剂或干燥剂，使其中的水汽被吸附剂吸附或与干燥剂作用而除去。吸附剂如变色硅胶、活性氧化铝等是多孔性物质，对水有很强的吸附作用，加热后可再生。

干燥剂的选择原则与液体的干燥相似。吸附剂或干燥剂在使用时，置于干燥管、干燥塔、U形管或长而粗的玻璃管中。使用时根据被干燥气体的性质、用量、潮湿程度以及反应条件等，选择不同的仪器和干燥剂或吸附剂进行干燥。例如无水反应或蒸馏无水溶剂时的干燥装置一般为装有无水氯化钙的干燥管，防止水汽侵入。

2.6 萃取与洗涤

萃取(extraction)，也叫提取，是使物质从一种溶剂转移到与原溶剂不相溶(或微溶)的另一种溶剂中，或使固体混合物中的某种或某些成分转移到溶剂中的一种操作方法，是化学实验中富集或纯化有机化合物的重要方法之一。按照被萃取物质形态的不同，可分为气-液萃取、液-液萃取和液-固萃取，后两者更为多见。通常萃取是指从混合物中提取出所需要的物质，而洗涤是指从混合物中去除少量的杂质。两者原理相同，而目的不同。

2.6.1 基本原理

液-液萃取以分配定律为基础。在一定的温度和压力下，物质在互不相溶(或微溶)的两种溶剂 A 和 B 中的溶解度不同，其中在溶剂 B 中的溶解度远大于在溶剂 A 中的溶解度。将溶剂 B 加入到某物质溶解于溶剂 A 的溶液中，充分振荡后，静置，由于 A 和 B 互不相溶或微溶，则溶液分层。此时该物质在这两种溶剂中的浓度比是一个定值 K，称为分配系数。这种关系叫作分配定律。

$$K=\frac{c_{\mathrm{A}}}{c_{\mathrm{B}}}$$

式中：c_{A}、c_{B} 分别为某物质在两种互不相溶(或微溶)的溶剂 A 和 B 中的浓度。利用物质在两种互不相溶(或微溶)的溶剂中溶解度或分配比不同，可以将大部分该物质从一种溶剂中转移到另一种溶剂中。根据分配定律可以计算出经过单次和多次萃取后物质在原溶剂 A 中的剩余量：

$$m_1=m_0\left(\frac{KV_{\mathrm{A}}}{KV_{\mathrm{A}}+V_{\mathrm{B}}}\right)$$

$$m_n=m_0\left(\frac{KV_{\mathrm{A}}}{KV_{\mathrm{A}}+V_{\mathrm{B}}}\right)^n$$

式中：n 为萃取次数；m_1 为萃取一次后物质的剩余质量；m_n 为萃取 n 次后物质的剩余质量；m_0 为萃取前物质的总质量；V_{A} 为原溶液的体积；V_{B} 为每次萃取使用的溶剂 B 的体积；K 为分配系数。

可以用萃取率来表示萃取分离的效果。萃取率为萃取液中被提取的溶质与原溶液中溶质的量之比。萃取率越高，分离效果越好。例如：在 100 mL 水中溶有 4 g 有机物，用 100 mL 环己烷萃取。设该有机物在水和环己烷中的分配系数 K 为 1∶3，分别计算用 100 mL 环己烷一次萃取和分三次萃取的萃取率。

100 mL 环己烷一次萃取后，有机物在水中的剩余质量为：

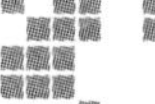
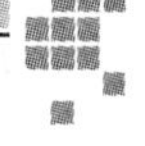

$$m_1 = 4 \times \left(\frac{\frac{1}{3} \times 100}{\frac{1}{3} \times 100 + 100} \right) = 1.0\ \text{g}$$

萃取率为：

$$\frac{4-1}{4} \times 100\% = 75\%$$

100 mL 环己烷分 3 次萃取，每次用 33.3 mL 环己烷，3 次萃取后有机物在水中的剩余质量为：

$$m_3 = 4 \times \left(\frac{\frac{1}{3} \times 100}{\frac{1}{3} \times 100 + 33.3} \right)^3 = 0.5\ \text{g}$$

萃取率为：

$$\frac{4-0.5}{4} \times 100\% = 87.5\%$$

可见，萃取时，当溶剂总量相同时，多次萃取和单次萃取的效率不同。萃取次数 n 增加，每次萃取所用溶剂量 V_B 会减少。计算可知，当 $n \leqslant 5$ 时，多次萃取的效率高于单次萃取；而当 $n > 5$ 时，n 和 V_B 的影响因素几乎完全抵消，m_n 变化不大，因此萃取次数一般以 3～5 次为宜，每次萃取剂用量约为总萃取剂用量的 1/3～1/5。这一结论同样适用于洗涤操作。

理想的萃取溶剂应该具备以下条件：与原溶剂互不相溶；不与被萃取物或原溶剂发生化学反应；对被萃取物的溶解度大，且与原溶剂有一定的密度差，有利于两相间的分层；沸点低，易于回收，毒性小。

依据“相似相溶原理”，有机化合物在有机溶剂中的溶解度通常比在水中大，常用的萃取溶剂有乙醚、苯、四氯化碳、石油醚、氯仿、二氯甲烷、乙酸乙酯、环己烷等。有时向水溶液中加电解质（如食盐）使之饱和，增大水溶液的极性和密度，减小物质在水溶液中的溶解度，增大物质在两种溶剂中的溶解度的差别，能使两相分层迅速，增大萃取效率，这种效应称为盐析效应。

2.6.2 实验操作

2.6.2.1 液-液萃取

实验室中常用的萃取仪器为分液漏斗。萃取时选择的分液漏斗的容积应是被萃取溶液体积的 2～3 倍。

使用前先用水检查顶塞、活塞是否严密不漏水，不漏水时方可使用。若分液漏斗下端是玻璃活塞，在使用前需在活塞上均匀涂抹少许凡士林，向一个方向转动活塞使其均匀透明。萃取时，将分液漏斗置于铁圈上，关闭活塞，加入待萃取液，再加入萃取溶剂，盖好顶塞。若顶塞有通气槽，旋动顶塞使塞子上的通气槽与漏斗颈部的小孔错开，以免振荡时漏液。

取下分液漏斗，用右手手心或食指根部顶住顶塞，以左手托住漏斗下部，将漏斗的活塞部分放在左手的虎口内，用左手的拇指、食指和中指控制活塞，以便在振摇时同时夹紧活塞和顶塞。如图 2-7 所示，两手同时前后或圆周振摇漏斗，振摇时分液漏斗上口略向下倾斜，下支管伸向斜上方。开始时要轻轻振摇，及时小心打开活塞放出气体，使内外压力平衡，再关闭活塞。放气时，支管口不要对着人，也不要对着热源，一般振荡 2～3 次放一次气。如此重复 2～3 次至放气时只有很小压力后再剧烈振摇 1～3 min，然后将分液漏斗放入铁圈中静置。若漏斗内有乙醚、苯等易挥发溶剂，或用碳酸钠溶液中和酸液时，更应注意轻轻振摇，及时放出气体。若不及时放气，易使分液漏斗内压过高，溶液从玻璃塞子处渗出，甚至顶开塞子发生喷液。

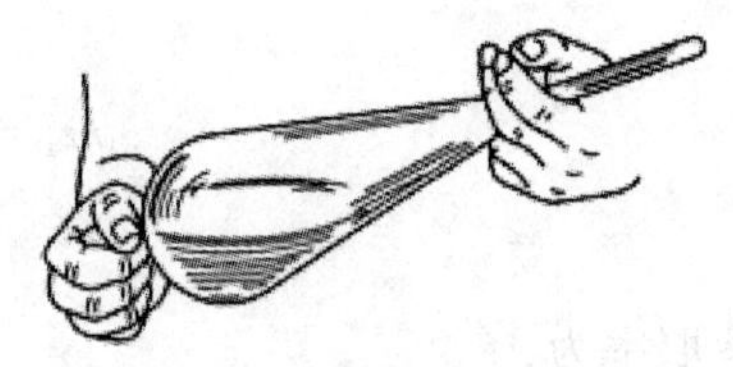

图 2-7　分液漏斗的振摇

振摇结束后，将漏斗再放回至铁圈上静置，待分液漏斗中的液体分出清晰的两层后，打开顶塞（若顶塞有通气槽，可旋转顶塞使其与漏斗颈部小孔相通），再缓缓打开活塞将下层溶液自下支管口放出，放出液体时把分液漏斗的下端靠在烧杯的壁上。当液层界面接近活塞时，关闭活塞，静置片刻，这时下层液体又会有所增加，待液层界面不变时，再慢慢打开活塞，仔细放出下层全部液体，然后将上层溶液自上口倒出。上层液体切不可经活塞放出，以免被漏斗活塞处所附着的残液污染。

在萃取中，分离得到的上下两层液体都应该保留到实验完毕，以避免判断失误，误弃所要的液层，无法补救。在萃取中，若两液层由于乳化而使界面不清时，需要采用适宜措施使乳浊液分层。

分液漏斗使用后，要用水冲洗干净，尤其是接触氢氧化钠、碳酸钠等碱性溶液后，必须及时冲洗干净。活塞处有凡士林时，不可在烘箱内烘干，否则凡士林炭化后很难洗去。洗净晾干后将活塞和玻璃塞用薄纸包上塞好，防止以后使用时打不开。

2.6.2.2　液-固萃取

液-固萃取是利用样品中被提取组分和杂质在同一溶剂中具有不同溶解度的性质进行提取和分离的。液-固萃取常用的方法有浸取法和连续萃取法。

浸取法是将固体物质浸泡于溶剂中一段时间，把固体中待提取组分萃取出来。在实验室常用普通回流装置进行浸取，如图 2-8(a)所示，将被萃取固体置于圆底烧瓶中，加入萃取剂，加热回流一段时间，用倾泻法或过滤法分出溶液，蒸馏回收溶剂，得到待提取组分。这种方法所需溶剂量大，耗时长，效率不高。

连续萃取法通常是用索氏(Soxhlet)提取器(或称脂肪提取器)从固体中连续提取所需要的成分，如图 2-8(b)所示。

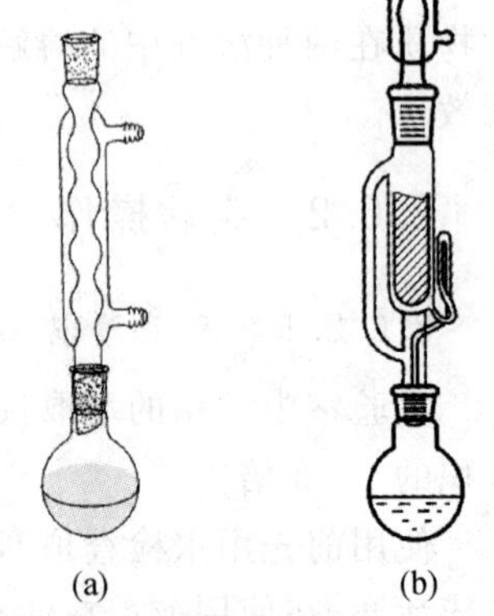

图 2-8　普通回流装置(a)和索氏提取器(b)

索氏提取器自下而上由烧瓶、抽提筒、回流冷凝管三部分组成，各部分连接处要严密，不能漏气。它是利用回流和虹吸原理，使固体物质连续不断地为纯的热溶剂所萃取，溶剂用量

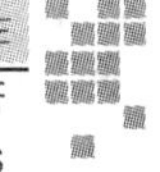

少，提取效率高。提取时，将待萃取固体样品研细后包在滤纸筒内，放入抽提筒中。滤纸筒的直径应略小于抽提筒的内径，筒中所装固体物质的高度应低于虹吸管的最高点，以使溶剂能够充分浸泡固体物质，提取更完全。烧瓶内加入一定量的溶剂，加热烧瓶，溶剂沸腾气化后由蒸气上升管进入冷凝管，凝成液体回流滴入抽提筒内并浸泡滤纸筒内样品。待抽提筒内溶液液面超过虹吸管最高处时，溶剂带着萃取出来的物质经虹吸管流入烧瓶。流入烧瓶内的溶剂继续被加热气化、上升、冷凝、回流滴入抽提筒内，而萃取出来的物质不断地在烧瓶中富集。如此循环往复多次，直到抽提完全为止。提取液经浓缩或蒸馏回收溶剂后，即得到提取物。

2.7 普通蒸馏

普通蒸馏(distillation)利用不同物质的沸点差异对液态混合物进行分离和纯化，是分离和提纯液体有机化合物最常用的方法之一，在实验室和工业生产中都有广泛的应用。应用蒸馏不仅可以分离沸点相差较大(通常相差 30℃以上)且不能形成共沸物的液体混合物，还可以除去液体中的少量低沸点或高沸点杂质，并且可以用来测定液体的沸点和鉴定纯度。

2.7.1 基本原理

加热液态有机物时，液体的蒸气压随温度的升高而增大。当蒸气压达到外界压力(通常为大气压)时，液体沸腾，这时的温度为液体的沸点。在同一压力下，不同物质的沸点不同；在同一温度下，不同物质的蒸气压不同，沸点越低，蒸气压越大。因此当液体混合物沸腾时，蒸气组成与液体组成不同，蒸气中低沸点组分的含量要高一些。将蒸气冷凝，就可以收集到低沸点组分含量较高的液体，而留在蒸馏瓶中的液体则含有较多的高沸点组分。蒸馏就是将液体混合物加热到沸腾变为蒸气，再将蒸气冷凝为液体进行收集的操作过程。

液体的沸点与外界压力有关。在一定的外界压力下，纯液体物质的沸点是确定的常数。因此可以用蒸馏的方法来检测化合物的沸点和纯度。但是具有固定沸点的物质不一定都是纯物质。这是由于某些化合物往往能和其他组分形成二元或三元共沸化合物，共沸物也有确定的沸点，其气相组成和液相组成完全相同，不能用蒸馏的方法进行分离，因此不能认为沸点一定的物质都是纯物质。常见的共沸物及其沸点如表 2-4 所示。

表 2-4 常见的共沸物及其沸点

共沸混合物的组成	共沸混合物各组分质量分数/%	沸点/℃
水(100℃)	4.4	78.2
乙醇(78.5℃)	95.6	
乙酸乙酯(77.1℃)	69.4	71.8
乙醇(78.5℃)	30.6	
乙酸乙酯(77.1℃)	91.2	70.4
水(100℃)	8.8	

续表 2-4

共沸混合物的组成	共沸混合物各组分质量分数/%	沸点/℃
水(100℃)	7.4	
乙醇(78.5℃)	18.5	64.6
苯(80.1℃)	74.1	
水(100℃)	7.8	
乙醇(78.5℃)	9.0	70.3
乙酸乙酯(77.1℃)	83.2	

2.7.2 仪器与装置

蒸馏装置主要由气化、冷凝和接收三个部分组成。实验室常用的普通蒸馏装置如图 2-9 所示。

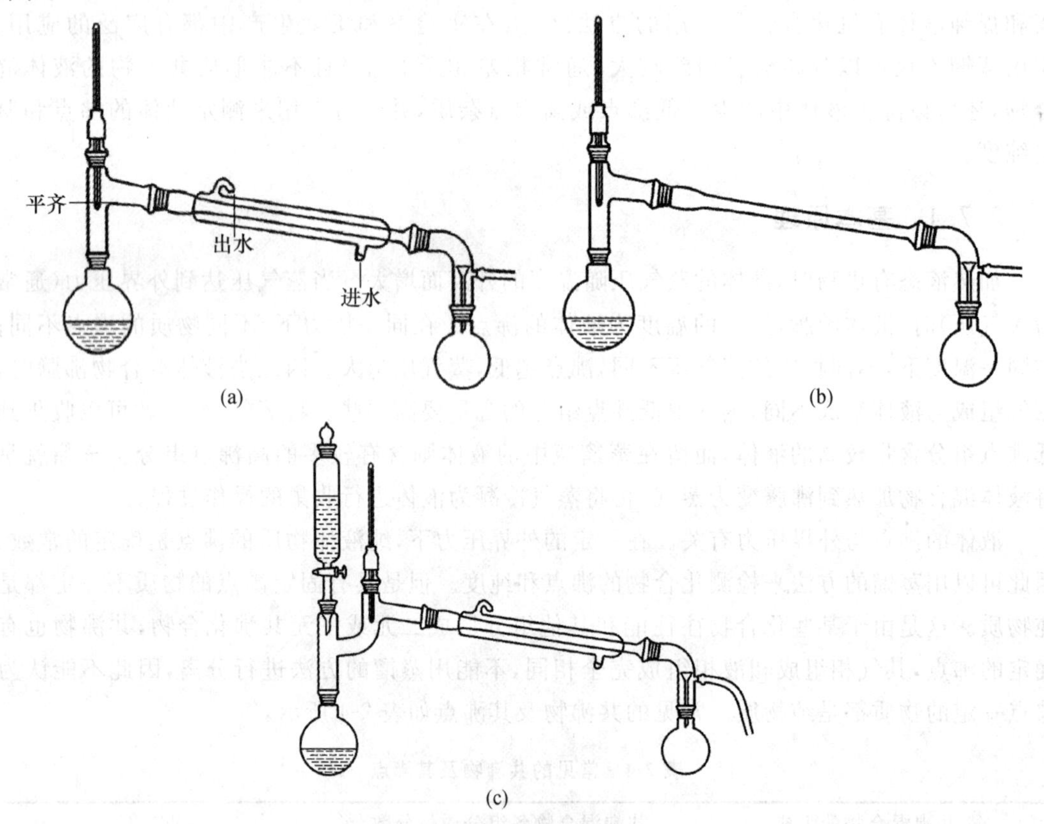

图 2-9 蒸馏装置

图 2-9(a)是最为常用的普通蒸馏装置。气化部分由热源、蒸馏烧瓶、蒸馏头和温度计组成。蒸馏烧瓶多用圆底烧瓶,根据待蒸馏液体的量来选择合适的规格。通常使待蒸馏液体的体积不超过蒸馏烧瓶容积的 2/3,也不少于 1/3。选择温度计时应使其量程至少高于待蒸馏物的沸点 30℃。冷凝部分所用的冷凝管需要根据被蒸馏物的沸点进行选择。通常若被蒸馏物沸点低、含量高,则选用粗而长的冷凝管;若被蒸馏物沸点高、含量少,则选用细而短的

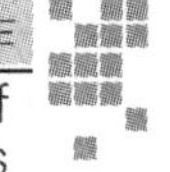

冷凝管。若被蒸馏物沸点低于 140℃，一般选用直形冷凝管；若高于 140℃，则要选用空气冷凝管，如图 2-9(b)所示，否则蒸气温度过高，水冷凝管接头处易炸裂。接收部分为接收管和接收瓶，其大小取决于馏出液的体积。接收瓶应干净、干燥、预先称重。在蒸馏低沸点、易挥发、易燃液体时(如乙醚)，可以在接收管的支管处连接橡皮管，将气体导入水槽或通风橱。如果蒸馏时需要防潮，应在接收管的支管处连接一干燥管。当蒸除较大量溶剂时，可采用图 2-9(c)装置，一边蒸馏一边加液，既可调节滴入和蒸出的速度，又可避免使用较大的蒸馏瓶，可以减少损失。

2.7.3 实验操作

1. 装置的安装

仪器的安装从热源开始，按照“自下而上，从左到右”的顺序依次装配。首先根据热源的高度将蒸馏烧瓶固定在铁架台的相应位置。装上蒸馏头，在蒸馏头上插上一支温度计，温度计通过温度计套管或橡皮塞固定在蒸馏头的上口。温度计水银球的上边缘应与蒸馏头支管口的下边缘在同一水平线上，以使水银球在蒸馏过程中刚好全部浸没于蒸气中。安装过低，其读数会偏高；反之，安装过高，其读数会偏低。安装直形冷凝管时，使冷凝管与蒸馏头支管同轴，用铁夹夹住冷凝管的中上部分。冷凝水从下口进入，从上口流出，以保证冷凝管夹层中充满水。最后安装好接收管和接收瓶。接收管的支管应保持与大气相通；若接收管无支管，则应使接收管与接收瓶间留有空隙与大气相通。

安装时要注意铁夹应松紧适宜，夹住玻璃仪器后应仍能转动，不得夹得过紧。各仪器的接头处需紧密，确保不漏气。整个装置要既实用又整齐，无论从正面或侧面来看，所有仪器的中轴线应在同一个平面内，且该平面与实验台的边缘平行。蒸馏装置一定要连通大气，否则将会使系统内压力增大，温度升高，引起液体冲出，造成火灾或爆炸事故。

2. 加料和加沸石

装置安装完毕，拔下温度计，在蒸馏头上口处安装一长颈玻璃漏斗，将待蒸馏液体自漏斗中加入蒸馏烧瓶(要避免液体流入蒸馏头支管)。取出漏斗，投入 2～3 粒沸石重新装配好温度计，再次检查装置，确保各部位连接紧密稳妥。加入沸石是为了引入气化中心，防止液体过热而暴沸。如果加热前忘记加沸石，液体已经接近沸腾或过热，应立即停止加热，待液体冷至其沸点之下时再补加沸石。若中途停止蒸馏，再重新开始加热前，需再加入新的沸石。

3. 加热

慢慢开启冷凝水，再接通电源加热。开始时加热速度可以稍快，当观察到蒸馏瓶内液体逐渐沸腾，蒸气上升至开始接触温度计的水银球时，调节加热温度，控制蒸馏速度每秒 1～2 滴。加热过猛，蒸气过热，温度计读数会偏高；加热不足，温度计读数会偏低或有不规则波动。蒸馏过程中，应使温度计水银球上一直带有被冷凝的液滴，此时的温度就是馏出液的沸点。

4. 收集馏分

在达到预期收集的馏分的沸点之前，往往有沸点较低的液体先蒸出，这部分馏出液称为“前馏分”或“馏头”。记录第 1 滴馏出液的温度，收集前馏分。前馏分蒸完后，温度会上升至所需沸点范围并趋于稳定，更换接收瓶接收馏分，记录所收集馏分的温度范围。当所需要的馏分蒸出后，温度会有短暂的下降，此时应停止蒸馏，不要使烧瓶蒸干，以免烧瓶破裂和发生其他意外事故。

5. 装置的拆除

蒸馏完毕，应先停止加热，移走热源。稍冷后停止通冷凝水，小心取下接收瓶。然后按照与安装时相反的次序依次拆除各件仪器，并清洗干净。

2.7.4 丙酮-水混合物的蒸馏

【仪器】

50 mL 圆底烧瓶，变口接头，蒸馏头，温度计，温度计套管，冷凝管，接收管，15 mL 刻度试管，10 mL 量筒，电热套。

【试剂】

丙酮，蒸馏水。

【实验步骤】

在 50 mL 圆底烧瓶中，加入 10 mL 丙酮、10 mL 蒸馏水和 2 粒沸石，按图 2-9(a)装配蒸馏装置，以电热套为热源。开通冷凝水，加热至沸，记录第 1 滴馏出液的温度，调节加热温度，使蒸馏速度保持在每秒 1～2 滴。用刻度试管收集馏出液，每收集 1 mL 时记录 1 次温度，每接收 3 mL 更换 1 支试管，直到蒸馏结束。以馏出液体积为横坐标，温度为纵坐标，在坐标纸上画出丙酮-水溶液的蒸馏曲线图。

【思考题】

1. 选择蒸馏烧瓶时，要使待蒸馏液体的体积不超过瓶体积的 2/3，不少于 1/3，为什么？
2. 蒸馏操作时，温度计的位置应该在哪里？若偏高或偏低，会有什么影响？
3. 沸石的作用是什么？为什么不能在溶液接近沸腾时加入沸石？
4. 什么是共沸物？能否用蒸馏的方法分离共沸物？为什么？

2.8 分馏

分馏(fractional distillation)，又称精馏，是利用分馏柱将沸点相差较小的液体混合物各组分进行分离的操作，在化工生产和实验室被广泛应用。目前，最精密的分馏设备已能将沸点相差仅 1～2℃的液体混合物完全分开。

2.8.1 基本原理

蒸馏和分馏分离液体混合物的原理相似，分馏就是在分馏柱中实现反复多次的气化与冷凝，即多次的蒸馏。在分馏操作中，当液体混合物沸腾后，蒸气上升进入分馏柱，在柱外空气的冷却作用下，上升蒸气中高沸点组分被冷凝成为液体向下回流，而低沸点组分仍继续上升。同时，当冷凝液在回流途中遇到上升的蒸气时，二者之间会进行热交换，使冷凝液中低沸点组分再次受热气化而上升，高沸点物质仍呈液态回流。如此在分馏柱内实现气化—冷凝—再气化—再冷凝的循环过程，使得分馏柱顶端逸出的蒸气中低沸点的组分含量不断升

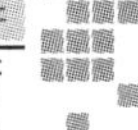

高，而高沸点的组分则主要留在烧瓶里。即在分馏时，柱内高度不同，其组分不同，沿着分馏柱存在着组分梯度。当分馏柱的效率足够高时，可以在分馏柱顶端得到几乎纯净的低沸点组分。

2.8.2　仪器与装置

分馏装置如图 2-10 所示，比蒸馏装置多了一根分馏柱。

实验室常用的分馏柱有韦氏分馏柱（也叫刺形分馏柱）和填充式分馏柱。韦氏分馏柱结构简单，使用方便，在蒸馏过程中黏附的液体量少，但分离效率较低，适用于分离少量且沸点差距相对较大的液体混合物。填充式分馏柱（也叫赫氏分馏柱），是在一根空玻璃管内填有各种惰性材料，如玻璃珠、玻璃管、陶瓷或螺旋形、波形等各种形状的金属填料，用于增大气、液两相接触面积，提高分离效率。其优点在于分离效率高，适用于分离一些沸点差距较小的化合物，缺点是蒸馏过程中黏附的液体量比较多。

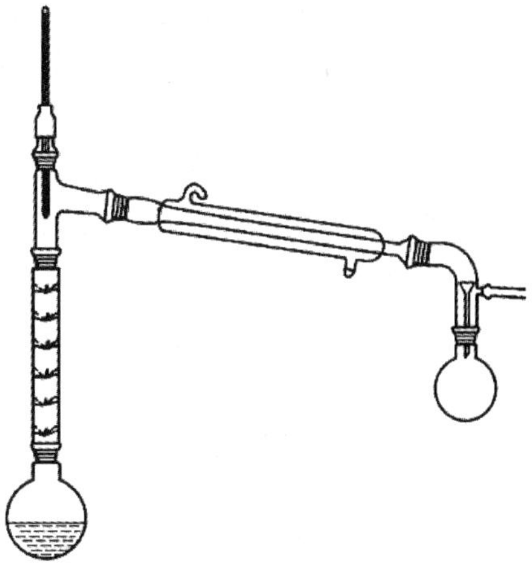

图 2-10　分馏装置

2.8.3　实验操作

分馏操作与蒸馏操作相似。在蒸馏烧瓶中加入待分馏的液体，放入 2～3 粒沸石，搭好分馏装置。先通冷凝水，开始加热，液体沸腾后调节加热温度，使蒸气缓慢升入分馏柱，保持柱内有一个均匀的温度梯度，在 10～15 min 后蒸气到达柱顶，控制蒸馏速度保持在每 2～3 s 1 滴。当馏出速度突然减慢，温度计读数突然下降时，说明低沸点组分已经基本蒸完。再继续升高温度，则可收集第二个组分。根据实验要求收集一定温度范围的馏分，并进行记录。

同蒸馏类似，分馏时也不能将蒸馏烧瓶中的液体蒸干，以免发生危险。在分馏时，还要注意以下几点：

(1)在分馏过程中，应防止回流液体在柱内聚集，否则会减少液体和上升蒸气之间的接触，或者上升蒸气把液体冲入冷凝管中造成“液泛”，降低分馏效率。可以用石棉绳或石棉布等包扎柱体外围，减少柱内热量的散失，避免蒸气在柱内冷凝过快。

(2)分馏过程要缓慢进行，控制好稳定的蒸馏速度和合适的回流比。调节馏出速度从而使柱内保持一定的温度梯度，提高分离效果。回流比是指冷凝液回流入蒸馏烧瓶的量与接收到的馏出液的量的比值。在分馏柱内蒸气量一定的条件下，回流比越大，分馏效率越高，但所得到的馏出液越少，能耗越高，因此要选择合适的回流比。

2.8.4　乙醇-水混合物的分馏

【仪器】

50 mL 圆底烧瓶，变口接头，刺形分馏柱，蒸馏头，温度计，温度计套管，冷凝管，接收管，15 mL 刻度试管，10 mL 量筒，电热套。

【试剂】

乙醇，蒸馏水。

【实验步骤】

在50 mL圆底烧瓶中，加入10 mL乙醇、10 mL蒸馏水和2粒沸石，按图2-10装配分馏装置，以电热套为热源。开通冷凝水，加热至沸，小心调节加热温度，使蒸气缓慢进入刺形分馏柱，记录第1滴馏出液的温度，使蒸馏速度保持在每2～3 s 1滴。用刻度试管收集馏出液，每收集1 mL时记录1次温度，每接收3 mL更换1支试管，共接收5次，蒸馏结束。以馏出液体积为横坐标，温度为纵坐标，在坐标纸上画出乙醇-水溶液的分馏曲线图，并与2.7.4中所述的丙酮-水溶液的蒸馏曲线图进行对比，说明分馏的意义。

【思考题】

1. 分馏和普通蒸馏在原理、装置和应用方面的异同分别是什么？
2. 能否用分馏操作分离共沸物？为什么？
3. 影响分馏分离效率的因素有哪些？
4. 分馏时若加热速度过快，会对分离效率产生什么影响？为什么？

2.9 减压蒸馏

减压蒸馏(reduced pressure distillation)，又称真空蒸馏，是分离和提纯液体有机物的重要方法之一，尤其适用于分离或纯化某些热稳定性较差、受热时往往温度还未达到其沸点，就已发生分解、氧化或聚合等现象的有机化合物，也可以用于纯化高沸点液体或分离在常压下因沸点相近而难于分离，但在减压条件下可有效分离的液体混合物。

2.9.1 基本原理

液体的沸点是指当蒸气压达到外界压力(通常为大气压)时的温度，随外界压力的降低而降低。借助于真空泵降低蒸馏装置内部的压力，使有机物在较其正常沸点低得多的温度下进行蒸馏的操作称为减压蒸馏。一般高沸点(250～300℃)的有机化合物，当外界压力从常压101.325 kPa(760 mmHg)下降至2 666 Pa(20 mmHg)时，其沸点将降低100～120℃左右。

减压蒸馏前，应先从有机化学手册或文献中查阅该化合物在所选择压力下的相应沸点，也可以通过沸点-压力近似关系图(图2-11)来推算。例如某化合物在常压下的沸点为200℃，欲求其在20 mmHg压力下的沸点。先在图2-11中B线上找到200℃的点，再在C线上找到20 mmHg的点，将两点连成一条直线并延长至A线，与A线相交的交点即为20 mmHg时该物质的沸点，约为86℃。

减压蒸馏所选择的工作条件通常是使液体在50～100℃间沸腾，再据此确定所需的真空度。这样对热源要求不高，蒸气也易于冷凝。如果所用的真空泵达不到所需真空度，也可让液体在100℃以上沸腾；如果液体对热很敏感，则应使用更高的真空度，以使其沸点降得更低一些。这样，绝大多数有机液体都可以在一定的真空条件下，在不太高的温度下被蒸馏出来。

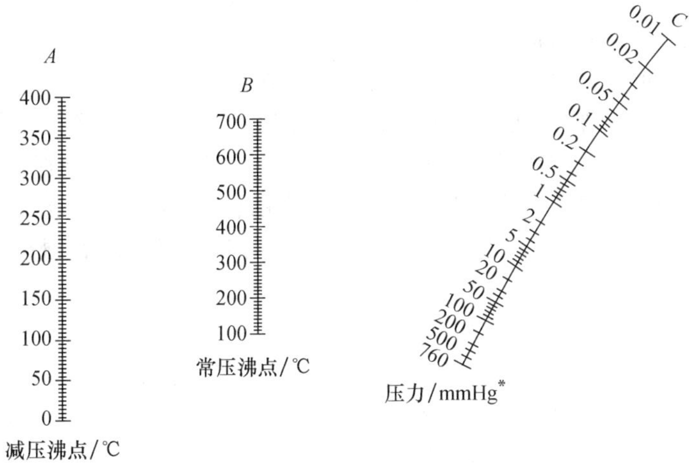

图 2-11　液体有机化合物的沸点-压力近似关系图

* 1 mmHg＝133.322 Pa

2.9.2　仪器与装置

常用的减压蒸馏装置由蒸馏部分、抽气(减压)部分、安全系统和测压装置四部分组成，如图 2-12 所示。整套装置必须装配紧密，所有接头需润滑并密封，防止漏气，这是保证减压蒸馏顺利进行的先决条件。

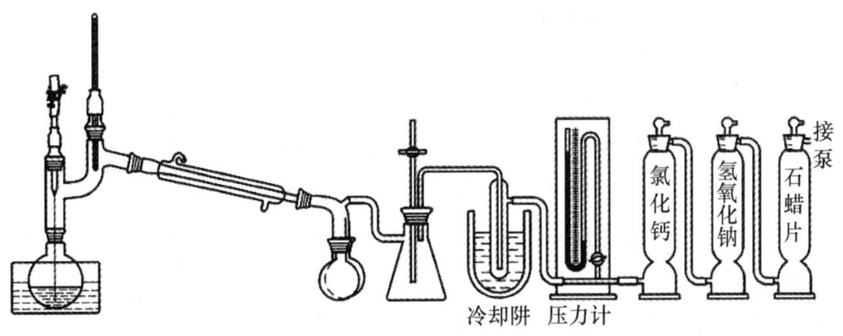

图 2-12　减压蒸馏装置

1. 蒸馏部分

由蒸馏烧瓶、克氏蒸馏头、毛细管、温度计、温度计套管、直形冷凝管、真空尾接管和接收器组成。

蒸馏烧瓶和接收器必须使用圆形厚壁仪器，否则由于受力不均，易发生炸裂等事故。减压蒸馏瓶，也称克氏(Claisen)蒸馏瓶，在磨口仪器中用克氏蒸馏头配圆底蒸馏瓶代替。克氏蒸馏头有两个颈口，可以避免减压蒸馏时瓶内液体沸腾后直接冲入冷凝管中。在克氏蒸馏头的直口颈上插入一根毛细管，毛细管下端距瓶底 1～2 mm；上端接一段橡皮管并用螺旋夹夹住，螺旋夹在减压蒸馏时用以调节进入毛细管的空气的量，使极少量的空气进入液体中，呈微小气泡冒出，作为液体气化中心，使蒸馏平稳进行，避免液体暴沸。也可以用磁力搅拌代替毛细管，在磁子搅拌下减压蒸馏，可起到同样的作用。在克氏蒸馏头支口颈处插入温度计，测量馏出液的温度。减压蒸馏时常用多头接收管，通过转动多头接收管，可以在不中断蒸馏的情况下分别收集不同沸点的馏分。

根据蒸出液体的沸点不同选用合适的热源和冷凝管。控制热源的温度，使它比液体的沸点高 20～30℃。如果馏出温度在 50℃以下，应选用双水内冷的冷凝管；馏出温度在 50～140℃之间的，多用直形冷凝管；馏出温度在 140℃以上应选用空气冷凝管。如果蒸馏的液体量不多并且沸点很高，或是低熔点的固体，也可以不用冷凝管而将克氏蒸馏头的支管通过接引管直接与接收瓶相连。蒸馏沸点较高的物质时，最好用石棉绳或石棉布包裹蒸馏瓶的两侧，以减少散热。

2. 抽气(减压)部分

实验室通常用循环水泵或油泵进行减压，循环水泵较为简便，使用更多。循环水泵所能达到的最低压力为当时室温下水的蒸气压。若水温在 30℃，则水的蒸气压为 4.2 kPa(31.6 mmHg)左右；若水温在 6～8℃，则水的蒸气压为 0.93～1.07 kPa(7.0～8.0 mmHg)。

使用油泵时，系统的压力一般在 0.13～0.67 kPa(1～5 mmHg)之间。要在沸腾液体表面获得 0.67 kPa 以下的压力比较困难，这是由于蒸气从瓶内的蒸发面逸出经过瓶颈和支管(内径为 4～5 mm)时，需要有一定的压力差。要获得较低的压力，可选用短颈和支管粗的克氏蒸馏瓶。

3. 安全系统和测压装置

当用油泵进行减压时，为了防止易挥发的有机溶剂、酸性物质和水汽进入油泵，必须在馏出液接收器与油泵之间顺次安装安全瓶、冷却阱和几种吸收塔，以免污染油泵用油、腐蚀机件，使真空度降低。安全瓶一般用吸滤瓶，用于调节压力和放气。冷却阱通常置于装有冷却剂的广口保温瓶中，用于冷却液化冷凝管中不能冷凝下来的蒸气，冷却阱中冷却剂的选择随实验需要而定。通常设三个吸收塔(又称干燥塔)，依次装无水氯化钙或硅胶(吸收水汽)、粒状氢氧化钠(吸收水汽和酸雾)和片状石蜡(吸收烃类等有机气体)。

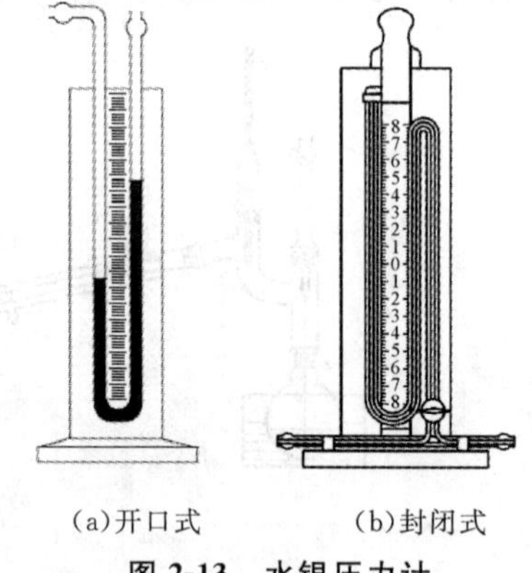

(a)开口式　(b)封闭式

图 2-13　水银压力计

通常利用水银压力计来测量减压系统的压力。水银压力计有开口式和封口式两种，如图 2-13 所示。开口式水银压力计两臂汞柱高度差为大气压力与系统中压力之差，因此蒸馏系统内的实际压力应为大气压力减去这一汞柱差。封闭式水银压力计的两臂水银液面高度之差即为蒸馏系统中的压力。

2.9.3　实验操作

1. 安装减压蒸馏装置

按图 2-12 安装减压蒸馏装置，在各磨口接头处均应涂上凡士林或真空油脂密封，蒸馏部分的玻璃仪器中轴线应在同一平面内。

在仪器装配好后，应检查系统是否密闭不漏气。检查的方法是：旋紧毛细管上的螺旋夹，打开安全瓶上的活塞，开启真空泵抽气，逐渐关闭安全瓶上的活塞，观察压力计水银柱是

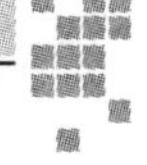

否变化，无变化说明不漏气，有变化则说明漏气。找到漏气部位重新密封后再次检查，直到系统密封不漏气，能够达到实验所要求的压力。

使用油泵时，当待蒸馏物质中含有低沸点物质时，为保护油泵和泵中的油，应先常压蒸馏或用水泵减压蒸馏除去低沸点物质后，再用油泵减压蒸馏。

2. 加料

拔去装有毛细管的橡胶塞，用玻璃漏斗将待蒸馏物质加入蒸馏烧瓶中，加料量应不多于蒸馏瓶容积的1/2。加完料后重新装好毛细管。

3. 稳定工作压力后开始减压蒸馏

旋紧毛细管上的螺旋夹，打开安全瓶上的活塞，开启真空泵抽气，慢慢关闭安全瓶活塞，调整毛细管上螺旋夹使毛细管下端有连续平稳的小气泡冒出(如无气泡，可能是毛细管被阻塞，应予更换)。当压力达到实验所需压力并稳定后，接通冷却水，缓缓加热升温，当开始有液体馏出时，调节加热温度，控制馏出速度为每秒1～2滴。在前馏分蒸完后，温度上升至所需组分的沸点时，旋转多头接收管，接收馏分。整个蒸馏过程要密切注意并记录温度计和压力计的读数以及蒸馏情况。

4. 减压蒸馏结束时的操作

蒸馏结束后，先移去热源，稍冷后再松开毛细管上的螺旋夹。慢慢打开安全瓶活塞放入空气，待内外压力平衡后再关闭水泵或油泵，否则由于系统内压力较低，会发生油(或水)泵中的油(或水)倒吸进入安全瓶或干燥塔的现象。最后拆除减压蒸馏装置。

2.9.4 水的减压蒸馏

【仪器】

50 mL圆底烧瓶，25 mL圆底烧瓶，克氏蒸馏头，温度计，温度计套管，直形冷凝管，多头接收管，毛细管，50 mL量筒，电热套，循环水泵。

【试剂】

蒸馏水。

【实验步骤】

按图2-12装配减压蒸馏装置，检查系统是否密封不漏气。向50 mL圆底烧瓶中加入20 mL蒸馏水。开启真空泵抽气，慢慢关闭安全瓶活塞，调整毛细管上的螺旋夹使毛细管下端有连续平稳的小气泡冒出。当系统压力稳定后，根据压力计的读数及水在常压下的沸点在图2-11中求出水在该压力下的沸点。接通冷却水，用电热套缓缓加热升温。当开始有液体馏出时，调节加热温度，控制馏出速度为每秒1～2滴。若有前馏分，待其蒸完后，旋转多头接收管，接收水。观察并记录温度计和压力计的读数以及蒸馏情况。减压蒸馏结束后，计算水的回收率。

2.9.5 乙酰乙酸乙酯的减压蒸馏

乙酰乙酸乙酯是无色或微黄色透明液体，有使人愉快的香气。熔点为－45℃，沸点180.4℃。易溶于水，可与醇、醚等有机溶剂混溶。它是一种重要的有机合成原料，广泛应用于医药、塑料、染料、香料及添加剂等行业。

【仪器】

50 mL 圆底烧瓶,25 mL 圆底烧瓶,克氏蒸馏头,温度计,温度计套管,直形冷凝管,多头接收管,毛细管,50 mL 量筒,电热套,循环水泵。

【试剂】

乙酰乙酸乙酯。

【实验步骤】

向 50 mL 圆底烧瓶中加入 20 mL 乙酰乙酸乙酯。实验步骤同 2.9.4。减压蒸馏结束后计算乙酰乙酸乙酯的收率。

【思考题】

1. 减压蒸馏一般在什么情况下使用?
2. 克氏蒸馏瓶的特点是什么?与一般烧瓶相比有什么好处?
3. 在减压蒸馏操作中,必须先减压再加热,为什么?
4. 当减压蒸完所要的化合物时,应如何停止减压蒸馏?为什么?

2.10 水蒸气蒸馏

水蒸气蒸馏(wet distillation)是分离和纯化固体或液体有机化合物的常用方法之一。水蒸气蒸馏适用于以下情况:

(1)普通蒸馏时易发生分解或其他化学变化的某些高沸点化合物。

(2)混合物中存在大量树脂状杂质或非挥发性的固体杂质,难以采用普通蒸馏、萃取、过滤等方法进行分离。

(3)从反应混合物中除去挥发性的副产物或未反应完的原料。

(4)天然产物的提取,如香精油、某些生物碱等。

用水蒸气蒸馏分离纯化的化合物必须具备下列条件:

(1)不溶或难溶于水。

(2)与沸水长时间共存而不起化学反应。

(3)在 100℃左右时,具有一定的蒸气压,一般不小于 1.33 kPa(10 mmHg)。

2.10.1 基本原理

水蒸气蒸馏是将水蒸气通入不溶或难溶于水且具有一定挥发性的有机化合物中,使有机物与水经过共沸而蒸出。根据道尔顿分压定律,两种互不相溶液体混合物的蒸气压 p,等于两个组分的蒸气分压之和,即

$$p=p_A+p_B$$

式中:p_A、p_B 分别为 A、B 两种液体单独存在时的蒸气压。体系的总蒸气压 p 随着温度升高而增大,当 p 等于外界大气压时,液体混合物开始沸腾,此时的温度即为混合物的沸点,该沸点低于任一组分的沸点。因此利用水蒸气蒸馏就可以在常压下,在比有机物沸点低的温度下,而且还低于 100℃时将其与水蒸气一起蒸馏出来。

混合蒸气中各个气体的分压之比等于它们的物质的量之比,即

$$\frac{p_A}{p_B}=\frac{n_A}{n_B}$$

式中：$n_A=m_A/M_A$，$n_B=m_B/M_B$，m_A、m_B 分别为蒸气中物质 A 和 B 的质量，M_A、M_B 为物质 A 和 B 的相对分子质量。因此

$$\frac{m_A}{m_B}=\frac{n_AM_A}{n_BM_B}=\frac{p_AM_A}{P_BM_B}$$

式中：p_A 为水的蒸气压，可以由化学手册查得；p_B 近似等于大气压与 p_A 之差。以苯胺和水的混合物进行水蒸气蒸馏为例。苯胺沸点为 184.4℃，且微溶于水。混合物沸点 98.4℃，此时水的蒸气压为 95.7 kPa，苯胺的蒸气压为 5.60 kPa。苯胺和水的相对分子质量分别是 93 g/mol 和 18 g/mol，代入上式得到馏出液中水与苯胺的质量比为

$$\frac{m_A}{m_B}=\frac{p_AM_A}{p_BM_B}=\frac{95.7\times 18}{5.60\times 93}=3.3$$

即每蒸出 3.3 g 水可以带出 1 g 苯胺，苯胺在馏出液中的含量为 23.2%。由于苯胺微溶于水，导致水的蒸气压降低，实际得到的苯胺的量要略小于计算值。

2.10.2 仪器与装置

一般由水蒸气发生装置和蒸馏装置两部分组成，如图 2-14 所示。

水蒸气发生装置通常是金属的圆筒状釜，也可以用圆底烧瓶或三口烧瓶代替。盛水量为其容积的 3/4，若太满，沸腾时水会冲至蒸馏烧瓶中。发生装置上口插入安全管(距离发生装置底部 1 cm 左右)，用来调节系统内部的压力，如果系统发生阻塞，水会沿着安全管迅速上升，甚至从管的上口喷出。

蒸馏烧瓶通常为长颈烧瓶或三口烧瓶，待蒸馏物质的装入量不得超过其容积的 1/3。若使用长颈烧瓶，烧瓶要向发生装置的方向倾斜 45°，以免烧瓶中溅起的液体直接冲入冷凝管内，污染馏出液。蒸气导入管的末端应接近蒸馏瓶底，距瓶底 1 cm 左右，以便于水蒸气与被蒸馏物质充分接触。

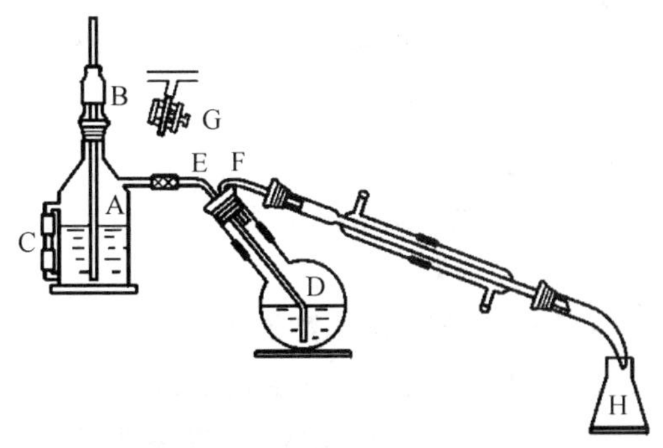

图 2-14 水蒸气蒸馏装置

A. 水蒸气发生装置 B. 安全管 C. 玻璃液面计 D. 蒸馏烧瓶 E. 水蒸气导入管 F. 馏出液导出管 G. 螺旋夹 H. 接液瓶

在水蒸气发生装置与蒸气导入管之间用 T 形管连接。在 T 形管下端连一个带螺旋夹的胶管或两通活塞，用于除去冷凝下来的水滴。应尽量缩短水蒸气发生器与三口烧瓶之间的距离，以减少水蒸气的冷凝。在蒸馏过程中，如果发生压力过大等异常情况，应立即打开螺旋夹，使系统与大气相通，再排除故障。

2.10.3 实验操作

水蒸气蒸馏时，先将水注入水蒸气发生装置，将待蒸馏物质加入蒸馏烧瓶内，按图 2-14

搭好水蒸气蒸馏装置，整个装置的连接部位须严密不漏气。松开 T 形管的螺旋夹，加热水蒸气发生装置至水沸腾。当有水蒸气从 T 形管下端开口处冲出时，开启冷凝水，旋紧螺旋夹，使水蒸气均匀地进入蒸馏烧瓶，开始水蒸气蒸馏。当冷凝管中出现由蒸气冷凝而成的混浊液时，注意控制好加热速度，使液体的馏出速度为每秒 2～3 滴。待馏出液由混浊变澄清，再多蒸出 10 mL 的透明馏出液后停止蒸馏。中断或结束蒸馏时，一定要先打开 T 形管的螺旋夹，使系统通大气后再停止加热，否则蒸馏瓶内的液体有可能会倒吸到水蒸气发生装置中。撤去热源，关闭冷却水，最后拆除整个装置。

水蒸气蒸馏操作中应该注意的问题有：

(1)蒸馏过程中注意安全管中的水位变化，若安全管中水位迅速上升，说明蒸馏装置的某一部位发生了堵塞，应立即打开螺旋夹，使系统与大气相通，待疏通后再继续蒸馏。

(2)要控制好冷凝水流速，如果待蒸馏物质熔点较高，常在冷凝管中析出固体。此时应调小(甚至暂时关掉)冷却水，让蒸气使固体熔化流入接收瓶中。当冷凝管中重新通入冷却水时，要小心而缓慢，以免冷凝管因骤冷而破裂。

(3)蒸馏过程中要注意从 T 形管支口冷凝下来的水分，以防冷凝水进入蒸馏瓶内。若蒸馏瓶中积水过多，可对蒸馏瓶进行加热，最好采用间接加热法，加热温度不能太高。

(4)在 100℃左右有较低蒸气压的化合物可利用过热蒸气来进行蒸馏；少量物质的水蒸气蒸馏，可用克氏蒸馏瓶代替圆底烧瓶。

2.10.4 苯甲酸乙酯的水蒸气蒸馏

【仪器】

250 mL 三口烧瓶，100 mL 三口烧瓶，25 mL 锥形瓶，蒸馏头，空心塞，直形冷凝管，接收管，T 形管，水蒸气导入管，水蒸气导出管，安全管，螺旋夹，电热套。

【试剂】

苯甲酸乙酯，无水氯化钙。

【实验步骤】

将 10 mL 苯甲酸乙酯加入 100 mL 三口烧瓶内，按图 2-14 搭好水蒸气蒸馏装置(水蒸气发生装置中盛装约 3/4 的水)。松开 T 形管的螺旋夹，开始加热，当有水蒸气从 T 形管下端开口处冲出时，开启冷凝水，旋紧螺旋夹，开始水蒸气蒸馏，控制馏出速度为每秒 2～3 滴。待馏出液由混浊变澄清，再多蒸出 10 mL 的透明馏出液后停止蒸馏。

将馏出液转移至分液漏斗中，静置分层，将酯层分出，加入无水氯化钙干燥 0.5 h，滤除干燥剂后计量干燥后的苯甲酸乙酯的体积，计算收率。

【思考题】

1. 水蒸气蒸馏一般在什么情况下使用？
2. 利用水蒸气蒸馏分离提纯的化合物必须具备什么条件？
3. 水蒸气蒸馏的原理是什么？
4. 水蒸气蒸馏过程中发现安全管水位迅速升高，应如何操作？
5. 水蒸气蒸馏结束时，能否先关闭热源，再打开 T 形管的螺旋夹？为什么？

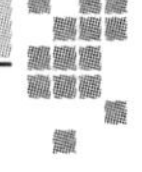

2.11 重结晶和过滤

通过有机合成或自天然产物中提取得到的固体产物往往是混合物，需要进一步分离纯化得到目标产物。重结晶(recrystallization)是利用溶剂对被提纯物质及杂质的溶解度不同而进行分离提纯的方法，是提纯固体化合物的常用方法之一。一般适用于提纯杂质含量在5%以下的固体混合物。杂质含量太多时，常会影响结晶速度，甚至妨碍晶体的生成，或者结晶后仍有杂质，需要先采用萃取、水蒸气蒸馏等其他方法初步提纯，再用重结晶提纯。

2.11.1 基本原理

绝大多数固体有机化合物的溶解度随温度的升高而增大。因此，若将含有杂质的固体产物在较高温度下溶解于某溶剂中制成饱和溶液后，趁热过滤就可以除去其中不溶的杂质；然后将溶液冷却至室温或室温以下，这时由于温度降低而使有机化合物溶解度降低，溶液则变得过饱和，被提纯的产物则会析出晶体，而溶解度大的杂质依然留在溶液中，经过滤就可以将结晶从滤液中分离出来，洗涤结晶，干燥后得到固体产物。即重结晶是利用溶剂对被提纯物质和杂质在不同温度下溶解度的差异，使杂质在热过滤时被滤除或使杂质留在母液中，从而达到分离纯化的目的。如果晶体纯度不合格，可再次重结晶，提高纯度。

选择合适的溶剂是重结晶操作的关键所在。适宜的溶剂应符合下列条件：

(1)与被提纯物质不发生化学反应。

(2)对被提纯物质在温度高时溶解度较大，室温或较低温度时溶解度较小，即溶解度必须随温度变化有较大的变化。

(3)对杂质的溶解度非常大或非常小。前一种情况杂质将留在母液中不会析出，后一种情况是使杂质难溶于热溶剂，在热过滤时被除去。

(4)易与被提纯物质分离，沸点适中。

(5)毒性小，操作安全，价廉易得。

可以查阅化学手册及有关文献资料选用适宜的溶剂，有机实验室常用的重结晶溶剂及其物理性质列于表2-5。实际操作中有时需要根据溶解度试验来进行选择。具体方法如下：取0.1 g固体样品于干净的小试管中，用滴管逐滴加入某一溶剂，边加边振摇试管，加入1 mL后可在水浴上加热，观察溶解情况。如果该样品不溶于1 mL沸腾的溶剂中，可逐步添加溶剂，每次约0.5 mL，加热至沸，若加溶剂量达3 mL，而样品仍然不能全部溶解，说明该物质在此溶剂中溶解度太小，此溶剂不适用。若该物质能溶解于1～3 mL沸腾的溶剂中，冷却后观察结晶析出情况，若没有结晶析出，可用玻棒刮擦试管壁或者辅以冰盐浴冷却，促使结晶析出。若晶体仍然不能析出，说明该物质在此溶剂中的溶解度太大，则此溶剂也不适用。若该物质能在1～3 mL溶剂中加热溶解，冷却后有大量结晶自行析出，测定结晶熔点后说明是纯净物，可选用此溶剂。实际工作中，往往选择几种溶剂同时进行试验，比较它们的结晶收率后优选出最适宜的重结晶溶剂。

若实验中很难找到一种合适的溶剂，可以考虑选用混合溶剂。混合溶剂通常由两种可以相互混溶的溶剂组成，其中之一对固体样品的溶解度较大，而另一种溶剂对固体样品的溶解度较小。常用的混合溶剂有水-乙醇、水-丙酮、乙醇-乙醚、乙醇-丙酮、乙醚-甲醇等。

表 2-5　常用的重结晶溶剂及其物理性质

溶剂	沸点/℃	冰点/℃	相对密度	水溶性	易燃性
水	100	0	1	—	—
甲醇	64.7	<0	0.79	溶	+
95%乙醇	78.1	<0	0.80	溶	++
冰醋酸	117.9	16.7	1.05	溶	+
丙酮	56.2	<0	0.79	溶	+++
乙醚	34.5	<0	0.71	微溶	+++
石油醚	30～90	<0	0.64～0.72	不溶	+++
乙酸乙酯	77.1	<0	0.90	不溶	++
苯	80.1	5	0.88	不溶	++++
氯仿	61.2	<0	1.49	不溶	—
四氯化碳	76.8	<0	1.59	不溶	—

2.11.2　实验操作

1. 溶解固体物质

首先根据所选用的溶剂选择加热溶解装置。若以水为溶剂，可以用锥形瓶或烧杯重结晶，但需估计并补加因蒸发而损失的水。若使用有机溶剂，为了避免溶剂挥发和防止中毒，或避免可燃性溶剂着火，应在锥形瓶或烧瓶上安装回流冷凝管加热溶解样品，补加溶剂时应从冷凝管上端添加。若所用溶剂是水与有机溶剂的混合溶剂，则按照有机溶剂处理。

重结晶中溶剂的用量直接影响产品的纯度和回收率。通常根据样品在溶剂中的溶解度数据或溶解度试验结果，估算得到热饱和溶液时所需溶剂的用量。先将固体样品放入容器中，然后加入比需要量略少的溶剂，加热至沸，如果固体没有完全溶解，就在沸腾状态下分次少量添加溶剂至固体全部溶解，要注意判断是否有不溶性杂质存在，以免误加过多的溶剂。最后要补加少量溶剂，使溶剂过量15%～20%，以避免由于溶剂挥发和温度降低，在后续热过滤操作中，溶液过饱和而在漏斗中过早析晶，降低收率。但溶剂量也不宜过多，以免造成结晶析出量减少。

2. 脱色

当粗产品溶液中含有有色杂质时，会影响产品的纯度，可向溶液中加入少量吸附剂去除此类杂质。最常使用的脱色剂是活性炭或氧化铝。活性炭适用于水、乙醇等极性溶剂作重结晶溶剂时，而氧化铝则适用于苯、石油醚等非极性溶剂作重结晶溶剂时，否则会影响脱色效果。

加入活性炭的量一般为固体样品质量的1%～5%。活性炭不仅可以吸附色素和树脂状杂质，也会吸附一部分产品，因此用量不宜过多。为避免引起暴沸使溶液溅出，不能向正在沸腾的溶液中加入活性炭，须将热溶液稍稍冷却后，再加入活性炭，搅拌，加热微沸数分钟，趁热过滤。若活性炭用量不够导致脱色不净，可以重复操作，直至脱色完全。

3. 热过滤

脱色后的热溶液必须趁热过滤以除去不溶性杂质，包括脱色时所用的吸附剂。热过滤有两种：常压过滤和减压过滤。

1)常压过滤　也叫普通过滤。一般使用短颈或无颈的圆锥形玻璃漏斗或保温漏斗，同时采用折叠滤纸(亦称伞形滤纸、菊花形滤纸)以加快过滤速度。

滤纸的折叠方法如图 2-15 所示。先将滤纸对折成半圆形，再对折成 4 等份(a)、8 等份。在 8 个等份的小格中间向相反的方向对折，得 16 等份的折扇形(b～d)。打开滤纸，将 1 及 3 处各向内折叠为一个小叠面(e)。最后打开成折叠滤纸(f)即可放在漏斗中使用。注意在折叠时对滤纸中间的圆心处不宜重压，以免破损漏液。

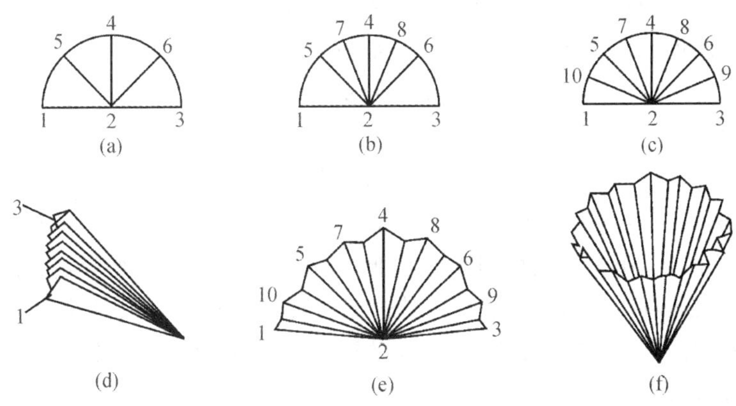

图 2-15　滤纸的折叠方法

热过滤时要确保溶液在较高温度下通过滤纸。过滤前先将漏斗放在烘箱中预热，待过滤时迅速将其取出放入漏斗架或铁圈上，下面放接收容器，见图 2-16(a)。迅速将滤纸放入漏斗中，滤纸边缘应略低于漏斗边缘。用少许热溶剂将其润湿，使其棱边紧贴在漏斗上。倒入热溶液进行过滤，倾入漏斗的液体液面应比滤纸边缘低约 1 cm，盖上表面皿保温并防止溶剂挥发。如果热溶液过多，不能一次完全倒入漏斗，则剩余的部分应继续加热保温。

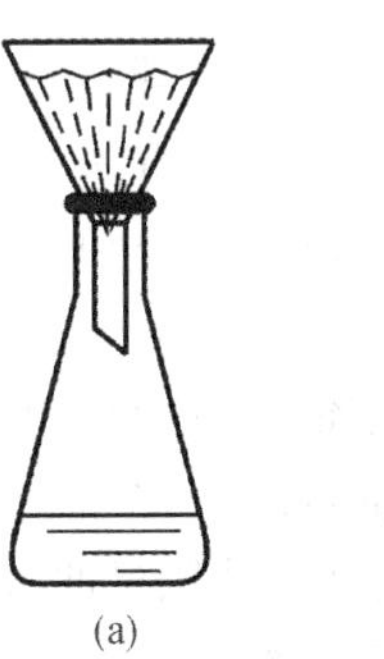

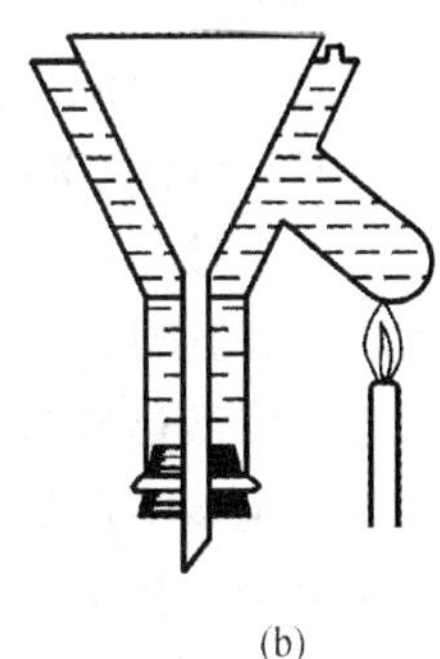

图 2-16　热过滤装置

为了防止溶液温度降低而析出晶体，堵塞滤纸孔而影响过滤，可用热水漏斗(保温漏斗)完成热过滤，见图 2-16(b)。热水漏斗是铜制的，内外壁间为可盛装热水的夹套，夹套侧管处可以加热，热水漏斗中插有一个玻璃漏斗。

过滤时，先在热水漏斗的夹套中注入热水，在外壳支管处小火加热保温(过滤易燃溶剂时应将火焰熄灭)；然后把热的待滤溶液分批倒入漏斗中，不宜一次加入过多，以免冷却析出晶体，堵塞滤纸和漏斗，也可在漏斗上盖上表面皿进行保温。

热过滤时，一般不要用玻璃棒引流，以免加速降温，引起析晶。进行热过滤时要求准备充分，动作迅速。

2)减压过滤　也叫真空过滤、抽滤或吸滤。为尽量减少过滤过程中晶体的析出带来的损失,往往采用减压热过滤。它是利用水泵或油泵使抽滤瓶中的压强降低,使待滤溶液的上下界面产生压差,加快过滤速度。

减压过滤装置包括瓷质布氏漏斗或玻璃砂芯漏斗、抽滤瓶、安全瓶和减压泵。将布氏漏斗或玻璃砂芯漏斗的漏斗颈配以橡皮塞,紧密安装在抽滤瓶上,用真空管分别将抽滤瓶支管与安全瓶相连,将安全瓶与水泵或油泵相连,如图 2-17 所示。在装配时需要注意布氏漏斗或玻璃砂芯漏斗下端斜口应正对抽滤瓶的侧管;滤纸要略小于布氏漏斗内径,但又能完全盖住漏斗所有小孔,使用时将其平铺在漏斗底部。玻璃砂芯漏斗不需要滤纸。微量物质的减压过滤用带玻璃钉的小漏斗组成的过滤装置。

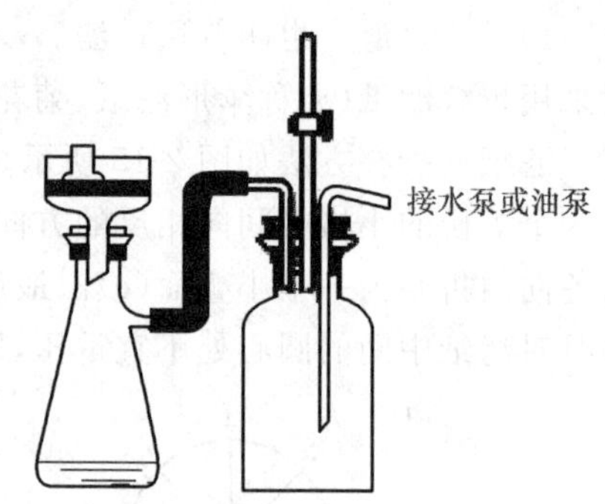

图 2-17　减压过滤装置

减压热过滤时,为了避免热溶液使漏斗破裂或热溶液冷却析出晶体,最好先用热水浴或水蒸气浴,或在电烘箱中把漏斗和抽滤瓶预热。过滤时,快速取出预热好的漏斗和抽滤瓶,迅速组装后,放入滤纸,用少量热溶剂润湿滤纸,再开启减压泵使滤纸紧贴在漏斗底部,避免待滤溶液不经滤纸而直接漏入抽滤瓶中。热过滤过程中,漏斗内要始终保持有溶液存在,待全部溶液倒入后才抽干,压力不可抽得过低,以防低沸点溶剂沸腾后蒸气沿抽气管被抽走或滤纸破裂影响过滤效果。

停止抽滤时,先将安全瓶上的放空阀打开,然后关闭减压泵,以免发生倒吸。

4. 冷却结晶

将收集的热滤液静置自然冷却,析出结晶。结晶的大小与冷却时的速率有关。自然冷却时,当温度降至接近室温时,会有大量的晶体析出,这样析出的晶体大而均匀,吸附的杂质少。不要直接用冷水浴或冰水浴冷却热滤液,因为这样易形成颗粒细小的结晶,由于其表面积大,吸附的杂质多。

有时溶液已冷却至过饱和也未析出晶体,则用玻棒刮擦器壁,或进一步降低溶液温度,或加入少量该溶质的结晶,即投入“晶种”,都可以促使晶体析出。

结晶全部析出后,就可以减压过滤分离出晶体。

5. 减压过滤、分离并洗涤晶体

常用布氏漏斗进行减压过滤将析出的晶体与母液分离。将晶体和母液分批沿玻璃棒倒入布氏漏斗中,并用少量母液将器壁上的残留晶体转移至布氏漏斗中,抽干。还需要用溶剂洗涤结晶,除去晶体表面吸附的杂质和母液。停止抽滤并连通大气后,用少量溶剂均匀润湿全部晶体后再次减压过滤,可用玻塞或玻璃钉挤压结晶,尽量抽尽母液。重复操作两次,就可以把结晶洗涤干净。

6. 结晶的干燥

经抽滤后的晶体,表面仍吸附有少量溶剂,应选用适当方法干燥除去溶剂。固体物质的干燥方法很多,可根据重结晶所用的溶剂及结晶的性质来选择。当使用的溶剂沸点比较低时,可在室温下将结晶置于表面皿或蒸发皿上使溶剂自然挥发风干。当使用的溶剂沸点比较高而产品的热稳定性又较好时，可用红外灯烘干。当产品易吸水或吸水后发生分解时，可用真空干燥器进行干燥。

晶体充分干燥后，可通过测定熔点来检验其纯度，若纯度不符合要求，可重复上述重结晶操作直至纯度合格。

2.11.3 乙酰苯胺的重结晶

乙酰苯胺，俗称退热冰，是合成磺胺类药物的重要中间体。可以通过苯胺与冰醋酸、醋酐或乙酰氯等乙酰化试剂作用制备。其粗产品中常含有未反应的原料、副产物等杂质，可以水为溶剂用重结晶法进行纯化。

【仪器】

量筒，烧杯，布氏漏斗，抽滤瓶，循环水泵，表面皿，电热套，烘箱。

【试剂】

乙酰苯胺粗产品，活性炭，蒸馏水。

【实验步骤】

在 250 mL 烧杯中，放入 2 g 乙酰苯胺粗产品，加入 50 mL 蒸馏水，盖上表面皿，加热煮沸，使其完全溶解。若仍有油珠，可少量多次补水直至油珠消失。然后移去热源，稍冷，加适量活性炭到溶液中，搅拌后再煮沸约 2 min。快速将预热过的布氏漏斗和抽滤瓶与循环水泵连接，放入剪好的滤纸，用少许热水润湿后，迅速将热溶液趁热过滤除去活性炭。将脱色后的热滤液转移到烧杯中，自然冷却滤液析晶。待晶体析出完全后，抽滤，用少量冷水洗涤结晶，抽干后取出晶体置于表面皿上，摊开置于空气中晾干，称量，计算回收率。

【注释】

乙酰苯胺在不同温度下的溶解度如表 2-6 所示。

表 2-6 乙酰苯胺在不同温度下的溶解度

温度/℃	20	25	50	80	100
溶解度/(g/100 g 水)	0.46	0.56	0.84	3.45	5.55

83℃以下，溶液中未溶的乙酰苯胺以固态存在。温度升高，未溶解的乙酰苯胺可以形成熔融状态的含水油珠状(83℃时含水 13%)。

【思考题】

1. 简述重结晶的原理。
2. 简述重结晶的步骤和各步骤的目的。
3. 重结晶操作中，加热溶解样品时，溶剂的量如何控制?
4. 脱色时，为什么不能在溶液沸腾时加入活性炭?
5. 析晶时，如果溶剂量过多使晶体析出太少或无法析出，应如何处理?

2.12 升华

2.12.1 基本原理

升华(sublimation)是纯化固体有机化合物的方法之一。升华是指物质在固态时有较高的蒸气压,当加热时,可以自固态不经过液态(熔化状态)直接气化为蒸气,蒸气遇冷时再直接变成固体的现象。利用升华方法可除去不挥发杂质,或分离不同挥发度的固体混合物,得到较高纯度的产物。但由于操作时间长,损失较大,不适用于大量产品的提纯,因此升华法一般用于较少量(1～2 g)化合物的纯化。

有些物质在三相点时平衡蒸气压低,例如萘在熔点80℃时的蒸气压只有0.93 kPa,使用升华方法收率很低。可以将萘加热到熔点以上,使其具有较高蒸气压,同时通入空气或惰性气体,以降低萘的分压,增加蒸发量。为了加快升华速度,还可在减压下升华,这种方法尤其适用于常压下蒸气压不大或受热易分解的物质的升华。

2.12.2 实验操作

1. 普通升华

升华前,必须将待升华的物质充分干燥,然后粉碎研细后放入蒸发皿中,这是由于升华发生在物质的表面,否则在升华操作时部分有机物会与水蒸气一起挥发出来影响分离效果。在蒸发皿上倒置一个直径小于蒸发皿的玻璃漏斗,漏斗颈部塞一团疏松的棉花防止蒸气逸出[图 2-18(a)]。蒸发皿和漏斗之间用一张刺有许多小孔的圆形滤纸隔开,滤纸上小孔的直径要大些,以便蒸气上升时顺利通过。孔刺向上,可防止升华后形成的晶体再落回到下面的蒸发皿中。

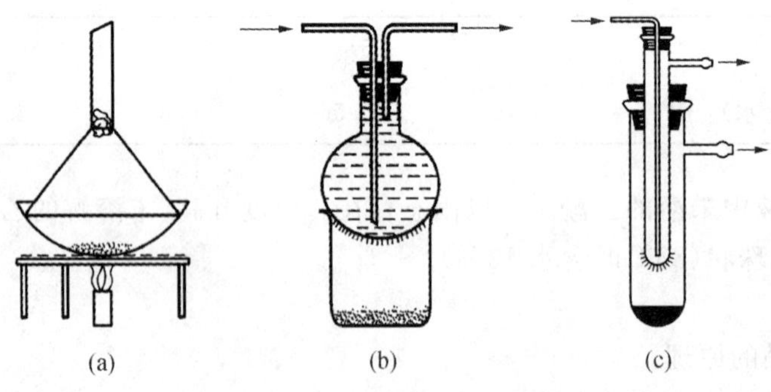

图 2-18 几种升华装置

在石棉网(或沙浴、电热套等)上缓慢加热,小心调节火焰(或加热电压),控制温度低于被升华物质的熔点,让其慢慢升华。被升华物质的蒸气通过滤纸孔上升,冷却后凝结在滤纸或漏斗壁上。必要时漏斗外可用湿滤纸或湿布冷却。

升华结束时,先移去热源,稍冷后,收集滤纸和漏斗壁上的晶体,即为经升华提纯的物质。

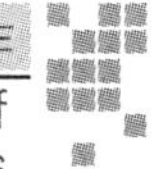

较大量物质的升华可在烧杯中进行。将样品放于烧杯中，在烧杯上放置一个通有冷水的烧瓶，使蒸气在烧瓶底部冷凝成晶体并附着在瓶底上[图 2-18(b)]。升华结束时要慢慢将体系接通大气，以防止空气突然冲入而吹落冷凝于瓶底的晶体。

2. 减压升华

减压升华可根据待升华物质的量，选择适当的减压升华装置。待升华物质置于吸滤管内，在吸滤管上配置指形冷凝管(冷凝指)[图 2-18(c)]，接通冷凝水，打开真空泵减压。把吸滤管置于水浴或电热套中缓慢加热，使固体在较低的压力下升华，被升华的固体凝结在冷凝指的外壁上。升华结束，慢慢打开安全瓶上的活塞，使体系接通大气，以防止空气突然冲入而吹落冷凝于冷凝指上的晶体。小心取出冷凝指，收集产品。

【思考题】

1. 升华的基本原理是什么？
2. 什么样的物质可以用升华方法进行提纯？
3. 升华操作时温度应控制在什么范围内？为什么？
4. 升华时蒸发皿上要盖一张带小孔的滤纸，漏斗颈部用棉花塞住，为什么？
5. 普通升华的操作方法是什么？适用范围是什么？

2.13 熔点的测定

2.13.1 基本原理

熔点是固体有机化合物重要的物理常数之一。它是指该物质在大气压力下受热，由固态转变为液态达到固相与液相平衡状态时的温度。纯净的固体化合物一般都有固定的熔点，即在大气压力下，固液两态之间的变化非常敏锐，从固体初熔到全熔的温度范围(称为熔程)很窄，一般不超过 0.5～1℃。

纯固体物质的相和温度随加热时间的变化如图 2-19 所示。随着加热进行，固体物质的温度会逐渐升高；当达到熔点时，开始有少量液体出现；继续加热，温度不会变化，此时加热所提供的热使固相不断转变为液相，固液两相达到平衡；最后的固体熔化后，继续加热则温度线性上升。因此，精确测定物质熔点的关键是控制好加热速度，使整个熔化过程尽可能接近于两相平衡条件。

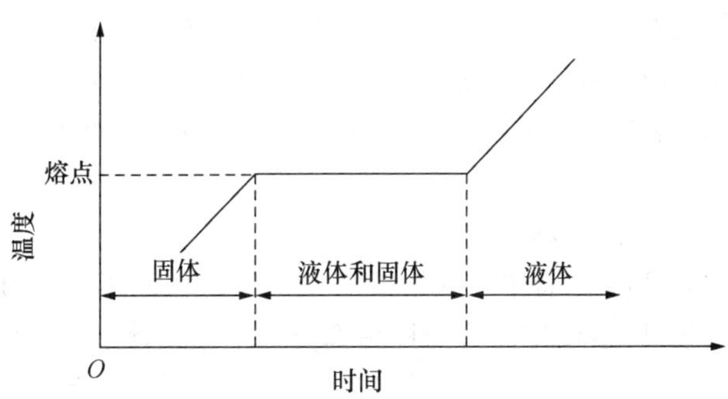

图 2-19 纯固体物质的相和温度随加热时间的变化

有少数受热易分解的化合物，没有固定的熔点，这是因为它们受热后，在尚未熔化之前就发生分解，此时的温度是其分解温度。

纯净的化合物有固定而敏锐的熔点，当其中混有杂质时，其熔点下降且熔程变宽。因此准确测定固体化合物的熔点是鉴定其纯度的经典方法。还可以用于鉴定固体化合物，以及鉴别两种具有相近或相同熔点的化合物是否为同一种化合物。例如，可以将这两种化合物按 1∶9、1∶1、9∶1 三个不同质量比例混匀后测定其熔点，若熔点下降，且熔程变宽，说明二者不是同一种化合物；若熔点相同，则认为二者为同一种化合物。

测定熔点的装置和方法较多，有毛细管熔点测定法、显微熔点测定法等。

2.13.2 毛细管熔点测定法

毛细管法是一种古老而经典的常用方法，具有装置简单、操作方便的优点，缺点是在测定过程中看不清可能发生的晶形变化。毛细管法最常用的是提勒(Thiele)管(又称 b 形管)熔点测定装置，如图 2-20 所示。b 形管管口装有开口橡胶塞，温度计插入其中，温度计水银球位于 b 形管上下两叉管中间，熔点管的样品部分置于温度计水银球中部。浴液的高度需达到 b 形管上叉管处，用酒精灯在图 2-20 所示的部位加热，受热时浴液沿管上升在整个 b 形管内循环对流，使温度均匀上升而无须搅拌。浴液要具有沸点较高、挥发性小、受热稳定等特点，应根据所测物质的熔点来选择，常用的浴液有浓硫酸、甘油、液体石蜡和硅油等。

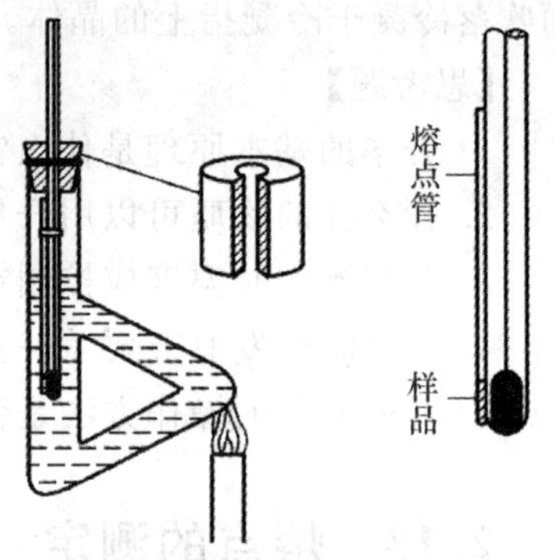

图 2-20 熔点测定装置

毛细管法测定熔点的实验步骤如下：

1. 熔点管封口

测熔点用的毛细管，内径约 1 mm，长 60～70 mm。将毛细管一端在酒精灯火焰边缘处加热熔封，封口要严密均匀。

2. 样品的填装

取少量干燥、研细的待测样品置于干净的表面皿上，集成小堆。将熔点管开口端向下插入样品堆中，反复几次，将少许样品挤压入熔点管内，然后将开口端向上，轻轻在桌上垂直墩几下，使样品落入熔点管底部。取一根长 40～50 cm 的干净干燥玻璃管直立于另一表面皿上，将熔点管开口向上，从玻璃管内自由下落，如此反复几次，使样品装填紧密均匀，样品高度 2～3 mm。

3. 熔点的测定

在 Thiele 管中装入浴液后垂直固定在铁架台上，把装好样品的熔点管用小橡皮圈固定在温度计上，使熔点管的样品部分位于温度计水银球的中部，橡皮圈要位于浴液的上方。然后将温度计插入 Thiele 管中，温度计需竖直，不能偏斜或贴壁，安装好装置。

用酒精灯在 Thiele 管侧管外端下方加热，如图 2-20 所示。若测定已知熔点的样品，可以先快速加热，每分钟升温 2～3℃，距离熔点 10～15℃时，减慢加热速度，使每分钟升温 1～2℃，越接近熔点，升温速度应越慢。同时观察熔点管内样品的熔化情况，记录样品开始塌落并形成第一滴液滴时的温度(初熔温度)和固体完全消失并全部变成透明液体时的温度(全熔温度)，即为该化合物的熔程。要注意观察样品初熔前是否有萎缩、变色、发泡、升华、炭化等现象，并如实记录。

测定熔点时，至少要有两次重复的数据，两次结果差别应在1℃以内。进行第二次测定时，需待浴液温度降低至样品熔点以下约20℃时方可换一个熔点管再测。

测定未知熔点的样品时，第一次可快速加热粗测化合物的熔点，然后再进行精测，以节约时间。

测定熔点时要注意以下事项：

(1)待测样品一定要经过充分干燥后再测定熔点，否则会导致熔点下降、熔程变宽。样品还应充分研细，装填要紧密均匀，否则会导致传热不均，影响测量的准确性。装填样品要迅速，防止样品吸潮。

(2)样品量的多少也会直接影响熔点的测定，样品高度应为2～3 mm。样品太多会造成熔程变宽，熔点偏高。样品太少不便观察，熔点偏低。

(3)越接近熔点，升温速度应越慢，一方面是为了保证有充分的时间让热量由熔点管外传至管内，使样品熔化；另一方面因操作者不能同时观察温度计读数和样品的变化情况，缓慢加热才能减小误差。如果加热过快，会使测定结果偏高。

(4)每次测定熔点都必须使用新的熔点管重新装填样品，因为有些样品受热后会部分分解或晶形发生改变。

4. 拆卸装置

测完熔点后，按照与安装相反的次序拆卸装置。取出温度计，要让温度计自然冷却至接近室温时擦去浴液，再用水冲洗干净。不可将热的温度计直接用水冲洗，以免温度计炸裂。浴液冷却后方可倒入回收瓶中。

2.13.3 温度计校正

在实验中，温度计上的温度读数与实际数值之间常有一定的偏差，这可能是由于温度计中的毛细孔径不均匀或刻度不准确等质量问题引起的。另外，温度计有全浸式和半浸式两种。全浸式温度计的刻度是在温度计的汞线全部均匀受热的情况下刻出来的，而在测熔点时仅有部分汞线受热，因而露出来的汞线温度较全部受热时偏低。半浸入式温度计的刻度是在有一半汞线受热的条件下标定出来的，与测定熔点时的条件较为接近，但汞线受热部分的长短以及周围环境温度与标定时也不会完全相同，所以也会有误差。此外，温度计经反复加热与冷却，玻璃也可能发生形变而产生误差。为了校正温度计，可选用纯有机化合物的熔点作为标准或选用一标准温度计进行校正。

校正时需选择数种已知熔点的纯化合物作为标准，测定它们的熔点，以观察到的熔点为纵坐标，测得熔点与已知熔点的差值作横坐标，画成曲线，则任一温度的校正值可直接从曲线中读出。

零点的测定最好用蒸馏水和纯冰的混合物。可将盛有20～25 mL蒸馏水的小烧杯置于冰盐浴中，至部分蒸馏水结冰，用玻璃棒搅拌使之成冰水混合物，移出冰盐浴。将温度计插入冰-水中，使水银球全部浸没其中，轻轻搅拌混合物，待温度恒定后读数，即为此温度计在0℃时的校正值。

2.13.4 熔点测定仪测定熔点法

熔点测定仪种类很多，工作原理相同，常用的有显微熔点测定仪。使用熔点测定仪测定有机物的熔点，可以克服毛细管法不能准确细致地观察晶体在加热过程中具体变化的缺点。显微熔点测定法的特点是样品用量少(可测数颗晶体)，测温范围宽，可测定高熔点样品(室温至350℃)，在显微镜下可以清楚地观察到样品晶体受热变化的情况，如升华、分解、脱水和多晶形物质的晶形转化等。

2.13.5 苯甲酸、肉桂酸及其混合物的熔点测定

【仪器】

Thiele管，毛细管(测熔点用)，酒精灯，温度计，培养皿，表面皿，长玻璃管。

【试剂】

甘油，苯甲酸，肉桂酸，苯甲酸和肉桂酸混合物。

【实验步骤】

在Thiele管中装入甘油后垂直固定在铁架台上，分别测定苯甲酸、肉桂酸及二者混合样品的熔点。

观察熔点管内样品的熔化情况，记录样品的初熔温度和全熔温度(熔程)。注意观察样品初熔前是否有萎缩、变色、发泡、升华、炭化等现象，并如实记录。每个样品至少要有两次重复的数据，两次结果差别应在1℃以内。进行第二次测定时，需待浴液温度降低至样品熔点以下约20℃时方可换一个熔点管再测。

【思考题】

1. 影响熔点测定的关键因素是什么?

2. 测定熔点时，如果遇到下列情况将对结果产生什么影响?

(1)熔点管管壁太厚;

(2)熔点管底部未完全封闭;

(3)样品研得不细，或装得不紧密;

(4)加热太快;

(5)熔点管内不洁净;

(6)样品未完全干燥或含有杂质。

3. 如何判断两个熔点相同的固体样品是否为同一物质?

2.14 沸点的测定

2.14.1 基本原理

沸点是液体有机化合物的重要物理常数之一。液体在一定的温度下具有一定的蒸气压，液体受热时，其蒸气压随温度的升高而增大，当它的蒸气压与外界大气压相等时，有大量气泡从液体内部逸出，即液体沸腾，此时的温度称为该液体的沸点。所以物质的沸点与其所受的外界压力有关。外界压力增大，沸点升高;外界压力减小，沸点降低。通常所说的沸点是指在标准大气压(101.3 kPa)下液体沸腾时的温度。纯净的液体化合物在一定压力下具有固定的沸点。当液体中溶有其他物质时，溶剂的蒸气压总是降低的，而所形成的溶液的沸

点与溶质的性质有关。因此,通过沸点测定,可以初步鉴定液体有机化合物及判断液体的纯度。但是具有固定沸点的液体不一定均为纯净的化合物,共沸混合物也有固定沸点。

2.14.2 测定方法

测定沸点有常量法和微量法。常量法的装置与蒸馏装置相同,测定时样品用量较多,需要 10 mL 以上。该方法可测出待测液体的沸程,即该液体的第一滴馏分和最后一滴馏分的温度区间,测定原理已在蒸馏部分详述。纯液体的沸程 0.5~1℃,一般不超过 2℃。

微量法测沸点的装置与毛细管法测熔点的装置相似,样品用量较少。所用的沸点管由内管和外管组成。内管是一端封口的熔点管,外管是内径 4~5 mm、长 7~8 cm,一端封闭的玻璃管。

滴加 2~3 滴待测液体于外管中,将内管开口端向下插入外管待测液体中,用小橡皮圈将沸点管固定在温度计旁(图 2-21),待测液与温度计水银球平齐。然后将温度计和沸点管置于 Thiele 管浴液中,用酒精灯加热。

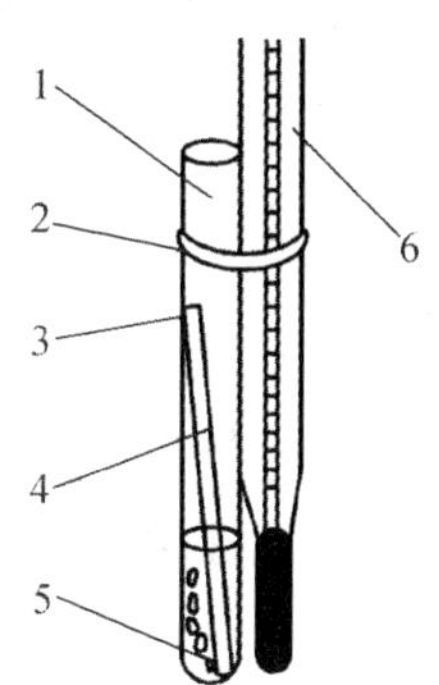

图 2-21 微量法测沸点装置

1. 沸点管 2. 橡皮圈 3. 闭口端 4. 毛细管 5. 开口端 6. 温度计

缓缓加热,使温度均匀上升,加热到一定温度时,由于内管中的气体受热膨胀,会有小气泡从内管中缓缓逸出。继续缓缓升温,切忌升温太快,防止液体全部挥发。当升温至样品沸点时,将出现一连串的小气泡快速逸出,此时应停止加热,使浴温自行下降。随着温度的下降,内管中气泡逸出的速度也随之渐渐减慢,在气泡不再冒出而液体刚刚要进入内管的瞬间(即最后一个气泡刚刚要缩回至毛细管中时),表示毛细管内的蒸气压与外界大气压相等,记录此时的温度,即为该液体的沸点。

待浴液温度下降 15~20℃后,再重复测定。每支毛细管只可用于一次测定,每个样品要求重复测定 2~3 次,纯样品的平行数据相差不应超过 1℃。

2.14.3 无水乙醇及蒸馏水的沸点测定

【仪器】

Thiele 管,毛细管(测熔点用),酒精灯,温度计,一端封口的小玻璃管。

【试剂】

甘油,无水乙醇,蒸馏水。

【实验步骤】

在 Thiele 管中装入甘油后垂直固定在铁架台上,分别测定无水乙醇和水的沸点。

观察毛细管中气泡逸出情况,并如实记录。每个样品至少要有两次重复的数据,两次结果差别应在 1℃以内。

【思考题】

1. 测得某液体样品有固定的沸点,能否认为该液体就是纯物质?为什么?

2. 测沸点时,如果遇到下列情况会观察到什么现象?

(1)内管没封好;

(2)加热速度太快。

3. 微量法测定沸点,为什么把液体样品中最后一个气泡刚要缩回内管时的温度作为该液体的沸点?

2.15 液体化合物折射率的测定

2.15.1 基本原理

折射率是液体有机化合物的重要物理常数之一。固体、液体、气体都有折射率。对于液体化合物,折射率比沸点更可靠,利用折射率可以鉴定未知有机化合物和检验化合物的纯度。

光在不同介质中的传播速度不同。因而当光由一种介质进入另一种介质时,如果入射的方向与两种介质的界面不垂直,则会在界面处改变前进的方向,即发生光的折射(图 2-22)。根据折射定律,对任何两种介质,在一定的外界条件下,入射角 α 和折射角 β 的正弦比与这两种介质的折射率成反比,即

$$\frac{n_B}{n_A}=\frac{\sin\alpha}{\sin\beta}=\frac{v_A}{v_B}$$

式中:n_A 和 n_B 分别为介质 A 和 B 的折射率;v_A 和 v_B 分别为光在介质 A 和 B 中的传播速度。若介质 A 是真空,则 $n_A=1$,这时 $n_B=\sin\alpha/\sin\beta$。若 α 增大,则 β 也相应增大。当 α 增大至 $\alpha_0=90°$时,$\sin\alpha_0=1$,折射角 β 也增大到最大值 β_0(图 2-22)。温度和入射光波长固定时,β_0 为一定值,称为临界角,在一定条件下是一个常数,它与介质 B 折射率的关系为 $n_B=1/\sin\beta_0$。因此,测定临界角 β_0,就可以得到介质 B 的折射率,这就是阿贝(Abbe)折射仪的基本光学原理。

如果使 0°~90°的所有角度上都有单色光从介质 A 射入介质 B,这时介质 B 中临界角以内的整个区域均有光线通过,因此是明亮的,而临界角以外的区域则全都没有光线通过,是黑暗的,明暗分界线十分清楚。如果在明暗分界线上设置目镜,则在目镜中就会观察到一半明一半暗的现象,如图 2-23 所示。在测量时,介质不同,临界角大小不同,折射率不同。调节目镜和介质 B 的相对位置,即旋转折射率刻度调节手轮,把明暗分界线调到目镜中十字线的交叉点。因读数指针是和棱镜一起转动的,从目镜中的刻度盘上可直接读出折射率。

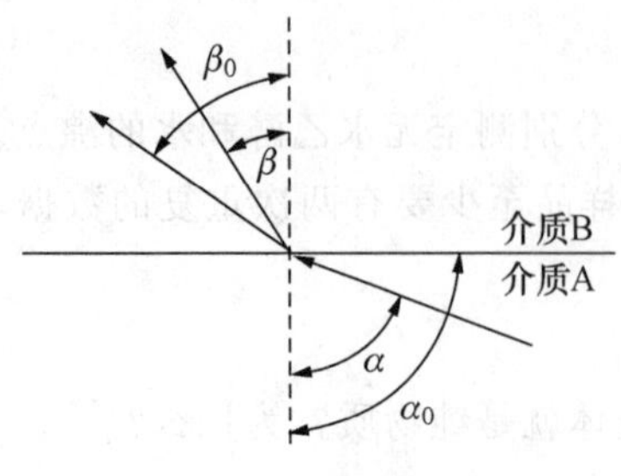

图 2-22 光的折射

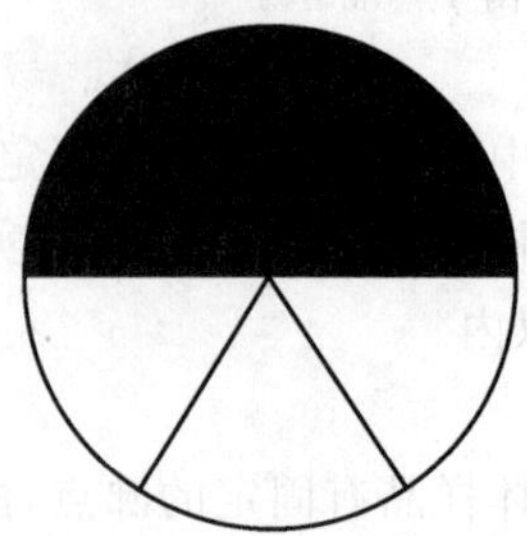

图 2-23 阿贝折射仪在临界角时目镜视野

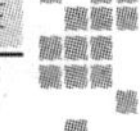

可以用白光(如自然光)作阿贝折射仪的光源,这时在目镜中往往看到一条彩色光带,没有清晰的明暗分界线,源于对不同波长的光折射率不同,故临界角不同。选定特定波长的光(通常是用钠光灯 D 线,589.3 nm),用相应的消色散棱镜消除色散,只有钠光灯 D 线通过消色散棱镜时方向不变,所以此时就能观察到清晰的明暗分界线,测得的折射率即为该物质对钠光灯 D 线的折射率。

在测定折射率时,一般都是光从空气射入液体介质中,并且空气的折射率(1.000 27)与真空折射率相差很小,因此通常用在空气中测得的折射率作为该介质的折射率。

物质的折射率与其本身的结构、入射光的波长、测定温度、压力等因素有关。通常大气压的变化对折射率的影响不大,一般的测定不考虑压力的影响。因此折射率的表示需注明光线波长、测定温度,常表示为 n_{λ}^{t}。例如:纯丙酮的折射率 $n_{D}^{20}=1.3591$,表示在 20℃时,纯丙酮对钠光灯 D 线(589.3 nm)的折射率为 1.359 1。通常温度升高,液体有机化合物的折射率降低,在温度 t 下测定的折射率可通过下式换算成标准值:$n_{D}^{20}=n_{D}^{t}+4.5\times10^{-4}\times(t-20)$。

2.15.2 阿贝折射仪的构造

测定液体化合物折射率最常用的仪器是阿贝折射仪。阿贝折射仪有不同的型号,有双镜筒折射仪和单镜筒折射仪。

两块直角棱镜是阿贝折射仪的主要部件,上面一块是光滑的,是折射棱镜(又称测量棱镜),下面一块是磨砂的,是进光棱镜(又称辅助棱镜)。进光棱镜可以开启,待测液体就夹于两块棱镜之间形成均匀的液膜。棱镜组侧面有插温度计的套管和连接恒温水槽的进出水接头。

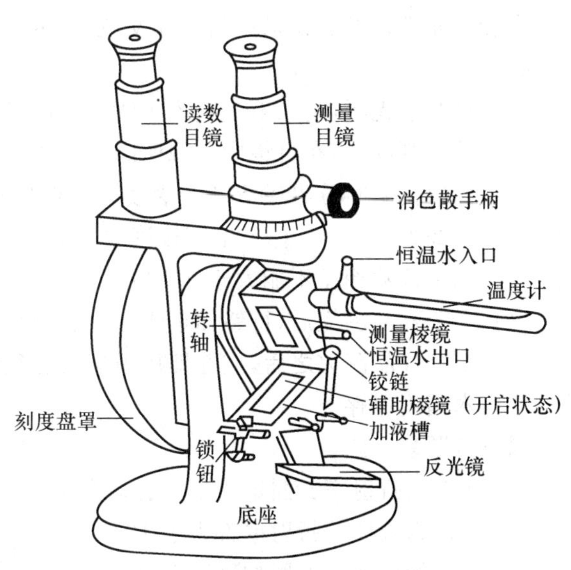

图 2-24 双镜筒阿贝折射仪

双镜筒阿贝折射仪有两个镜筒,如图 2-24 所示。左边镜筒是读数显微镜(读数目镜),可以读出刻度盘上的数字,刻度盘读数范围为 1.300 0~1.700 0,精密度±0.000 1。右边镜筒是测量显微镜(测量目镜),可以观察折射情况,筒内装有消色散棱镜,可将复色光变为单色光,可以直接使用日光,所测得的数值与使用钠光所测得的一样。

单镜筒阿贝折射仪工作原理与双镜筒阿贝折射仪相同,操作方法相似,只是在仪器结构上把测量显微镜和读数显微镜合二为一,测量图像和折射率读数都在一个镜筒中。

2.15.3 阿贝折射仪的使用方法及校正

1. 仪器的准备

将阿贝折射仪置于光线充足的实验台上,但要避免阳光直射,装上温度计,连接恒温水浴并调节到所需温度，也可以直接在室温下测定，再根据公式计算校正到20℃时的折射率。

松开锁钮，开启进光棱镜，滴加少量丙酮或乙醚清洗上、下镜面，注意滴管或其他硬物不能触及镜面。必要时用擦镜纸（切勿用滤纸）顺同一方向擦拭干净，待镜面干燥后再加入被测液体，以免影响测定的精确度。

2. 仪器的校正

为了保证折射仪的准确性，测定前应对折射仪进行校正。校正的方法是用一种已知折射率的标准液体（如纯水）进行校正。用上述方法测定纯水的折射率，将平均值与标准值比较，其差值即为校正值。

2.15.4 丙酮、水及乙醚的折射率测定

【仪器】

阿贝折射仪，滴管，镜头纸。

【试剂】

丙酮，水，乙醚。

【实验步骤】

(1)用干净滴管吸取待测液体，滴2～3滴于磨砂棱镜上，关紧棱镜。旋紧锁钮使液体均匀无气泡，充满视场。如果样品易挥发，在测定过程中可以用滴管从棱镜间加液槽滴入补加样品。

(2)打开遮光板，使入射光进入棱镜组，调节反光镜，使镜筒内视场明亮。

(3)转动刻度盘，在目镜中出现明暗分界线，在界线处若出现彩色光带，可旋转消色散手柄，消除色散使明暗分界线清晰。继续调节刻度盘直到明暗分界线正好落在十字线的交叉点上，如图2-23所示，从标尺上直接读取并记录折射率，读数可至小数点后第四位。重复测定三次，三个读数相差不能大于0.000 2，然后取其平均值。记录测定时的温度。

(4)一个样品测完后，待镜面干燥后再滴加另一个被测液体，按上述方法测定。

(5)全部样品测完之后，应立即用丙酮或乙醚顺同一方向清洗上、下镜面，晾干后关闭棱镜，放入木箱内保存。

【思考题】

1. 什么叫折射率？测定折射率有何意义？
2. 为什么液体的折射率都大于1？
3. 测定折射率时的影响因素有哪些？

2.16 旋光度的测定

2.16.1 基本原理

具有手性的有机化合物能够使偏振光的振动面发生旋转，这种性质称为物质的旋光活性或光学活性，这些物质被称为旋光活性物质或光学活性物质，它们使偏振光振动平面旋转的角度叫旋光度。物质的旋光性与其结构有关，不同的手性化合物使偏振光振动面

旋转的方向和角度不一样，使偏振光平面向右旋转的称为右旋物质，向左旋转的称为左旋物质。右旋用“＋”表示，左旋用“－”表示。旋光度是手性有机化合物的物理常数之一，测定旋光度对于研究这些有机化合物的分子结构以及确定某些化学反应的反应机理都具有重要意义。

旋光度 α 不仅取决于样品本身的结构，还与样品的浓度、溶剂的性质、盛液管的长度、光源的波长、测定时的温度有关。在一定的条件下，每种旋光活性物质的旋光度为一常数，通常用比旋光度$[\alpha]_{\lambda}^{t}$ 表示。可通过下式计算物质的比旋光度：

$$[\alpha]_{\lambda}^{t}=\frac{\alpha}{cl}$$

式中：α 为旋光仪测得的旋光度；c 为所配样品溶液的浓度(g/mL)；l 为盛液管长度(dm)；λ 为光源波长；t 为测定时的温度(℃)。$[\alpha]_{\lambda}^{t}$ 表示旋光性物质在温度 t、光源的波长为 λ 时的比旋光度。通常采用钠光灯 D 线(λ＝589.3 nm)，在 20℃或 25℃时测定。若待测样品为液体，可直接测定而无须配制溶液，计算比旋光度时，只要将其相对密度 ρ 代替上式中的浓度值 c 即可。

测定物质旋光度的仪器为旋光仪，旋光仪有两类，一类是目测的，一类是数显的。但其构造都主要由光源、起偏镜、样品管(又称旋光管)、检偏镜和目镜组成，如图 2-25 所示。光源发出的光通过起偏镜形成偏振光，偏振光再经过盛有旋光性物质的样品管，由于物质具有旋光性，使得偏振光不能通过检偏镜，必须将检偏镜旋转一个角度才能通过。由装在检偏镜上的标尺盘移动的角度，可指示出检偏镜转动的角度，该角度即为该物质在此浓度时的旋光度。

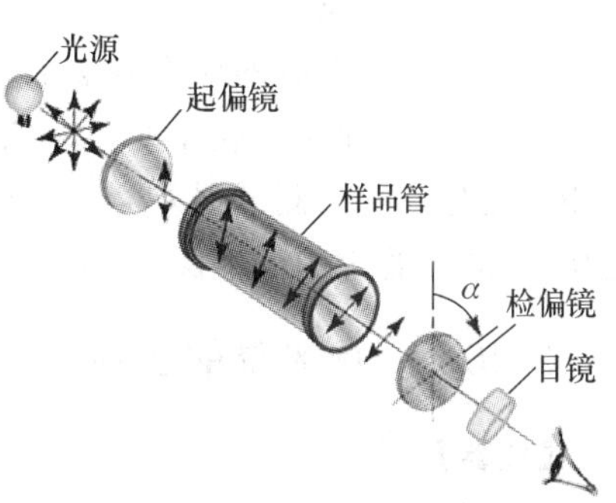

图 2-25　旋光仪构造示意图

2.16.2　实验操作

1. 溶液的配制

如果待测样品是液体，可直接用于测定。如果样品旋光度太大，可用较短的旋光管或者用适当溶剂稀释后再测。如果是固体，准确称取 0.10～0.50 g 样品，加入适当溶剂使之溶解，再定容于 25 mL 容量瓶中。常用溶剂为水、乙醇或氯仿等。溶液应透明，无悬浮物，无沉淀物，否则需过滤。

2. 零点的校正

在测定纯液体样品时，用空的旋光管进行校正；在测定溶液时，用装满溶剂的旋光管进行校正。先接通电源，打开开关预热 5 min，使钠光灯稳定发出黄色钠光。放入旋光管，盖上盖子，将刻度盘调至零点，调整目镜的焦距，使视场清晰，观察零度视场三个部分亮度是否一致。若一致[图 2-26(a)]，说明仪器零点准确，否则说明零点有偏差[图 2-26(b)或图 2-26(c)]。有偏差时应旋转刻度盘手轮，调整检偏镜角度使视场呈明暗相等的单一视场，读取刻度盘上所示的刻度值。再反复操作两次，取其平均值作为零点(零点偏差值)。

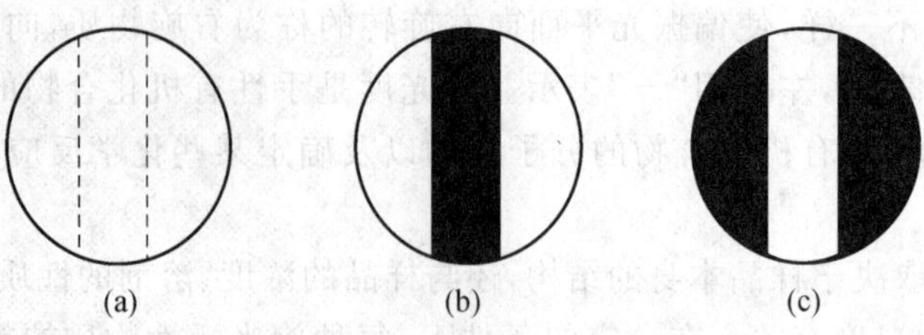

图 2-26 旋光仪三个部分的视场

3. 样品管的装填

将旋光管的一端用玻璃盖和铜帽封紧，然后将管竖起，开口向上，注入溶液至溶液因表面张力而形成的凸液面高于管口，将旋光管的玻璃盖贴在管口一边并沿管口平推过去，至恰好盖住管口，使管内不含空气泡，旋上铜帽(不漏液即可)。若旋光管中有小气泡，应使气泡离开光路，可将其赶入旋光管的球形中，以免测定时发生光界模糊现象。

4. 样品的测定

按照校正零点时的操作方法反复测定 3 次以上，求取平均值，再用前面得到的零点值进行校正，即得到样品的旋光度。注意每次测定时，旋光管所放置的位置应固定不变，以消除因距离变化产生的测试误差。记录所用旋光管的长度、测量温度并注明所用的溶剂。测定完毕，将旋光管中的液体倒出，洗净吹干存放。

2.16.3 旋光仪的应用

【仪器】

旋光仪。

【试剂】

10%蔗糖溶液，未知浓度蔗糖溶液。

【实验步骤】

(1)按 2.16.2 中的实验步骤测定 10%蔗糖溶液的旋光度，重复测定 3 次，取平均值为测定结果，记录测定时的温度和样品管长度，按公式计算出蔗糖的比旋光度。

(2)重复上述实验步骤测定未知浓度蔗糖溶液的旋光度，再根据蔗糖的比旋光度计算出未知浓度蔗糖溶液的浓度。

【思考题】

1. 旋光仪的原理是什么？

2. 怎样的物质才具有旋光性？

2.17 相对密度的测定

2.17.1 基本原理

物质的密度是物质质量和体积之比，单位为 kg/m^3，常用符号 ρ 来表示。相对密度，也称比重，定义为该物质的密度(一般以温度为 20℃时的密度)和某一标准物质的密度之比。

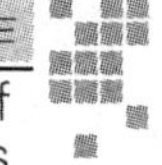

这一标准物质可以取在某一特定温度(如 4℃)下的水,或温度和压力在标准条件下的空气(用于气体时)。相对密度的概念使用起来非常方便,因为它通常比密度更易于测量,而且在所有单位制中它都是无单位的。4℃水的密度为 1 000 kg/m³,或 1 kg/L,1 g/cm³。标准条件 0℃和 101.325 kPa 下,干燥空气的密度为 1.293 kg/m³ 或 1.293 g/L。相对密度表示符号为 d_4^{20},表示该物质 20℃时的密度和 4℃水的密度的比值。

相对密度对于一种物质来说在一定的条件下是一个不变的常数,只有当物质的组成和外界条件改变时才会改变,因此可以通过测量物质的相对密度来确定物质组成的变化。物质的状态不同,测量时采用的方法和仪器不同。当待测样品为液体时,其相对密度一般用比重瓶及比重计进行测定。

2.17.2 实验操作

通常采用比重计法测定液体的相对密度。

比重计是根据阿基米德定律和物体浮在液面上平衡的条件制成的,是测定液体密度的一种仪器。它是一根密闭的玻璃管,一端粗细均匀,内壁贴有刻度纸,刻度不均匀,上疏下密,另一头稍膨大呈泡状,泡里装有小铅粒或水银,使玻璃管能在被检测的液体中竖直地浸入到足够的深度,并能稳定地浮在液体中,也就是当它受到任何摇动时,能自动地恢复成垂直的静止位置。当比重计浮在液体中时,其本身的重力跟它排开的液体的重力相等。于是在不同的液体中会浸入不同的深度,所受到的压力不同,比重计就是利用这一关系标出刻度的。

常用的比重计有两种。一种用来测量相对密度大于 1 的液体的相对密度,称“比重计”。它的下端装的小铅粒或水银多一些。这种比重计的最小刻度线是“1”,它在标度线的最高处,把这种比重计放在水里,它的大于 1 的标度线,全部在水面下。另一种用来测量相对密度小于 1 的液体的相对密度,称“比轻计”。它的下部装的小铅粒或水银少一些。这种比重计的最大标度线是“1”,这个标度线在最低处。使用时,应注意根据液体的相对密度来选用。

具体操作如下:

将待测液体缓慢注入清洁、干燥的烧杯内,不得有气泡,将烧杯置于 20℃的恒温水浴中,待温度恒定后,将一支清洁、干燥、量程合适的比重计缓缓地放入待测液体中。待比重计在待测液体中稳定后,读出弯月面下的刻度,即为 20℃时该待测液体的相对密度。

2.18 色谱法

色谱法(chromatography)又称“色层法”、“层析法”,是分离、提纯和鉴定有机化合物的重要实验技术之一,广泛应用于化学、医药、生物和环境等领域。

色谱法的基本原理是利用待分离的混合物中各个组分在固定相和流动相中分配性能的差异,使混合物中各组分随流动相运动的速度各不相同,随着流动相的运动,使混合物中各组分在固定相上被有效分离。与经典的分离提纯手段重结晶、升华、萃取和蒸馏等相比,色谱法具有微量、快速、简便和高效率等优点,并能分离复杂化合物,包括对映体。

色谱法的种类很多，按两相状态可分为气固色谱法、气液色谱法、液固色谱法和液液色谱法，按固定相的几何形式可分为柱色谱法、纸色谱法、薄层色谱法，按分离原理的不同可分为吸附色谱、分配色谱、离子交换色谱和凝胶色谱等。

2.18.1 柱色谱

柱色谱(column chromatography)又称柱层析，是通过色谱柱(层析柱)来进行分离、提纯少量有机化合物的有效方法，根据其分离原理可分为吸附柱色谱、分配柱色谱和离子交换色谱等。本节主要介绍吸附柱色谱。

2.18.1.1 基本原理

吸附柱色谱是在一根垂直放置的玻璃柱内填充固体吸附剂(固定相)，把待分离的混合物从柱顶加入，各组分被吸附到吸附剂表面，然后从柱顶加入洗脱剂(流动相)洗脱，如图 2-27 所示。当洗脱剂带着混合物向下移动时，由于混合物各组分的结构不同，其吸附能力不同，在洗脱剂中的溶解能力不同，随着洗脱剂向下移动的速度亦不同，于是各组分在柱中逐渐分离形成了若干色带。继续用洗脱剂洗脱，各组分随洗脱剂以不同顺序从色谱柱中流出，用容器分别收集进行鉴定。对于不显色的化合物，可以用紫外光照射时所呈现的荧光来检查；也可以分段收集流出液，通过薄层色谱或其他方法进行鉴定。

影响吸附柱色谱的主要因素如下：

1. 吸附剂

常用的吸附剂有氧化铝、硅胶、氧化镁、碳酸钙和活性炭等。其用量为待分离样品的 30～50 倍，对于难以分离的混合物，吸附剂用量可达 100 倍或更高。选择吸附剂时应综合考虑其种类、酸碱性、粒度及活性等因素，最后用实验方法来确定。

吸附剂颗粒应大小均匀，颗粒太粗，溶液流速快，分离效果不好，颗粒太细则溶液在其中流动太慢，甚至流不出来。柱层析所用氧化铝的粒度一般为 100～150 目，硅胶为 60～100 目。

色谱用的氧化铝可分酸性、中性和碱性三种。酸性氧化铝适用于分离酸性物质，如有机酸等；中性氧化铝适用于分离中性物质，如醛、酮、醌和脂类化合物等，应用最广；碱性氧化铝适用于分离生物碱、胺、碳氢化合物等。市售的硅胶略带酸性。

吸附剂的活性与其含水量有关，含水量越低，活性越高，吸附剂的吸附能力越强；反之，则吸附能力越弱。吸附剂的活性与含水量的关系见表 2-7。一般常用Ⅱ和Ⅲ级的吸附剂。可以用加热的方法使吸附剂脱水来活化吸附剂。

2. 洗脱剂

洗脱剂，也称为淋洗剂或溶剂，是将被分离物从吸附剂上洗脱下来所用的溶剂。其极性大小和对被分离物各组分的溶解度大小对于分离效果非常重要。如果洗脱剂的极性远大于被分离物的极性，则洗脱剂将受到吸附剂的强烈吸附，从而将原来被吸附的待分离物“顶替”下来，随多余的淋洗剂冲下而起不到分离作用。如果洗脱剂的极性远小于各组分的极性，则各组分被吸附剂强烈吸附而留在固定相中，不能随流动相向下移动，也不能达到分离的目的。如果洗脱剂对于被分离物各组分溶解度太大，被分离物将会过多、过快地溶解于其中并被迅速洗脱而不能很好地分离；如果溶解度太小，则会造成谱带分散，甚至完全不能分开。

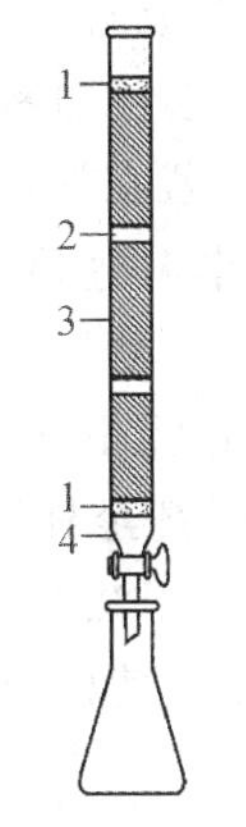

图 2-27 柱色谱装置

1. 石英砂 2. 谱带
3. 吸附剂 4. 玻璃棉

表 2-7 吸附剂的活性与含水量的关系 %

活性等级	氧化铝含水量	硅胶含水量
Ⅰ	0	0
Ⅱ	3	5
Ⅲ	6	15
Ⅳ	10	25
Ⅴ	15	38

常用溶剂的极性按以下次序递增：己烷、石油醚＜环己烷＜四氯化碳＜三氯乙烯＜二硫化碳＜甲苯＜苯＜二氯甲烷＜三氯甲烷＜乙醚＜乙酸乙酯＜丙酮＜丙醇＜乙醇＜甲醇＜水＜吡啶＜乙酸。

常用洗脱剂的极性大小次序也因所用吸附剂的种类不同而不尽相同。一般先在薄层层析板上试选，初步确定后再上柱分离。如果所有色带都行进甚慢则应改用极性较大、溶解度也较大的溶剂，反之则改用极性和溶解度都较小的溶剂。

洗脱剂用量往往很大，因此最好使用单一溶剂以利于回收。只有在选不出合适的单一溶剂时才使用混合溶剂，混合溶剂一般由两种可以完全混溶的溶剂组成。

所用洗脱剂必须纯净和干燥，否则会影响吸附剂的活性和分离效果。

3. 待分离物

待分离物的吸附性和它们的极性成正比，化合物分子含有极性较大基团时吸附性能也较强。吸附剂对各种化合物的吸附性一般按以下次序递减：酸、碱＞醇、胺、硫醇＞酯、醛、酮＞芳香族化合物＞卤化物、醚＞烯＞饱和烃。因此，对极性较大或含有较大极性基团的化合物，宜选用吸附力较弱的吸附剂和极性较大的洗脱剂。而对于极性较小的化合物，则宜选用极性较强的吸附剂和弱极性或非极性洗脱剂。

2.18.1.2 实验操作

1. 装柱

柱色谱的分离效果不仅取决于吸附剂和洗脱剂的选择，而且还与色谱柱的大小和吸附剂的用量、柱装得好坏有关。色谱柱的大小取决于待分离物的量和吸附剂的性质，柱高与直径之比一般为(10∶1)～(4∶1)。实验室常用的色谱柱直径在 0.5～10 cm 之间。

装柱是柱色谱中的关键操作，直接影响分离效率。装柱之前，取洗净干燥的色谱柱，在柱底铺一层玻璃棉或脱脂棉，轻轻压紧(或铺一层 0.5～1 cm 厚的石英砂)，然后将柱竖直固定在铁架台上，关闭活塞，进行装柱。装柱的方法分湿法和干法两种。

湿法装柱时，先用洗脱剂将吸附剂调成糊状，然后在柱内先加入约 3/4 柱高的洗脱剂，打开柱下端的活塞，让洗脱剂慢慢流出(约每秒 1 滴)，同时将糊状物倒入柱中，并不断地敲打柱身，使吸附剂均匀下沉，使其填充均匀无气泡。柱子填充完后，在吸附剂上端覆盖一层约 0.5 cm 厚的石英砂或覆盖一片比柱内径略小的圆形滤纸。在整个装柱过程中，柱内洗脱剂的高度始终不能低于吸附剂最上端，否则柱内会出现裂痕和气泡。若在柱内发现气泡，则应设法排除，无法排除时应倒出重装。用气泵对色谱柱加压，能够使装柱速度和装柱质量得到明显提高，并且色谱柱的分离效果也得到明显改善。

干法装柱时，在柱顶端放一干燥漏斗，直接加入颗粒状吸附剂，并轻敲柱身让吸附剂填充均匀，加完后再加入洗脱剂使吸附剂全部润湿。也可以先加入洗脱剂至柱容积的 3/4，打开活塞控制洗脱剂流速为每秒 1 滴，然后再从柱顶倒入干的吸附剂。干法装柱的缺点是易使柱内混有气泡。氧化铝和硅胶不适用干法装柱，是由于溶液化作用易使柱内形成缝隙。

2. 加样

加样，也叫上样。加样也有干法和湿法两种。

湿法加样是先将待分离物质溶于少许溶剂中，打开柱下活塞使柱中洗脱剂液面缓缓下降至吸附剂上表面的滤纸片或石英砂处，关闭活塞，将配好的溶液沿着柱内壁缓缓加入，切勿搅动吸附剂表面。打开活塞使柱中溶液缓缓下降至滤纸片或石英砂处，关闭活塞，用少量洗脱剂冲洗柱内壁(同样不可搅动吸附剂表面)，再放出液体下降至滤纸片或石英砂处，重复此冲洗步骤 2～3 次。

干法上样也是先将待分离物质溶于少许溶剂中，再加入约 5 倍量的吸附剂，搅拌均匀后置于旋转蒸发仪中蒸去溶剂。将吸附了样品的吸附剂均匀平摊在柱内吸附剂的顶端，加盖一层石英砂。干法上样易于掌握，但不适合对热敏感的化合物。

3. 洗脱和接收

样品加入后，可在柱顶用滴液漏斗不断加入足量洗脱剂淋洗，下端活塞打开，使洗脱剂流速保持每秒 1～2 滴。流速过快，影响分离效果；流速过慢，分离时间过长。

随着流动相向下移动，待分离混合物逐渐分成若干个不同的色带，继续淋洗，逐渐拉开色带间的距离，在层析柱底端用接收瓶接收。当第一色带开始流出时，更换接收瓶，接收完毕后再更换接收瓶接收两色带间的空白带，并依次分别接收各个色带。若后面的色带下行太慢，可依次使用几种极性逐渐增大的洗脱剂来洗脱。

4. 显色

若待分离样品各组分均有颜色，可直接观察并收集各种不同颜色组分。若待分离样品各组分均为无色物质，则需要显色。若使用带荧光的吸附剂，可在黑暗的环境中用紫外光照射以显出各色带的位置，再按色带接收。更常用的方法是等分接收，即接收相同体积的流出液，每份收集量要小。然后各自在薄层板上点样展开显色，合并组分相同的收集液。

【思考题】

1. 简要说明色谱分析方法的基本原理。固定相和流动相的作用分别是什么？

2. 柱色谱的色谱柱如何进行填充？填充过程中需要注意哪些问题？

3. 简述柱色谱常用的洗脱剂及其洗脱能力的次序。如何选择合适的洗脱剂？

2.18.1.3　靛红及罗丹明 B 的分离

靛红及其衍生物用作靛蓝和相关染料以及某些药物的制取原料，也是检验亚酮和银的沉淀剂，光度法测定噻吩、硫醇、尿蓝母和脯氨酸的试剂。靛红为黄红色或橙色结晶，味苦，能升华。易溶于沸乙醇,溶于乙醚和沸水呈红棕色,溶于氢氧化钠呈紫色,放置后变黄色。水中溶解度 1.9 g/L。熔点 203.5℃(部分升华),闪点 220℃。

罗丹明 B 又称玫瑰红 B 或碱性玫瑰精,俗称花粉红,绿色结晶或鲜桃红色粉末,用于纸张、腈纶等物品的染色,也可用作吸附指示剂和生物染色剂等。在溶液中有强烈的荧光,溶于水和乙醇呈蓝光红色(带强荧光),微溶于丙酮,极易溶于乙二醇乙醚。于浓硫酸中呈黄光棕色,带有较强的绿色荧光,稀释后呈猩红色,随后变为蓝光红色至橙色。其水溶液加入氢氧化钠呈玫瑰红色,加热后产生絮状沉淀。熔点 210～211℃,密度 0.79 g/mL,闪点 12℃。

【仪器】

色谱柱(10 cm×1 cm),锥形瓶,玻璃漏斗,分液漏斗。

【试剂】

硅胶 H(柱色谱用),乙醇(95%),靛红和罗丹明 B 混合液[1],脱脂棉,滤纸。

【实验步骤】

1. 装柱

取一支长 10 cm、内径为 1 cm 的色谱柱,另取少许脱脂棉放于干净的色谱柱底部轻轻塞好,关闭活塞,然后将色谱柱竖直固定在铁架台上,加入 95%乙醇洗脱剂至柱子高度的 3/4,再通过干燥的玻璃漏斗慢慢加入一些硅胶 H(若柱壁黏附有少量硅胶 H,可用少量 95%乙醇冲洗下去),待硅胶 H 在柱内的沉积高度约为 1 cm 时,打开活塞,控制液体的下滴速度为每秒 1 滴。继续加入硅胶 H,必要时再添加一些 95%乙醇,直到硅胶 H 的沉积高度达 5 cm 时止,然后在硅胶 H 上面盖一小片滤纸。

2. 分离

当柱中的洗脱剂下降至与滤纸水平时(即与吸附剂表面相切),小心滴加 2～3 滴靛红和罗丹明 B 混合液。然后用滴液漏斗少量多次地加入 95%乙醇,进行洗脱,并用锥形瓶在柱下方承接。当有一种染料从色谱柱中完全洗脱下来后,将洗脱剂改换成蒸馏水继续洗脱,同时更换另一个锥形瓶作接收器。待第二种染料被全部洗脱下来后,即分离完全,停止色谱操作。

【注释】

[1]靛红和罗丹明 B 混合液的配制方法:分别称取 0.4 g 靛红和罗丹明 B 于一只烧杯中,加入 200 mL 95%乙醇使之溶解即可。

【思考题】

采用柱色谱分离靛红和罗丹明 B 混合物时,先用 95%乙醇溶液作为洗脱剂,再用蒸馏水做洗脱剂进行洗脱,如果两者换一下次序是否可以?为什么?

2.18.2 纸色谱

纸色谱(paper chromatography),也称纸层析或纸色层,属于分配色谱的一种。通常用于高极性、亲水性强的多官能团化合物的分离,如糖类、氨基酸、生物碱等。与柱色谱和薄层色谱相比,它具有操作简单、价格便宜、色谱图可长期保存等优点,但纸色谱一般只适用于微量操作,一次分离的样品量一般不超过 0.5 mg;并且展开时间较长,一般需要几个小时。

2.18.2.1 基本原理

纸色谱是以特制滤纸为载体，以吸附于纸纤维中的水或水溶液为固定相，以部分与水互溶的有机溶剂(通常称为展开剂)为流动相。溶剂借纸纤维的毛细作用沿滤纸上行，由于纤维与水有较大的亲和力，而纤维对有机溶剂的亲和力较差，带动待分离混合物前进。各组分在滤纸上的水与流动相之间连续发生多次分配，结果在流动相中具有较大溶解度的物质随溶剂移动的速度较快，而在流动相中溶解度较小的物质(即亲水性物质)随溶剂移动的速度较慢，经历多次分配之后，各组分之间就逐渐拉开距离，直至完全分离。

若待分离样品各组分均为有色物质，分离后就会在不同高度有各种颜色的斑点显出。若待分离的样品无色，通常将展开的滤纸晾干后，置于紫外灯下观察是否有荧光，或者喷上适宜的显色剂，观察斑点的位置。

测量原点到组分斑点的距离以及原点到溶剂前沿的距离，可计算各物质的比移值(R_f值)。

$$R_f = \frac{\text{化合物样点移动的距离}}{\text{展开剂前沿移动的距离}}$$

化合物的 R_f值是该物质的特征值，但在实验测定时与滤纸的性质、pH、温度、层析纸的吸水量等因素有关，不易重现。因此在鉴定未知化合物时，往往在同一张层析纸上点上已知的标准样，进行比较；有时还需用几种极性不同的溶剂展开才能做出正确结论。

纸层析中所用的展开剂挥发性不宜太大。多数情况下不使用单一溶剂，而使用两组分或多组分的混合溶剂，在使用之前先用水饱和。例如在分离氨基酸时常采用下列展开剂：正丁醇∶醋酸∶水(12∶3∶5)；正丁醇∶吡啶∶水(1∶1∶1)等。

2.18.2.2 实验操作

1. 点样

纸层析可用毛细管、微量滴管、微量注射器或微量移液管点样。液体样品可以直接点样，固体样品可用与展开剂相同或相似的溶剂配制成溶液来点样。溶液的浓度可用试验法确定，一般从1%开始，逐步调整到合适的浓度。用铅笔在滤纸一端1.5～2 cm处画出起始线，标明点样位置，点与点间距1～2 cm。用毛细管吸取少量试样溶液点样，管尖不可触及滤纸，样点直径要小于2 mm。

2. 展开

展开是在密闭的层析缸中进行的。首先在层析缸中注入展开剂，其液面高1～1.5 cm。展开前常在加有展开剂的展开槽中放置滤纸衬里，展开剂沿衬里上升并挥发，短时间内使槽内充满展开剂的饱和蒸气。然后将点好样的层析纸放入，使点有样品的一端浸在展开剂中，但不可浸及样点。观察展开情况，待展开剂前沿到达距起始线8～10 cm处，取出层析纸，并立刻用铅笔标记前沿线的位置，自然晾干或用电吹风冷风吹干。

纸层析的展开方式有上行法、下行法和双向展开法等。上行法(图2-28)是将层析纸垂直挂在展开槽中，下端浸在展开剂中，起始线平行于液面，并高出液面0.7 cm左右。展开剂靠毛细作用沿纸上行，带动样点前进并逐步分离样品，装置简单，操作方便，应用最广，但展开速度慢，分离效果不高。下行法是将层析纸挂在展开槽上部的盛液小槽中，展开剂自上而下沿纸前进，既有毛细作用，亦有重力作用，所以展开较快，对于 R_f 值较小的或分子较大的组分的分离，效果优于上行法。

3. 显色

若待分离样品各组分均为有色物质，会在层析纸的不同高度有各种颜色的斑点显出。若待分离的样品无色，多采用化学显色剂喷雾显色或紫外光显色的方法，如茚三酮溶液适用于蛋白质、氨基酸及肽的显色，硝酸银氨溶液适用于糖类的显色，pH 指示剂适用于有机酸、碱的显色，碘蒸气适用于生物碱的显色等，但浓硫酸、浓硝酸等显色法不适合于纸层析。用铅笔描下斑点的形状，找出斑点的中心。

4. 计算比移值

确定所有斑点的中心位置，分别量出点样点到展开剂前沿和到各斑点的位置，计算斑点的 R_f 值。比较各斑点的 R_f 值大小，与同时展开的标准物斑点对照，确定样品中各斑点是什么物质。

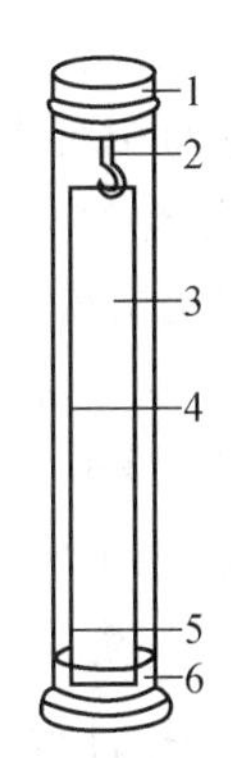

图 2-28 纸色谱展开装置

1. 橡皮塞 2. 玻璃钩 3. 滤纸条 4. 溶剂前沿 5. 起点线 6. 溶剂

2.18.2.3 苯胺、联苯胺及其混合物的分离

【仪器】

毛细管，层析滤纸，电吹风，小型喷雾器。

【试剂】

正丁醇，冰醋酸，新华 2# 滤纸(14 cm×14 cm)，苯胺，联苯胺，显色剂(Ehrilch 试剂、1% $KMnO_4$ 溶液)。

【实验步骤】

取一张新华 2# 滤纸(14 cm×14 cm)铺在自备的白纸上，在滤纸条一端 2 cm、11 cm 处用铅笔画线，用毛细管分别点上苯胺、联苯胺及二者的混合物(1∶1)，所点样品的直径不得超过 2 mm，点与点之间的距离约为 1.5 cm。将起始端浸入正丁醇∶冰醋酸∶水(4∶1∶5)混合溶液(展开剂)中 1 cm 左右，待展开剂前沿行至另一线时，层析即可停止，取出滤纸条，晾干或用电吹风冷风吹干。

用小型喷雾器喷显色剂(Ehrilch 试剂可以使芳胺显黄色；为了区别联苯胺和其他芳胺，用 1% $KMnO_4$ 溶液作显色剂可以使联苯胺显示蓝色)，烘干，用铅笔描出其斑点，测 R_f 值。

【思考题】

1. 为什么可以根据 R_f 值的大小确定各组分？R_f 值的大小受哪些因素的影响？
2. 纸层析时使用的滤纸若已吸湿受潮，可能会对层析结果产生什么影响？
3. 画线时为什么只能用铅笔？

2.18.3 薄层色谱

薄层色谱(thin-layer chromatography，TLC)，也叫薄板色谱、薄层层析或薄板层析，同柱层析一样，按其作用机理可分为吸附薄层色谱、分配薄层色谱等。其中应用最广泛的是吸附薄层色谱。薄层色谱兼具柱色谱和纸色谱的优点，用量少，几微克到几十微克，快速、简便。在实验室中，主要有如下作用：

(1)利用薄层层析为柱层析选择适宜的吸附剂和淋洗剂。

(2)在反应过程中定时取样，将原料和反应混合物分别点在同一块薄层板上，展开后观察样点的相对浓度变化，监控反应进程。

(3)检测其他分离纯化过程。在柱层析、结晶、萃取等分离纯化过程中，将分离出来的组分或纯化所得的产物溶样点板，根据展开后的点数来判断。

(4)确定混合物中的组分数目，并根据薄层板上各组分斑点的相对浓度粗略地判断各组分的相对含量。

(5)确定两个或多个样品是否为同一物质。

2.18.3.1 基本原理

吸附薄层色谱的分离原理、过程与柱色谱相似，是把吸附剂或支持剂(固定相)涂在玻璃板上，使之成为一个薄层，将样品点在其上，然后用溶剂(展开剂)展开，利用样品中各组分与吸附剂的吸附能力和在展开剂中的溶解能力不同，使样品中各个组分相互分离的方法。

被分离组分在薄层板上从原点到斑点中心的距离与展开剂从原点到前沿的距离的比值，用 R_f 值表示。

$$R_f = \frac{\text{化合物样点移动的距离}}{\text{展开剂前沿移动的距离}}$$

2.18.3.2 实验步骤

1. 制板

制板也叫铺板或铺层，有两种制备方法：干法制板和湿法制板。

干板一般用氧化铝作吸附剂，铺板时不加水。这种方法简便，展开快，但样品点易扩散，制成的薄板不易保存。

湿法是实验室最常用的制板方法。称取一定量的硅胶 G，加入 0.5%～1%的羧甲基纤维素钠溶液，在研钵中调成糊状，均匀铺在预先洗净、干燥的玻璃板或载玻片上，然后置于水平台面上自然晾干。

薄层板制备的好坏将直接影响色谱效果。薄板铺好后要厚度均匀，无气泡、颗粒或其他杂质。薄层厚度一般为 0.25～1 mm，吸附剂太厚展开时会出现拖尾，太薄则样品分不开。

2. 活化

吸附剂的含水量直接影响到它的活性，含水量高，则活性低。因此将晾干的薄板置于烘箱中，缓慢升温至 105～110℃，活化 30 min，取出后置于干燥器中备用。

3. 点样

在距薄板一端 1～2 cm 处，用铅笔轻轻画一条线作为起始线。将样品用易挥发溶剂(如氯仿、丙酮、甲醇、乙醇、乙醚等)配成 1%～5%的溶液，用内径小于 1 mm 的毛细管吸取样品溶液垂直轻触起始线(即点样)，待溶剂挥发后再重复点样，一般点 3～5 次即可。点样斑点要小，斑点直径不超过 2 mm，斑点过大，展开时易扩散或拖尾。点样应“少量多次”，样品量太少，则有的成分不易显出；量太大，则斑点过大，影响分离效果。

若同一块薄板上点多个样点，则各样点之间距离以 1～1.5 cm 为宜。

4. 展开

薄层色谱展开剂的选择与柱色谱洗脱剂的选择相似。展开剂的极性越大，则对化合物的洗脱力越大，即 R_f 值越大。良好的分离 R_f 值在 0.15～0.75 之间。

薄层的展开在层析缸中进行。先在层析缸中加入展开剂，其高度应低于点样起始线，可以在缸中衬一张滤纸使溶剂很快达到气液平衡。待滤纸被展开剂饱和后，将点好样品的薄板倾斜放入层析缸中进行展开，如图 2-29 所示。当展开剂前沿上行至薄板上端 1～1.5 cm 处或混合物的各组分已明显分开时，取出薄板，用铅笔画出展开剂前沿线。

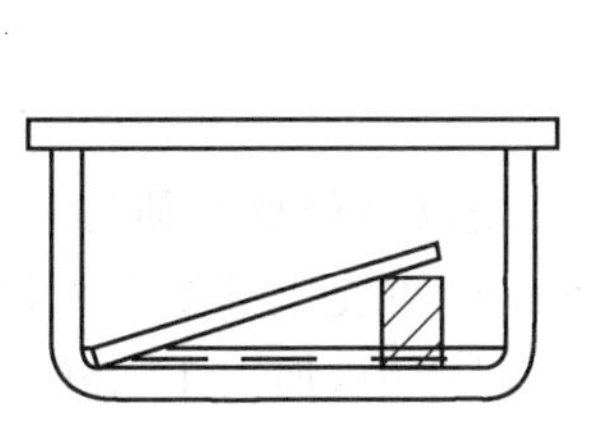

(a)长方形盒式层析缸

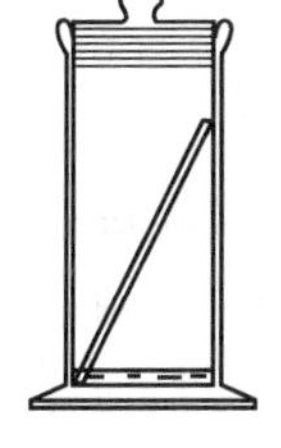

(b)广口瓶式层析缸

图 2-29 薄层色谱的展开装置

5. 显色

如果样品各组分本身有颜色，就可以直接观察到样品斑点(图 2-30)；如果样品是无色的，待展开剂挥发后，用显色剂喷雾显色或紫外光显色。喷雾显色可将显色剂直接用喷雾器喷洒在薄板上，立即显色或加热至一定温度后显色。对于含有荧光剂的薄板，在紫外灯下观察，展开后的有机化合物在亮的荧光背景上呈暗色斑点，此斑点就是样品点，用铅笔画出斑点位置。

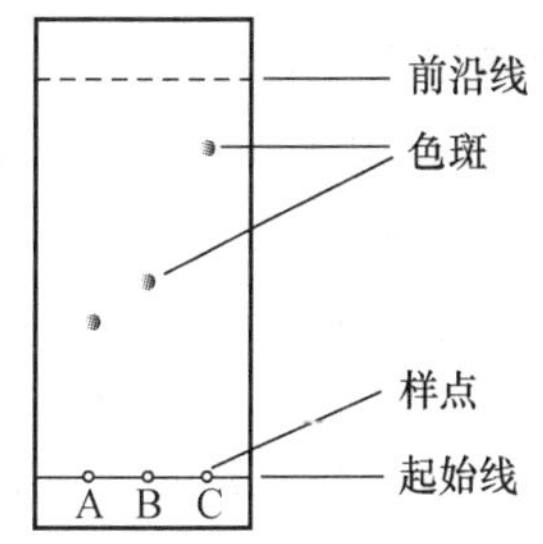

图 2-30 薄层色谱示意图

6. 计算

用直尺测量展开剂前沿及各样点中心到起始线的距离，计算各样点的 R_f 值。

【思考题】

1. 在混合物薄层色谱中，如何判定各组分在薄层上的位置？
2. 薄层色谱分离效果的评价指标是什么？
3. 若各组分本身无色，如何确定薄层色谱的色谱图中各斑点的位置？

2.18.3.3 菠菜中色素的分离和定性

在绿色植物如菠菜的茎、叶中都含有叶绿素、胡萝卜素和叶黄素等天然色素。叶绿素一般由叶绿素 a 和叶绿素 b 组成。叶绿素 a 为蓝黑色，在乙醇溶液中呈蓝绿色；叶绿素 b 为暗绿色，在乙醇溶液中呈黄绿色。两者都属于卟啉类化合物，不溶于水，溶于丙酮、乙醚和石油醚等有机溶剂。胡萝卜素(橙色)具有长链的共轭多烯结构，有 α、β、γ 三种异构体。其中 β-胡萝卜素含量最多。不溶于水，溶于丙酮、石油醚等有机溶剂。叶黄素(黄色)是胡萝卜素的羟基衍生物，在绿叶中的含量通常是胡萝卜素的 2 倍。较易溶于乙醇而在石油醚中的溶解度较小。

本实验利用有机溶剂将菠菜中的色素浸提出来，利用薄层层析法将色素分离开来，各色素的极性大小为 β-胡萝卜素＜叶绿素 a＜叶绿素 b＜叶黄素，根据各色素的颜色及 R_f 值，对分离出的色素进行鉴定归属。

【仪器】

研钵，烧杯，量筒，滴管，锥形瓶，分液漏斗，层析缸，载玻片，点样毛细管，镊子，铅笔，直尺。

【试剂】

硅胶 G，0.5％羧甲基纤维素钠水溶液，丙酮，石油醚（60～90℃），菠菜，饱和食盐水，无水硫酸钠。

【实验步骤】

1. 菠菜叶色素的提取

称取 5 g 菠菜叶，剪成碎块后分成 3 份。先取一份放在研钵中加入 3 mL 丙酮一起研碎，将绿色溶液倒入小烧杯中，再取另两份菠菜叶重复上述操作两次，合并丙酮溶液。将丙酮溶液用玻璃棉或脱脂棉过滤，滤液转入分液漏斗中，加入 10 mL 石油醚和 10 mL 饱和食盐水，小心振荡，避免发生乳化现象。静置分层后从下口分去水层，分离除去丙酮和水溶性物质。然后用 20 mL 蒸馏水分两次洗涤绿色有机层，分去水层，最后将绿色有机层从上口转移到 50 mL 锥形瓶中，加适量无水硫酸钠干燥 0.5 h。

2. 色素的分离与鉴定

称取 5 g 硅胶 G，加入 8 mL 0.5％羧甲基纤维素钠水溶液，调成糊状，用倾泻法涂在干净薄层板上，轻轻振摇，使硅胶浆料涂布均匀平整，置于水平台面上自然晾干，然后置于烘箱中，逐渐升温至 110℃活化 0.5 h，取出置于干燥器中冷却后备用。

在距薄板一端约 1.5 cm 处，用铅笔画一横线为起始线，用毛细管（内径小于 1 mm）吸取干燥后的菠菜提取液，小心慢慢滴在制好的薄层板的起始线上，使样点直径小于 2 mm，晾干。

将点有样品的薄板放入层析缸内，以石油醚与丙酮（体积比为 2∶1）为展开剂，于暗处室温下展开，观察各斑点颜色及位置。取出薄板，待溶剂挥发后，测量各样点中心及溶剂前沿到原点的距离，计算 R_f 值。

根据各点的颜色及 R_f 值可初步确定，由上而下依次是 β-胡萝卜素、叶绿素 a、叶绿素 b、叶黄素。

【思考题】

1. 为什么样点直径要小于 2 mm？

2. 怎样选择合适的展开剂？展开剂极性太大或太小会有什么影响？

2.18.3.4 半纤维素中各种单糖的薄层色谱分离与定性

半纤维素是在植物细胞壁中与纤维素共存的植物多糖的总称，起到交联纤维素及其他成分和输送养分的作用。半纤维素广泛存在于植物中，针叶材含 25％～35％，阔叶材和禾本科草类含 15％～25％，但其组成和含量因植物种属、成熟程度、部位的不同等而有很大差异。半纤维素已被认为是自然界最丰富、最廉价的可再生资源之一，可以直接或改性后间接应用于食品、材料、医药、化工产品等各个领域。

半纤维素是杂多糖，构成半纤维素的单糖有 *D*-木糖、*D*-阿拉伯糖、*D*-葡萄糖、*D*-甘露糖和 *D*-半乳糖等。其中最丰富的是聚木糖类，是以 β-1，4-*D*-吡喃型木糖构成主链，以 4-*O*-甲基吡喃型葡萄糖醛酸为支链的多糖。阔叶材与禾本科草类的半纤维素主要是这类多糖。

分离糖类的薄层色谱通常选用硅胶薄层、纤维素薄层和硅藻土薄层等。由于糖类是多羟基化合物，极性很强，一般采用硼酸溶液或含有无机盐的水溶液代替水制备硅胶薄层板，可以提高薄层的承载量和改善分离效果。

本实验通过在洗涤干净的玻板上均匀地涂一层吸附剂或支持剂，干燥、活化后，将样品溶液用管口平整的毛细管滴加于起始线上，晾干或吹干后，置薄层板于盛有展开剂的展开槽内，浸入深度为 0.5 cm。经过在吸附剂和展开剂之间的多次吸附-溶解作用，将混合物中各组分分离成孤立的样点，实现混合物的分离。待展开剂前沿离顶端约 1 cm 时，将色谱板取出，干燥后喷以显色剂，或在紫外灯下显色。记下原点至主斑点中心及展开剂前沿的距离，计算比移值(R_f)，根据比移值(R_f)来定性判定单糖的类型。

【试剂及仪器】

(1)半纤维素的水解：称取 0.1 g 半纤维素试样放于锥形瓶中，在 25℃下用 1 mL 77% H_2SO_4 溶液研磨 45 min，然后加水稀释至 3% H_2SO_4 浓度回流加热 4 h。冷却后用饱和 $Ba(OH)_2$ 溶液调至 pH=5。用离心机分离出硫酸钡沉淀。中和过的水溶液在旋转式蒸发器中进行减压浓缩，浓缩液倾入 50 mL 容量瓶中，用蒸馏水加至刻度，作薄层定性用。

(2)展开剂：醋酸丁酯∶丁醇∶吡啶∶水=8∶2∶2∶1(体积比)，使用前现配制。

(3)显色剂(硝酸银氢氧化铵试剂)：0.1 mol/L $AgNO_3$∶5 mol/L NH_4OH=1∶1(体积比)，在使用前现配制。

(4)苯胺邻苯二甲酸试剂：将 0.93 g 苯胺和 1.66 g 邻苯二甲酸溶于 100 mL 用水饱和的正丁醇中。

(5)缓冲剂：等体积的 0.11 mol/L NaH_2PO_4 和 0.11 mol/L Na_2HPO_4 溶液混合，混合后调至 pH=5。

(6)标准糖溶液的配制：葡萄糖、木糖、甘露糖、阿拉伯糖和半乳糖均为分析纯，溶剂为 70%乙醇，配制浓度为 1%。

【实验步骤】

(1)在 20 mL 缓冲剂中加入 0.1 g 黏合剂羧甲基纤维素钠(CMC-Na)，然后加入 10 g 硅胶。搅拌至呈糊状时，立即于 16 cm×5 cm×0.3 cm 洁净玻璃板上涂板。板层厚度为 0.25 cm 左右。涂好的板于室温下放置 24 h。然后于 105～110℃烘箱中活化 1 h。最后放在干燥器中冷却备用。

(2)在距薄层板下端和上端 2 cm 处，用铅笔分别轻画 2 条平行线，作为薄层展开的起点和终点线，用微量进样器从距薄层板右端 1.5 cm 处起，以 1.5 cm 间隔分别滴加 4 μL 的标准糖液和半纤维素水解液。经扩散后，其直径不大于 2 mm。

(3)薄层板在室温下置于密闭的 20 cm×10 cm 玻璃标本缸中，采用多次单向上行法展开。薄层板放入标本缸之前，用展开剂蒸气预先饱和，即一边点样一边进行饱和。点完试样后，用电吹风吹干除去溶剂，然后再移入标本缸中。薄层面应与缸的平面呈倾斜角度展开，待展开到终点时，取出用电吹风吹干，再放入展开，如此反复进行 8～10 次，计 5～6 h，最后取出薄层板，吹干除去溶剂，然后进行显色。

(4)用小型喷雾器进行均匀的喷雾，喷雾时应控制使薄层恰好湿润而无液滴滴下，然后移入烘箱，在 105～110℃烘至显色为止。

(5)分别计算出在标准糖液和纤维素水解液中各种单糖的 R_f 值，并判定半纤维素水解液中存在的各种单糖。

$$R_f = \frac{\text{化合物样点移动的距离}}{\text{展开剂前沿移动的距离}}$$

【思考题】

1. 薄层色谱有哪些用途?
2. 薄层色谱分离的原理是什么?
3. 在薄层板展开时，为什么样品点不能浸入展开剂液面下?
4. 展开后的薄层板，如果斑点出现重叠或拖尾现象，分析其原因。
5. 半纤维素中的单糖都有哪些?

2.19 红外光谱

2.19.1 基本原理

红外光谱，即红外吸收光谱(infrared adsorption spectroscopy，IR)，是有机化合物吸收红外光引起分子振动和转动能级跃迁产生的吸收光谱。有机化合物绝大多数吸收峰处于波长范围为 4 000～400 cm^{-1}(2.5～25 μm)的中红外区。任何两个不同的有机化合物(光学异构体除外)都具有不同的红外光谱。红外光谱可用于鉴定化合物中的官能团，以及分析其有机结构、推算反应机理等。

不同类型的化学键，由于它们的振动能级不同，所吸收的红外射线的频率也不同。当用波长连续变化的红外光照射分子时，物质会对不同波长的光产生特有的吸收，其吸收(或透射比)会随波长而不断变化，两者之间的曲线为该化合物的红外吸收光谱。

各种形式的振动，如伸缩振动、弯曲振动等，虽然不改变极性分子中正、负电荷中心的电荷量，却改变正、负电荷中心间的距离，导致分子偶极矩的变化。只有分子偶极矩发生变化的振动才能产生红外辐射能量的吸收。并且分子振动时偶极矩变化愈大，红外吸收峰强度愈大。对称分子在振动过程中不发生偶极矩的变化，所以没有红外吸收。因此通过分析红外光谱图可以鉴别各种化学键。

红外吸收光谱图中横坐标表示波长 λ(单位是 μm)或波数 σ(单位是 cm^{-1})，两者互为倒数关系。

$$\sigma = 10^4 \frac{1}{\lambda}$$

纵坐标表示百分透射比 T(%)或吸光度 A。

$$A = \lg \frac{I_0}{I} = \lg \frac{1}{T}$$

式中：I_0 为入射光强度；I 为透射光强度。

2.19.2 测定方法

2.19.2.1 样品的制备

固体、气体和液体(包括溶液)都可以作红外光谱的测定。样品须经过适当处理才可用于测试红外光谱。

1. 固体样品

1)压片法 在红外灯下,将 1～2 mg 样品与 200 mg KCl 或 KBr(需预先研细后,在 110℃下恒温干燥)放入玛瑙研钵中充分研磨混匀,使其粒度达到 200～300 目范围。将混合粉末装入模具中摊布均匀,把模具置于压片机上,连接真空抽气系统,先抽掉模子里的空气,以免影响压片的透明度,然后边抽气边加压,至 15～20 MPa 压力,静压 1 min。解除压力,停止抽气,小心取出透明压片,装在固体样品架上待测。为了消除制片过程中引入游离水的干扰,可在相同条件下研磨 200 mg KBr 粉末,压制一空白片作为参比。

2)石蜡油研糊法 先将固体样品 1～3 mg 在玛瑙研钵中研细,再滴加 1 滴医用石蜡油一起研磨成均匀糊状,然后将此糊状物夹在两片盐片中间即可放入仪器测试。其中石蜡油本身有几个强吸收峰,解析图谱时需注意。

3)熔融法 也叫薄膜法,是将熔点低于 150℃固体或胶状物直接夹在两片盐片之间熔融,然后测定其固体或熔融薄层的光谱。此方法有时会因晶形不同而影响吸收光谱。

4)溶液法 可把样品制成溶液后再测定。

2. 液体样品

液体样品可直接测定,也可制成溶液测定。

若被测液体的沸点不太低,可将 1～2 滴液体样品直接滴在 NaCl 盐片上,再盖上另一块 NaCl 盐片,使形成一层液膜,液膜不能有气泡,放入光路中进行测定。

对于溶液或沸点较低的待测液体,大多用液体吸收池测定。液体吸收池一般由 NaCl 晶体制成。溶液样品的红外谱图受溶剂、浓度和光程的影响,一般溶液的浓度在 20%以下,所选的溶剂不仅要对样品有较大溶解度,红外透光性要好,并且对吸收池无侵蚀作用,对样品也没有强烈的溶剂化效应。常用的溶剂有四氯化碳和二硫化碳等,它们本身的吸收峰可以通过溶剂参比进行校正。

3. 气体样品

气体样品一般是装在气体吸收池中进行测定。待测气体样品在进入吸收池之前需经过净化和干燥处理,吸收池须先抽成真空。可以通过调节吸收池中样品的压力来改变吸收峰的强度。

所有用于测定红外光谱的样品,不论状态如何,都应该是无水和高纯度(>98%)的,水分(结晶水或游离水)会产生羟基的干扰吸收峰,并且将侵蚀 NaCl 盐片。

测试完毕后,应将所用研钵、压片磨具和样品池等都先用水洗净,再用无水乙醇或丙酮擦洗,在红外灯下烘干,冷却后放入干燥器保存。

2.19.2.2 红外吸收光谱仪

测定红外吸收光谱常用的仪器为红外吸收光谱仪或称红外分光光度计,主要由光源、单色器、检测器、放大器及记录机械装置五部分组成。

红外吸收光谱仪的工作原理:从光源发出的红外光被反射镜分为两个强度相同的光束,一束为参考光束,一束通过样品称为样品光束。两束光交替地经反射后射入分光棱镜或光栅,使其成为波长可选择的红外光,然后经过一狭缝连续进入检测器,以检测红外光的相对强度。样品光束通过样品池被其中的样品不同程度地吸收了某些频率的红外光,因而在检测器内产生了不同强度的吸收信号,并以吸收峰的形式记录下来。

由于金属卤化物不吸收红外线,红外吸收光谱仪测定样品时常使用溴化钾、氯化钠、氟化钙等制成透明的板或槽,其中应用最多的是溴化钾和氯化钠。

2.19.3 红外光谱的解析

红外光谱的吸收曲线比较复杂,通常划分为两大区域:官能团区和指纹区。

官能团区也称为特征谱带区,是红外光谱图上 2.5～7.5 μm(4 000～1 333 cm^{-1})之间的高频区域,这一区域官能团的特征吸收峰较多,主要是由一些重键原子振动产生。吸收峰出现的位置受整个分子影响较小,比较特征,结合吸收峰的强度对于基团的鉴定非常有用,是进行红外光谱分析的主要依据。双键、叁键、苯环、羰基、硝基和羟基等官能团的特征吸收峰都落在此区域。

指纹区,是红外光谱图上 7.5～15 μm(1 333～660 cm^{-1})之间的低频区域,大多是由一些单键的伸缩振动和各种弯曲振动产生的吸收峰,受分子结构影响很大,分子结构的微小变化就会引起吸收峰位置、形状和强度的明显改变,对于鉴定有机化合物的结构非常有用。相同实验条件下,两个化合物红外光谱相同,即指纹区也相同,即可认为是同一化合物。附录 2 列出了一些常见官能团和化学键的红外吸收特征频率。

在解析红外谱图时,可先观察官能团区,找出化合物中存在的官能团,确认化合物的类型,再观察指纹区,并对照已知化合物的标准图谱或标准红外图谱,进一步确定基团的结合方式。图 2-31 是苯乙酮的红外光谱,在 3 100～3 000 cm^{-1} 处为芳烃氢的伸缩振动吸收(ν_{Ar-H}),3 000～2 800 cm^{-1} 处为—CH_3 的伸缩振动吸收(ν_{C-H}),1 690 cm^{-1} 处为芳酮的

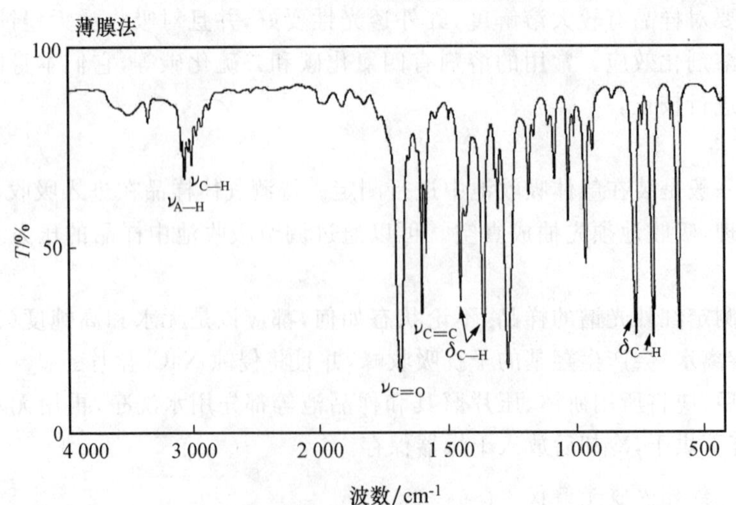

图 2-31 苯乙酮的红外光谱

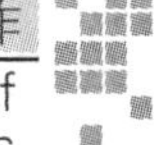

C═O 伸缩振动吸收($\nu_{C=O}$),低于脂肪酮的 1 720～1 705 cm^{-1},1 600 cm^{-1}处为芳环骨架的伸缩振动吸收($\nu_{C=C}$)。这 4 个位置的吸收都是官能团区的特征吸收。1 460 cm^{-1}、1 370 cm^{-1}处两个峰为甲基的弯曲振动吸收,760 cm^{-1}、690 cm^{-1}处两个峰为一元取代苯上 C—H 的面外弯曲振动吸收。这 4 个吸收峰都位于指纹区,很多吸收峰难以归属。

但要注意的是,单凭红外光谱图不能确定化合物的结构细节,特别是对于复杂化合物,必须结合核磁共振谱、质谱及紫外光谱等综合分析才能确定其结构。此外,也不要试图对红外光谱图中的每一个吸收峰都做出解释,因为有些吸收峰是分子整体的特征吸收,有些是组合峰,有些是泛频峰或多个化学键振动吸收相叠加而产生的峰。

【思考题】

1. 有机化合物的红外吸收光谱是怎样产生的?红外吸收光谱能提供哪些信息?
2. 红外吸收光谱测定时,对固体试样的制备有什么要求?

2.20 紫外-可见光谱

2.20.1 基本原理

紫外-可见光谱,即紫外-可见吸收光谱(ultraviolet and visible adsorption spectroscopy, UV),是由分子中价电子能级跃迁而产生的。紫外光谱是指波长在 200～400 nm 近紫外区电磁波的吸收光谱,可见光谱是指波长在 400～800 nm 的电磁波吸收光谱。有机化合物分子吸收紫外光或可见光后,产生的电子跃迁主要有 $\sigma\rightarrow\sigma^*$、$n\rightarrow\sigma^*$、$\pi\rightarrow\pi^*$ 和 $n\rightarrow\pi^*$ 四种类型,各种跃迁类型所需要的能量(ΔE)不同,依下列次序减小:$\Delta E_{\sigma\rightarrow\sigma^*} > \Delta E_{n\rightarrow\sigma^*} > \Delta E_{\pi\rightarrow\pi^*} > \Delta E_{n\rightarrow\pi^*}$。因此紫外-可见光谱主要对具有共轭双键结构的化合物和芳香族化合物能够提供一定的结构信息,而不是所有的有机化合物都能给出紫外-可见吸收光谱。

在紫外-可见分光光度计中,将不同波长的光依次通过待测样品溶液,测定每一波长下待测样品溶液对光的吸收程度(即吸光度),以波长(λ)为横坐标、吸光度为纵坐标作图,可得紫外-可见吸收光谱图。有机化合物结构不同,则光谱曲线的形状、最大吸收波长(λ_{max})、吸光强度和相应的吸光系数也就不同,因此可以将待测样品的吸收曲线与已知化合物的吸收光谱相比较,推测其可能具有的结构。

紫外-可见吸收光谱在定量分析方面的应用非常广泛,以朗伯-比尔(Lambert-Beer)定律为基础,即紫外光波长一定时,待测样品溶液对光的吸光度与其浓度成正比:

$$A = \lg \frac{I_0}{I} = \varepsilon c L$$

式中:A 为溶液的吸光度;I_0 为入射光强度;I 为透射光强度;ε 为溶液的摩尔吸光系数[L/(mol・cm)];L 为溶液厚度(cm);c 为溶液浓度(mol/L)。

对于同一待测溶液,浓度愈大,吸光度也愈大;但对于同一物质,不论浓度大小如何,最大吸收峰所对应的波长(最大吸收波长 λ_{max})相同,并且曲线的形状也完全相同。

2.20.2 溶剂的选择

有机化合物的紫外-可见吸收光谱主要是测其溶液得到的，而溶剂对紫外-可见光谱图的影响很大，因此在光谱图上须注明所用的溶剂。在与已知化合物的紫外-可见光谱图进行比较时，也要注意所用的溶剂是否相同。溶剂的极性不仅影响待测样品的最大吸收波长，还影响其吸收光谱的精细结构。在溶液中，溶剂分子与待测样品分子间的相互碰撞，限制了分子的振动和转动，使待测样品的紫外-可见吸收光谱的精细结构部分或全部消失。溶剂从非极性变到极性时，精细结构逐渐消失，图谱趋向平滑。所以在进行紫外-可见分析时，选用标准溶液或者溶剂应注意以下几点。

(1)溶剂应能很好地溶解被测样品，能达到必要的浓度，以得到吸光度适中的吸收曲线。

(2)溶剂与待测样品不发生化学反应，所形成的溶液应具有良好的化学和光化学稳定性。

(3)在溶解度允许的范围内，避免产生溶剂化效应，尽量选择极性较小的溶剂。

(4)溶剂在样品的吸收光谱区应无明显吸收。

(5)溶剂必须纯净，不能含有干扰杂质。例如烷烃溶剂中往往含有烯烃或芳烃杂质，需除去后使用。

(6)溶剂挥发性小，不易燃，无毒性，价格便宜。

2.20.3 样品的制备

选好溶剂后，将待测样品配制成溶液备用。一般溶液的浓度为 $10^{-5}\sim10^{-2}$ mol/L，使透射比在 20%～65%之间。$\pi\rightarrow\pi^*$ 跃迁时的摩尔吸光系数很大，样品浓度不能太大，一般为 $10^{-5}\sim10^{-4}$ mol/L。

2.20.4 紫外-可见光谱的解析

利用紫外-可见吸收光谱可以推导有机化合物分子骨架中是否含有共轭体系及芳香环，作为其他鉴定方法的补充。紫外-可见光谱鉴定有机化合物远不如红外光谱有效，因为很多化合物在紫外区没有吸收或者吸收不强，紫外-可见光谱一般比较简单，特征性不强。紫外-可见吸收光谱中吸收峰的形状及所在位置，是对化合物定性、定结构的依据；而吸收峰的强度则是定量的依据。

通过对紫外-可见光谱的形状、吸收峰的数目、强度和位置进行定性分析，可以推测待测样品具有哪一类结构：

(1)若在 220～700 nm 范围内无吸收，说明分子中不存在共轭体系，说明该化合物是脂肪烃、脂环烃或它们的简单衍生物(醇、醚、胺等)，或者是非共轭烯烃。

(2)若在 220～250 nm 范围内有强吸收带($\lg\varepsilon=3\sim4$)，说明分子中存在含有两个不饱和键的共轭体系，如共轭二烯或 α,β-不饱和醛酮。

(3)若在 200～250 nm 范围内有强吸收带($\lg\varepsilon=3\sim4$)，结合 250～290 nm 范围的中等强度吸收带($\lg\varepsilon=2\sim3$)或显示不同程度的精细结构，说明分子中存在苯基。

(4)若在 250～350 nm 有低强度或中等强度的吸收带，且峰形较对称，说明分子中含有

醛、酮羰基或共轭羰基。

(5)若在 300 nm 以上有高强度吸收，说明化合物分子中具有较大的共轭体系。若高强度并具有明显的精细结构，说明为稠环芳烃、稠杂环芳烃或其衍生物。

【思考题】

1. 紫外-可见吸收光谱定量分析的依据是什么?

2. 溶剂极性的增大对于待测化合物的紫外-可见吸收光谱有什么影响? 为什么?

2.21 核磁共振谱

2.21.1 基本原理

核磁共振谱(nuclear magnetic resonance spectroscopy，NMR)是鉴定有机化合物结构最有效的波谱分析方法之一。可以用于测定有机化合物的结构、鉴定基团、区分异构体、研究反应机理等方面，往往提供比红外光谱和紫外光谱更为详细清楚的信息。

核磁共振现象来源于自旋的原子核在外加磁场作用下的运动。具有自旋运动的原子核(磁性核，如^{1}H、^{19}F、^{13}C 等)由于自旋而产生一定的磁矩，在没有外加磁场时，磁矩的指向无序;而在外加磁场中，具有磁矩的原子核将发生能级分裂，此时当处于低自旋能级的原子核受到另一个垂直于外加磁场的电磁波照射时，会吸收某个频率的电磁波而跃迁到高自旋能级，产生相应的吸收信号，这种现象称为核磁共振。C、H 是构成有机化合物最基本的两个元素，^{1}H 和 ^{13}C 的核磁共振谱对有机化合物结构的鉴定起着重要的作用。

2.21.2 仪器简介及测定方法

为了获得核磁共振的吸收信号，可以采用两种方法：一种是固定电磁波频率，以不同强度的外加磁场来扫描(扫场法);另一种是固定磁场的强度，改变电磁波的频率来扫描(扫频法)。扫场法所用核磁共振仪的示意图如图 2-32 所示，样品管置于磁场强度很大的电磁铁两极间，用固定频率的电磁波照射，在扫描发生器的线圈中通直流电，产生一微小磁场，使总磁场强度略有增加。当磁场强度达到一定值时，样品中某一类型的原子核发生能级跃迁，接收器收到相应信号后由记录仪记录下来，得到 NMR 谱图。

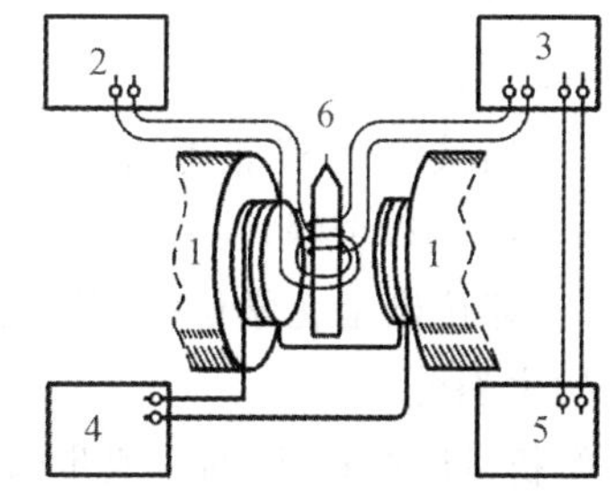

图 2-32 核磁共振仪的示意图

1. 磁铁 2. 射频振荡器 3. 射频检测器 4. 扫描发生器 5. 记录仪 6. 样品管

高分辨率核磁共振仪按工作方式可分为两种类型：连续波核磁共振仪和脉冲傅立叶变换核磁共振仪。连续波核磁共振仪通过扫频或扫场的方法，找到共振吸收获得 NMR 谱，效率低，采样慢，难于累加。因此目前多采用脉冲傅立叶变换核磁共振仪，采用恒定磁场，用一定频率宽度的射频强脉冲辐照样品，使所有待测核同时激发，得到全部共振信号，测定速度快，易于实现累加。

核磁共振测定一般使用配有塑料塞子的标准玻璃样品管。样品可以是液体或固体。对于黏度不大的液体有机化合物可以直接测定，而具有一定黏度的液体化合物和固体化合物则要溶于溶剂中进行测定。样品量一般为5～10 mg，溶质溶于0.5～1 mL溶剂中。溶剂不能含有氢离子，以免产生干扰信号。选择溶剂时主要考虑样品的溶解度，常用的溶剂有CCl_4、CS_2、$CDCl_3$（氘代氯仿）等。使用氘代溶剂时需注意样品中的活泼氢会与重氢发生交换而使其信号消失。这一性质有时可用以简化光谱。

2.21.3 氢核磁共振波谱

氢核（^1H）核磁共振（^1H NMR）也叫质子磁共振（proton magnetic resonance，PMR），发展最早，应用最广。

有机化合物中的氢原子核，由于化学环境不同，其周围的电子云密度对外加磁场的屏蔽作用也不相同，因此将在不同的频率位置发生吸收，即导致核磁共振吸收峰的位置有所变化，峰与峰之间位置的差异称为化学位移，用符号δ表示。由于测定化学位移的绝对值比较困难，通常在测试样品时，采用$(CH_3)_4Si$（四甲基硅烷TMS）为标准化合物，其核磁共振峰是一个单峰，人为规定其$\delta=0$。大多数有机化合物的^1H NMR信号在谱图上都位于它的左边（高场），规定其为正值。在^1H NMR谱图中，特征峰的数目反映了有机分子中氢原子化学环境的种类；不同特征峰的强度比（即特征峰的高度比）反映了不同化学环境氢原子的数目比。

化学环境相同的质子（氢核），在外加磁场的作用下，往往分裂为多个小峰，这种现象源于相邻质子之间的相互干扰作用，称为自旋偶合。谱线分裂的间隔大小反映了两种质子自旋之间相互作用的大小，称为偶合常数J，单位为cps或Hz。质子间的偶合只发生在邻近质子之间，相隔3个键以上质子间的相互偶合可以忽略。

自旋偶合产生的裂分有如下规律：

(1)自旋偶合产生的裂分符合$n+1$规则，即当被测氢核邻近有n个其他相同氢核时，该核的吸收峰分裂成$(n+1)$个间隔相等的重峰，这些重峰的面积之比，为二项式$(x+1)^n$展开式中各项系数比。

(2)当被测氢核邻近有n个和n'个两组不同氢核的作用时，该核的吸收峰分裂成$(n+1)(n'+1)$个峰，但有些峰可能由于重叠而难于区分。

(3)邻位碳上化学位移相同的氢（等性氢）之间均不发生自旋裂分，非邻位碳上的氢一般也不发生裂分。

解析^1H NMR谱的一般步骤为：

(1)首先从吸收峰的数目推测未知物中有几种不等性（化学位移不同）的氢原子；

(2)计算峰面积比，确定每种不等性氢原子的数目；

(3)确定各组峰的化学位移，推测化合物中所含的基团；

(4)根据峰的裂分数和偶合常数等信息，确定处于不同位置的氢原子的相对数目以及相互之间的毗邻关系；

(5)综合上述信息，推测化合物中各基团之间的连接顺序、空间排布等，提出分子的可能结构；

(6)结合红外、质谱、折射率等其他表征结果，确定未知物的结构。

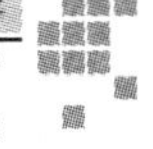

2.21.4 碳核磁共振波谱

碳元素的同位素中^{13}C有核磁共振现象，测定^{13}C核磁共振谱(^{13}C NMR)对研究有机化合物的结构具有重要意义。

1. ^{13}C NMR 谱的特点

^{13}C NMR 谱具有如下特点：

(1)灵敏度低。由于^{13}C核的天然丰度低，仅 1.1%，故^{13}C NMR 谱的信号灵敏度较^{1}H NMR 谱低。

(2)化学位移范围宽。^{1}H NMR 谱的化学位移值通常为 0～15，而^{13}C NMR 谱的化学位移值通常为 0～230，比^{1}H NMR 谱宽约 20 倍。

(3)分辨能力高。几乎每种化学环境下不同的碳原子都可以得到特征谱线，吸收峰很少重叠。

(4)峰面积与碳原子数无定量关系。^{13}C NMR 谱的峰面积不一定与碳的数目成正比，即峰面积不能像^{1}H NMR 谱那样用于确定质子数。因此在^{13}C NMR 谱中主要参数是化学位移。

2. ^{13}C NMR 谱的化学位移及其影响因素

从^{13}C NMR 谱的化学位移可初步推测碳核的类型，如表 2-8 所示。

表 2-8 几种不同碳原子的化学位移范围

化合物	烷烃	烯烃	炔烃	芳烃	醛、酮	羧酸及衍生物	腈
δ	0～55	100～165	65～90	125～150	180～220	150～185	115～125

碳的化学位移与碳原子的杂化类型有关，sp^3 杂化的碳在高场共振，sp^2 杂化的碳在低场共振，sp 杂化的碳共振信号介于两者之间。此外，取代基的电负性增大，则碳的化学位移向低场移动。

3. 无畸变极化转移增强(distortionless enhancement by polarization transfer，DEPT)技术确定碳原子的类别

通常采用 DEPT 技术确定碳原子的级数。为了区分不同的碳，一般要做三次不同角度的 DEPT 谱图(DEPT 45 谱、DEPT 90 谱和 DEPT 135 谱)，其中季碳不出峰。

DEPT 135 谱图：CH、CH_3 出正峰，CH_2 为倒峰。

DEPT 90 谱图：只能看到 CH 的正峰，其余碳不出峰。

DEPT 45 谱图：所有的 CH、CH_2、CH_3 的峰都为正峰。

通过 135°和 90°的 DEPT 谱图即可区分出伯碳、仲碳、叔碳，由于季碳在所有的 DEPT 谱图中都没有信号，因此只要与^{13}C NMR 谱比较，就很容易得到季碳。

在应用^{13}C NMR 谱时，可根据其质子宽带去偶谱中谱峰的数目估计化合物中所含的碳原子数，分析谱线的化学位移，区分各种碳原子，再根据分子式和可能的结构单元来推出可能的结构式。

【思考题】

1. 什么是核磁共振？产生核磁共振的条件是什么？

2. 核磁共振谱能为有机化合物结构的分析提供哪些信息？

2.22 气相色谱-质谱联用

气相色谱-质谱联用技术(GC-MS)，简称气质联用，是将气相色谱仪与质谱仪通过接口组件进行连接，利用气相色谱分离试样、用质谱作为气相色谱的在线检测手段进行定性、定量分析的一种分析技术。气质联用兼备了色谱的高分离能力和质谱的强定性能力，在化学、化工、石油、环境、农业等领域都有广泛应用。

2.22.1 基本原理

气相色谱(gas chromatography，GC)主要用来分离和鉴定气体及挥发性较强的液体混合物。气相色谱是以气体作为流动相的一种色谱，根据固定相的状态不同，可分为气固色谱和气液色谱。气固色谱的固定相是吸附在小颗粒固体(载体或担体)表面的高沸点液体(固定液)，当混合样品进入色谱柱后，利用不同组分在流动相(载气)和固定相中分配系数的差异，使不同组分按时间先后在色谱柱中流出，达到分离的目的。每一个组分从色谱柱中流出时，会在色谱图上出现一个峰。从样品注入到一个信号峰的最大值所经过的时间叫作某一组分的保留时间。在同一色谱条件下，特定化合物的保留时间是一个常数，即保留时间是气相色谱进行定性的依据。而色谱峰面积与被分析组分的质量(或浓度)成正比，可用于对混合物组成进行定量。因此气相色谱对混合物有很好的定性定量分析能力，但是有时一根色谱柱并不能完全分离所有的组分，以保留时间作为定性判断的依据存在明显的局限性。

质谱(mass spectroscopy，MS)是在真空状态下，用高能量的电子束轰击样品蒸气，生成不同质荷比(m/z)的带正电荷的离子，再按时间先后或空间位置不同将不同质荷比的离子进行收集，得到离子强度随质荷比变化的质谱图。质谱可以给出化合物的相对分子质量、分子式及结构信息。质谱灵敏度高，易与辨识，但是要求样品是单一组分，无法对混合物进行分析。

气质联用技术是充分利用气相色谱对复杂有机化合物的高效分离能力和质谱对化合物的准确鉴定能力进行定性和定量分析的一门技术。在气质联用仪中气相色谱是质谱的进样器，而质谱是气相色谱的检测器。气质联用可以同时完成待测样品的分离、鉴定和定量，被广泛应用于复杂组分的分离与鉴定。

2.22.2 质谱仪的构造及原理

普通质谱仪由离子源、质量分析器、离子检测系统三个主要部件和进样系统、真空系统两个辅助部分组成。

在离子源内用高能量电子束轰击气化的待测样品分子，样品分子发生电离反应生成分子离子，分子离子进一步发生裂解反应形成碎片离子和中性碎片。具有不同质量的分子离子和碎片离子经电场加速后进入质量分析器，并在质量分析器中按质荷比大小被分离排序

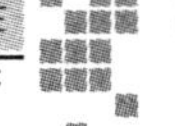

后依次到达离子检测器被检测，信号经放大器放大后由记录仪记录下来，以质谱图或表格形式输出。

2.22.3　气相色谱-质谱联用仪

GC-MS 系统由气相色谱单元、质谱单元、计算机和接口四大部分组成（图 2-33），其中气相色谱单元一般由载气控制系统、进样系统、色谱柱与控温系统组成；质谱单元由离子源、离子质量分析器及其扫描部件、离子检测器和真空系统组成；接口是样品组分的传输线以及气相色谱单元、质谱单元工作流量或气压的匹配器；计算机控制系统用于数据采集、存储、处理、检索和仪器的自动控制。

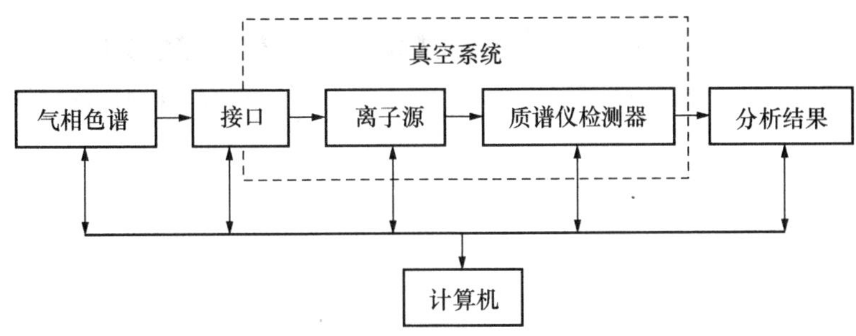

图 2-33　GC-MS 联用仪组成示意图

Chapter 3 第3章

单元反应与有机物的制备

Unit Reaction and Preparation of Organic Compounds

3.1 消除反应——引入 C=C 键

天然气和石油是烷烃的主要天然来源。工业上由石油烃的裂解和催化脱氢制取烯烃，低碳烯烃的混合物经过分离提纯可获得单一的烯烃。

在实验室中，烯烃主要是用醇脱水制得。例如：乙醇蒸气在 350～400℃下通过 γ-三氧化二铝或 5A 分子筛催化脱水，可制取乙烯。其他烯烃也可用相应的醇制备，脱水剂可以用硫酸、磷酸等。

脱水是按照查依采夫(Saytzeff)规则进行的。叔戊醇经硫酸脱水后的主要产物是 2-甲基-2-丁烯，也有少量的 2-甲基-1-丁烯。但由于烯烃在 γ-三氧化二铝作用下能发生双键的异构，所以用 γ-三氧化二铝进行催化脱水时，从叔戊醇还会得到很少量的 3-甲基-1-丁烯。同样，异戊醇用 γ-三氧化二铝催化脱水，得到的产物不单有 3-甲基-1-丁烯，还有由双键异构生成的 2-甲基-2-丁烯。如果用碱处理的 γ-三氧化二铝催化异戊醇脱水，主要产物为 3-甲基-1-丁烯(＞93％)。

醇的脱水活性大小与其结构有关，一般说来，脱水速度是叔醇＞仲醇＞伯醇。由于高浓度的硫酸会导致烯烃的聚合、碳架重排以及醇分子间脱水，所以乙醇脱水反应中的主要副产物是烯烃的聚合物、重排产物和醚。

根据烯的沸点比制备它的醇的沸点低得多这一事实，将醇和酸的混合物加热到烯与醇的沸点温度之间。烯和水生成后从反应瓶中蒸馏出来，未变化的醇进一步和酸作用，直至反应完成。

制备实验 1 环己烯的制备

【反应式】

$$\text{环己醇(OH)} \xrightarrow{85\%H_3PO_4} \text{环己烯} + H_2O$$

【试剂】

环己醇 5 mL(0.048 mol),85%磷酸 2.5 mL,饱和食盐水,无水氯化钙。

【实验步骤】

向 25 mL 圆底烧瓶中加入 5 mL 环己醇[1]及 2.5 mL 85%磷酸,充分振荡使两种液体混合均匀,投入 2 粒沸石,安装分馏装置。

用电热套[2]加热混合物至沸腾,控制柱顶温度不超过 90℃,直到无馏出液为止,停止加热。

将馏出液移入分液漏斗,分去水层。加入等体积饱和食盐水充分振荡静置,分去水层。油层转移到干燥的小锥形瓶中,加入少量无水氯化钙,塞好塞子,干燥 15 min,并不断振摇,至油层澄清、透明。将干燥的粗制环己烯进行蒸馏,收集 80～85℃的馏分。

纯的环己烯为无色透明液体,bp 83℃,d_4^{20} 0.810,n_D^{20} 1.445。

环己烯的红外光谱见图 3-1,环己醇的红外光谱见图 3-2。

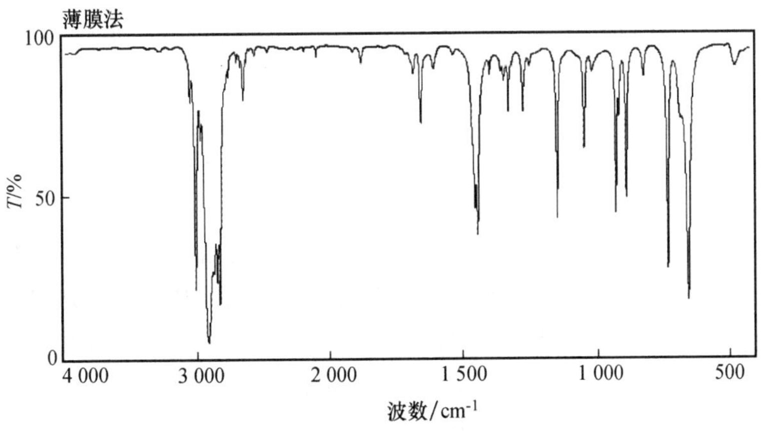

图 3-1 环己烯的红外光谱

【注释】

[1]环己醇的熔点是 24℃,常温时其状态为比较黏稠的液体,用量筒量取时,要注意转移时的损失,可以用称取质量的方法代替。

[2]烧瓶受热要均匀,控制加热速度,使馏出的速度缓慢均匀,以减少未反应的环己醇的蒸发。

【思考题】

1. 在制备过程中为什么要控制柱顶温度?

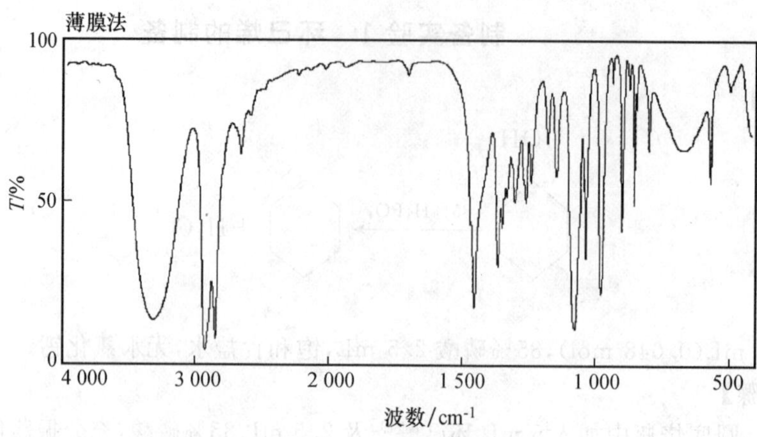

图 3-2　环己醇的红外光谱

2. 用饱和食盐水洗涤粗产品的目的何在？

3. 用磷酸作脱水剂比用浓硫酸作脱水剂有什么优点？

4. 酸催化醇脱水的反应机理如何？

制备实验 2　戊醇脱水制烯烃

【反应式】

$$CH_3CH_2C(OH)(CH_3)CH_3 \xrightarrow{85\%H_3PO_4} CH_3CH{=}C(CH_3)CH_3 + CH_3CH_2C(CH_3){=}CH_2$$

【试剂】

叔戊醇 5 mL(0.049 mol)，85%磷酸 2.5 mL，无水氯化钙。

【实验步骤】

向 25 mL 圆底烧瓶中加入 85%磷酸 2.5 mL、叔戊醇 5 mL(0.049 mol)。搅拌黏稠物直到混合均匀，加几粒沸石，按照蒸馏装置将仪器装好。将温度计的水银球浸到溶液中，以控制反应物温度。把接收器放在冰浴中以防止烯烃损失并减少着火的危险。加热，控制反应物温度在 140～180℃，维持此温度直到冷凝管末端不再有产物馏出。

用 5 mL 冰水洗涤馏出液，分去水层，用无水氯化钙干燥有机层。

蒸馏并收集 36～40℃馏分。

馏出物用气相色谱进行分析，试从分析结果计算主要产物和次要产物的相对量，判断产物是什么。如果观察到两个以上的峰，提出可能的结构式和反应机理来说明它们。

【思考题】

1. 如果用异戊醇作原料，生成哪几种产物？试写出反应机理。

2. 实验表明，异戊醇的脱水反应与叔戊醇相比困难很多，你能否设计更为合理的反应装置？如果 85% H_3PO_4 的催化活性不够高，如何改进催化剂？

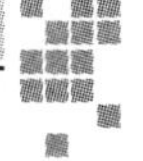

3.2 卤化反应——卤代烷的制备

在实验室中，饱和烃的一卤衍生物(卤烷)(RX)一般是以醇类(ROH)为原料，使其羟基被卤原子置换而制得的。最常用的方法是用醇与氢卤酸(HX)发生作用：

$$ROH + HX \rightleftharpoons RX + H_2O$$

若用此法制备溴烷，氢溴酸可以用47.5%的浓氢溴酸，也可以借溴化钠和硫酸作用的方法制得。

醇和氢卤酸的反应是一个可逆反应，为了使反应平衡向右方移动，可以增加醇或氢卤酸的浓度，也可以设法不断地除去生成的卤烷或水，或是两者并用。今以采用溴化钠-硫酸法制备伯溴烷为例：在制备溴乙烷时，可在增加乙醇用量的同时，把反应中生成的低沸点的溴乙烷及时地从反应混合物中蒸馏出去；在制备1-溴丁烷时，可以增加溴化钠的用量，同时加入过量的硫酸，以吸收反应中生成的水。但这种方法一般不适用于氯烷和碘烷的制备。碘烷通常用赤磷和碘(在反应时相当于三碘化磷)同醇作用制备。制备氯烷时，叔醇直接与浓盐酸在室温下作用，但伯醇或仲醇则需在无水氯化锌存在下与浓盐酸作用。也可用三氯化磷或氯化亚砜同伯醇作用来制取氯烷。

邻二卤烷(卤素为Cl,Br)最常用的制法就是由烯烃与氯或溴直接加成。卤素直接连在芳环上的芳卤化合物，其主要制法是从芳烃直接卤化。例如，在吡啶或少量铁屑的存在下，苯和溴作用，生成溴苯。苯的溴化反应是一个放热反应，在实际操作中，为了避免反应温度过高和反应过于剧烈，同时为了抑制副产物二溴苯的生成，一般使用过量的苯和采用控制滴加溴的速度的方法。水的存在会使反应难于进行，甚至不能进行，故所用的原料必须是无水的，所用的仪器必须是干燥的。

制备实验3 溴乙烷的制备

【反应式】

主反应：

$$NaBr + H_2SO_4 \longrightarrow HBr + NaHSO_4$$

$$C_2H_5OH + HBr \rightleftharpoons C_2H_5Br + H_2O$$

副反应：

$$2C_2H_5OH \xrightarrow[\triangle]{\text{浓 } H_2SO_4} C_2H_5OC_2H_5 + H_2O$$

$$C_2H_5OH \xrightarrow[\triangle]{\text{浓 } H_2SO_4} C_2H_4 + H_2O$$

为了使HBr充分反应，乙醇稍过量。

【试剂】

无水乙醇2.5 mL (0.043 mol)，溴化钠2.5 g (0.024 mol)，浓H_2SO_4(d_4^{20}1.84)2 mL，饱和亚硫酸氢钠溶液，饱和碳酸钠溶液，无水氯化钙。

【实验步骤】

向25 mL圆底烧瓶中依次加入2.5 mL无水乙醇[1]、2 mL浓硫酸和2.5 g溴化钠粉末，摇匀，进行缓慢蒸馏[2]。用盛1 mL冷水及1 mL饱和亚硫酸氢钠溶液的梨形瓶作接收器，接收器浸没在冷水里[3]。开始时反应物中的溴化钠固体逐渐溶解，溶液呈黄色透明。沸腾后有泡沫产生。当反应物的泡沫完全消失、馏出物不再混浊时，停止蒸馏，用滴管吸出上层水层。加几滴饱和碳酸钠溶液及少量水，摇匀，静置，吸出水层。再用水洗两次。加无水氯化钙干燥。倾出干燥后的产品，缓慢蒸馏，收集沸程为 36～39℃的馏分。

纯溴乙烷无色、易燃、易挥发，bp 38.2，d_4^{20} 1.461 2，n_4^{20} 1.424 2。难溶于水。

【注释】

[1]也可以用 95％乙醇代替无水乙醇，对产率影响不明显。虽然会带入少量水，有使主反应的化学平衡逆向移动的趋势，但无水乙醇在加浓硫酸时，乙醇和溴化钠发生副反应的程度增大。

[2]如果蒸馏时有过多泡沫产生，则需放慢加热速度或停止加热，稍冷后向烧瓶中加 1 mL 水重新蒸馏。

[3]蒸馏过程中可能会产生少量单质溴，使蒸出来的产品带黄色。加亚硫酸氢钠可除去。

【思考题】

1. 粗产品含哪些杂质？如何去除？

2. 如果实验产率不高，分析原因。

制备实验 4　1-溴丁烷的制备

【反应式】

主反应：

$$NaBr + H_2SO_4 \longrightarrow HBr + NaHSO_4$$

$$n\text{-}C_4H_9OH + HBr \xrightarrow{H_2SO_4} n\text{-}C_4H_9Br + H_2O$$

副反应：

$$CH_3CH_2CH_2CH_2OH \xrightarrow[\triangle]{H_2SO_4} CH_3CH_2CH{=}CH_2 + H_2O$$

$$2n\text{-}C_4H_9OH \xrightarrow[\triangle]{H_2SO_4} (n\text{-}C_4H_9)_2O + H_2O$$

$$2NaBr + 3H_2SO_4 \xrightarrow[\triangle]{} Br_2 + SO_2 + 2H_2O + 2NaHSO_4$$

【试剂】

正丁醇 4 mL(0.043 mol)，溴化钠 5.5 g(0.053 mol)，浓硫酸(d_4^{20} 1.84)，10％碳酸钠溶液，无水氯化钙。

【实验步骤】

向 25 mL 圆底烧瓶中加入 4 mL 正丁醇和 5.5 g 研细的溴化钠粉末。分批加入体积比 1∶1 的硫酸 6 mL，不断振摇，使混合充分。加入沸石，装上回流冷凝管，在冷凝管上端接一吸收溴化氢气体的装置。用电热套缓慢加热回流 1 h，冷却，换上蒸馏装置，进行蒸馏。蒸出所有的正溴丁烷[1]，用抽气试管作接收器。

向抽气试管的馏出液中加 2 mL 水，充分振摇，用吸管尽量吸出上层的水层。加 2 mL 浓硫酸[2]，充分振摇，分出硫酸。上层油层依次用等体积水、10％碳酸钠及水洗涤，粗产物加入干燥带塞锥形瓶中，加无水氯化钙干燥 15 min。

干燥后的粗产物倾入 25 mL 干燥的蒸馏烧瓶中进行蒸馏，收集 99～103℃的馏分。

纯正溴丁烷为无色液体，不溶于水，bp 101.6℃，d_4^{20} 1.299，n_4^{20} 1.439 9。

【注释】

[1]正溴丁烷是否蒸完，可从下列几方面判断：

a. 馏出液是否由混浊变为澄清；

b. 反应瓶中上层的油层是否彻底消失；

c. 取一表面皿，接收几滴馏出物，加水，观察是否乳浊或有油滴出现，如无，表示馏出物中已无有机物。

[2]粗产品中有少量未反应的正丁醇和副产物正丁醚等杂质。用浓硫酸可以洗除它们。否则在以后蒸馏中，正丁醇与正溴丁烷可形成共沸物（bp 98.6℃，含正丁醇 13%），难以除去。如果体系有水，浓硫酸被稀释，影响洗涤效果。

【思考题】

1. 加料时，先使溴化钠与浓硫酸混合，然后加正丁醇，这样做可以吗？

2. 反应后的产物可能含有哪些杂质？各步洗涤的目的何在？用浓硫酸洗涤时为何需要体系尽量无水？

3. 洗涤产物时，正溴丁烷时而在上层，时而在下层，你用什么简便的方法加以判断？

4. 能否用异丁醇为原料，采用与本实验类似的步骤合成异丁基溴？为什么？

3.3　醚键的形成

大多数有机化合物在醚中都有良好的溶解度，有些反应（如 Grignard 反应）也必须在醚中进行，因此醚是有机合成中常用的溶剂。

醚的制法主要有两种。一种是醇的脱水：

$$2ROH \xrightleftharpoons{\text{催化剂}} ROR + H_2O$$

另一种是醇（酚）钠与卤代烃作用：

$$RONa + R'X \longrightarrow ROR' + NaX$$

前一种方法是醇制取单醚的方法，所用的催化剂可以是硫酸或氧化铝。醇和硫酸的作用，随温度的不同，生成不同的产物。例如乙醇和硫酸在室温下生成鉎盐；在 100℃时反应，产物是硫酸氢乙酯；在 140℃时是乙醚；在大于 160℃时是乙烯。因此由醇脱水制醚时，反应温度须严格控制。同时在此可逆反应中，通常采用蒸出反应产物（水或醚）的方法，使反应向有利于生成醚的方向进行。

在制取正丁醚时由于原料正丁醇（沸点 117.7℃）和产物正丁醚（沸点 142.4℃）的沸点都较高，故可使反应在装有分水器的回流装置中进行，控制加热温度，并将生成的水或水的共沸混合物不断蒸出。虽然蒸出的水中会夹有正丁醇等有机物，但是由于正丁醇等在水中溶解度较小，密度又较水小，浮于水层之上，因此借分水器可使绝大部分正丁醇自动连续地返回反应瓶中，而水则沉于分水器的下部，静置时可随时弃去。

醇（酚）钠和卤代烃的作用，主要用于合成不对称醚，特别是制备芳基烷基醚时产率较高。例如：

$$C_6H_5ONa + BrCH_2CH_2CH_3 \longrightarrow C_6H_5OCH_2CH_2CH_3 + NaBr$$

这里的酚钠可由苯酚和氢氧化钠或金属钠作用制得。

制备实验 5　正丁醚的制备——醇的分子间脱水

【反应式】

主反应：　$2n\text{-}C_4H_9OH \xrightarrow[134\sim135℃]{\text{浓}H_2SO_4} n\text{-}C_4H_9OC_4H_9\text{-}n + H_2O$

副反应：　$n\text{-}C_4H_9OH \xrightarrow[>135℃]{\text{浓}H_2SO_4} C_4H_8 + H_2O$

【试剂】

正丁醇 5 mL(0.054 mol)，浓硫酸 0.7 mL，NaOH 3 mol/L，饱和 $CaCl_2$ 溶液，无水氯化钙。

【实验步骤】

向 50 mL 三口瓶中加入 5 mL 正丁醇，然后慢慢地向其中加入 0.7 mL 浓硫酸并摇荡，将浓硫酸与正丁醇混合均匀，加 2 粒沸石。在烧瓶口分别安装分水器和温度计，温度计插入液面下，但是不能触及烧瓶壁。分水器中装入适量水[1]，使水面距支管约 5 mm，分水器上装回流冷凝管，保持回流约 1 h。刚开始加热时速度可以快一些，当温度达到 120℃时，减慢加热速度，以防止炭化。随着反应的进行，分水器的水层不断增加，反应液的温度也逐渐上升，当分水器中分出的水量稍大于理论量时[2]，或者瓶中反应温度达到 140℃左右时停止加热。如果加热时间过长，溶液会变黑并有大量副产物丁烯生成。

待反应物冷却，拆除分水器，将仪器改成蒸馏装置，加 2 粒沸石，进行蒸馏至无馏出液为止[3]。

将馏出液倒入分液漏斗中，分去水层，上层粗产物依次用等体积 H_2O、3 mol/L NaOH 溶液[4]、H_2O 和饱和 $CaCl_2$ 溶液洗涤，然后用少量无水氯化钙干燥。

将干燥后的产物倾滤入蒸馏烧瓶中，加入沸石，进行蒸馏，收集 140～144℃的馏分。

纯正丁醚为无色液体，bp 142.4℃，d_4^{20} 0.773。

正丁醇的红外光谱见图 3-3，正丁醚的红外光谱见图 3-4。

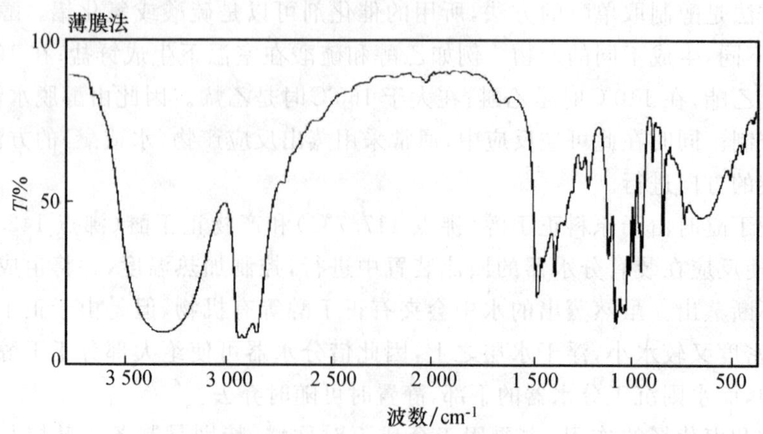

图 3-3　正丁醇的红外光谱

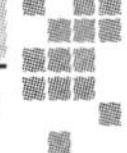

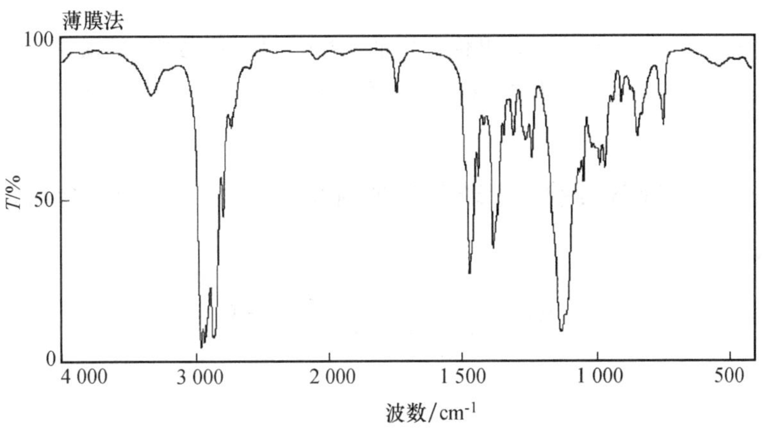

图 3-4 正丁醚的红外光谱

【注释】

[1]本实验利用恒沸混合物蒸馏方法将反应生成的水不断从反应物中除去。正丁醇、正丁醚和水可能生成几种恒沸混合物，见表 3-1。含水的恒沸混合物冷凝后分层，上层主要是正丁醇和正丁醚，下层主要是水。在反应过程中利用分水器使上层液体不断送回到反应器中。当分水器中的水层超过了支管而流回烧瓶时，打开活塞将一部分水放入小量筒，使分水器中始终保持一薄层有机物。

表 3-1 正丁醚、正丁醇和水可能生成的恒沸混合物

恒沸混合物		bp/℃	组成/%		
			正丁醚	正丁醇	水
二元	正丁醇-水	93.0		55.5	45.5
	正丁醚-水	94.1	66.6		33.4
	正丁醇-正丁醚	117.6	17.5	82.5	
三元	正丁醇-正丁醚-水	90.6	35.5	34.6	29.9

[2]反应中应该除去的水量可以根据下式来估算：

$$2C_4H_9OH = (C_4H_9)_2O + H_2O$$

本实验使用 5 mL(0.054 mol)正丁醇，理论上能生成$\frac{0.054}{2}\times 18 = 0.486(g)$水，而实际分出水量要略大于计算量，否则产率很低。

[3]也可以略去这一步蒸馏，而将冷的反应物倒入盛 10 mL 水的分液漏斗中，按下段的方法做下去。但因反应产物中杂质较多，在洗涤分层时有时会出现困难。如果反应物炭化比较严重，则必须蒸馏。

[4]如果经过蒸馏，碱洗步骤可以省掉。在碱洗过程中，不要太剧烈地摇动分液漏斗，否则生成的乳浊液很难破坏。

【思考题】

1. 计算理论上分出的水量。如果你分出的水层超过理论数值，试探讨其原因。

2. 如果最后蒸馏前的粗产品中含有正丁醇，能否用分馏的方法将它除去？这样做好不好？

制备实验 6 苯乙醚的制备——Williamson 合成法

【反应式】

主反应：

$$C_6H_5OH + NaOH \longrightarrow C_6H_5ONa + H_2O$$

$$C_6H_5ONa + C_2H_5I \longrightarrow C_6H_5OC_2H_5 + NaI$$

副反应：

$$C_2H_5I + NaOH \longrightarrow C_2H_5OH + NaI$$

【试剂】

苯酚 2.4 g(0.025 5 mol)，碘乙烷 2.6 mL(0.032 mol)，氢氧化钠 1.2 g(0.03 mol)，无水乙醇，5%氢氧化钠溶液，无水氯化钙。

【实验步骤】

本实验在反应过程中所用仪器必须是干燥的。

向 25 mL 圆底烧瓶中加入 1.2 g 氢氧化钠、7.5 mL 无水乙醇和 2.4 g 苯酚，投入 2 粒沸石，装上回流冷凝管，从冷凝管口加入 2.6 mL 碘乙烷，冷凝管上口装上氯化钙干燥管。

在热水浴上加热回流，当水浴温度达到 75℃左右时，反应物开始沸腾，固体氢氧化钠逐渐溶解。保持水浴温度在 85℃以下，以免碘乙烷因温度太高而气化逸出。氢氧化钠全部溶解后，烧瓶内又慢慢出现白色沉淀，并不断增多，此时水浴温度可控制在 90～95℃，以保持反应液的沸腾[1]。当溶液不显碱性时，反应已经完成，反应时间约 2 h[2]。

移去水浴，待反应物稍冷后，将回流装置改装成蒸馏装置，另加 2 粒沸石，将反应混合物中的乙醇尽量蒸馏出来(得 6.5～7 mL，需 1 h 左右)，回收乙醇至指定的瓶内。

向残留物中加少量的水使碘化钠溶解，倒入分液漏斗中，分去水层。粗苯乙醚用 5%氢氧化钠溶液洗涤后，用无水氯化钙干燥。干燥后的液体用电热套加热进行蒸馏，用空气冷凝管收集 168～173℃的馏分。产量：约 2 g[3]。

纯苯乙醚为无色液体，bp 170℃，d_4^{20} 0.966。

苯酚的红外光谱见图 3-5。

【注释】

[1]在加热回流过程中，如果发生分层现象，可再加入无水乙醇。

[2]如果加的氢氧化钠量过多，或者碘乙烷在未反应时逸出损失一部分，则可能经过长时间回流溶液仍呈碱性，无法判明反应是否完成。

[3]若用金属钠代替氢氧化钠，产量可以提高。

【思考题】

1. 如何检验反应已经完成？

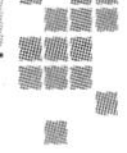

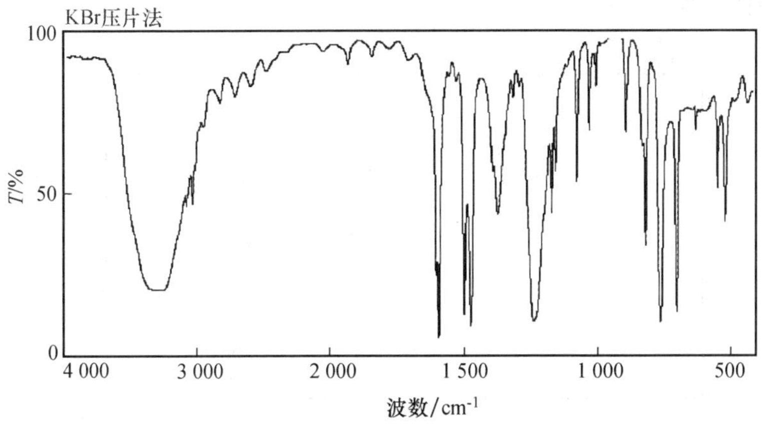

图 3-5　苯酚的红外光谱

2. 在制备苯乙醚时，无水乙醇在其中起什么作用？为什么不用普通的95%的乙醇？

3. 加热完毕后，为什么要尽量把乙醇蒸出？

制备实验 7　苯氧乙酸的制备

【反应式】

主反应：

$$ClCH_2COOH \xrightarrow{Na_2CO_3} ClCH_2COONa$$

$$C_6H_5OH \xrightarrow{NaOH} C_6H_5ONa$$

$$\longrightarrow C_6H_5OCH_2COONa \xrightarrow{HCl} C_6H_5OCH_2COOH$$

副反应：$ClCH_2COOH + NaOH \longrightarrow HOCH_2COOH + NaCl$

【试剂】

苯酚 1.5 g(0.015 mol)，氯乙酸 1.9 g(0.02 mol)，饱和 Na_2CO_3 溶液，35% NaOH 溶液，浓盐酸，乙醇。

【实验步骤】

向小烧杯中加入 1.9 g 氯乙酸，用 2 mL 水溶解。搅拌下滴加饱和碳酸钠水溶液至溶液 pH 为 9～10[1]，制备氯乙酸钠溶液。向装有滴液漏斗、回流冷凝管的三口瓶中加 1.5 g 苯酚，2 mL 35%氢氧化钠溶液，2.5 mL 乙醇。加热使苯酚溶解，制得苯酚钠溶液。将氯乙酸钠溶液加入滴液漏斗，慢慢滴入反应瓶中，继续回流 30 min。

反应完毕，停止加热，冷却，拆除滴液漏斗和回流冷凝管。加 5 mL 水稀释，用浓盐酸酸化至 pH 为 1。充分冷却，抽滤。干燥后用 5 mL 3∶2 乙醇-水重结晶，得白色晶体。测熔点。

纯的苯氧乙酸为无色晶体，bp 285℃。

苯氧乙酸的红外光谱见图 3-6。

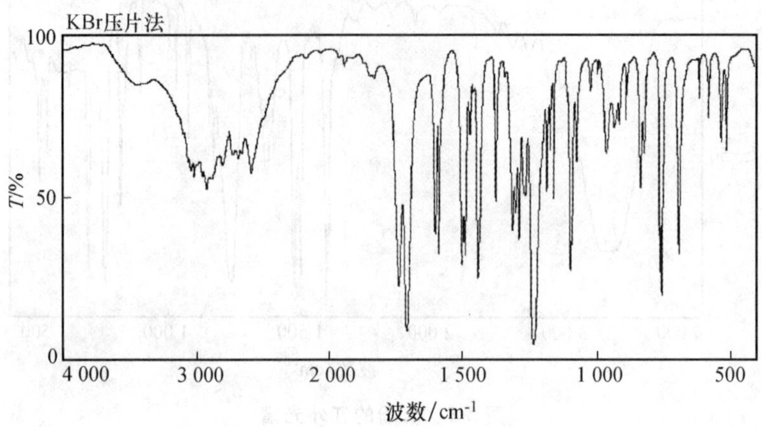

图 3-6 苯氧乙酸的红外光谱

【注释】

[1]先用饱和碳酸钠溶液将氯乙酸转变为氯乙酸钠。为防止氯乙酸水解，滴加碱液的速度宜慢。

【思考题】

1. 从亲核取代反应和产品分离纯化的要求等方面说明本实验中各步反应调节 pH 的目的和作用。

2. 以苯氧乙酸为原料，如何制备对溴苯氧乙酸？

3.4 康尼查罗(Cannizzaro)反应——醛的碱性歧化

康尼查罗反应是指无 α-氢原子的醛类在浓的强碱溶液作用下发生的歧化反应：一分子醛被氧化成羧酸（在碱性溶液中成为羧酸盐），另一分子醛则被还原成醇。例如：

$$2HCHO + NaOH \longrightarrow HCOONa + CH_3OH$$
$$2R_3CCHO + NaOH \longrightarrow R_3CCOONa + R_3CCH_2OH$$
$$2C_6H_5CHO + NaOH \longrightarrow C_6H_5COONa + C_6H_5CH_2OH$$

制备实验 8 苯甲醇和苯甲酸的制备

【反应式】

$$2C_6H_5CHO + NaOH \longrightarrow C_6H_5COONa + C_6H_5CH_2OH$$
$$C_6H_5COONa + HCl \longrightarrow C_6H_5COOH + NaCl$$

【试剂】

苯甲醛 4 mL(0.039 mol)，氢氧化钠 2.5 g(0.063 mol)，浓盐酸，乙醚，饱和亚硫酸氢钠溶液，10%碳酸钠溶液，无水硫酸镁。

【实验步骤】

向 25 mL 圆底烧瓶中加入 2.5 g 氢氧化钠和 5 mL 水，溶解后加入 4 mL 新蒸馏过的苯

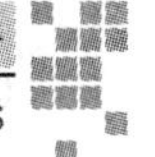

甲醛，投入几粒沸石，装上回流冷凝管，加热回流并不时加以振荡，直至苯甲醛油层消失，变成淡黄色透明溶液（油层刚消失时，有可能出现混浊，继续回流，混浊会变澄清），停止加热，使反应物充分冷却。

用 9 mL 乙醚分三次提取苯甲醇（注意：水层应保存，不要弃去）。合并三次乙醚提取液，用 2 mL 饱和亚硫酸氢钠溶液洗涤，然后依次用 3 mL 10%碳酸钠和 3 mL 冷水洗涤，乙醚提取液用无水硫酸镁干燥。将干燥的乙醚溶液转移至 25 mL 圆底烧瓶中，缓慢加热蒸出乙醚（回收至指定回收瓶）。当温度升至 85℃时，停止加热，改用空气冷凝管，加热蒸馏，收集 198～206℃馏分。

纯苯甲醇为无色液体，bp 205.4℃，d_4^{20} 1.045。

取乙醚提取后的水溶液，在不断搅拌下向其中加入浓 HCl，直到呈强酸性。同时用冰水浴冷却（也可向其中投入几块碎冰）。抽滤，析出苯甲酸，将粗制苯甲酸用热水进行重结晶，产品烘干后测定熔点。

纯苯甲酸为无色针状晶体，熔点 122.4℃。

图 3-7 至图 3-9 分别为苯甲醇、苯甲酸、苯甲醛的红外光谱。

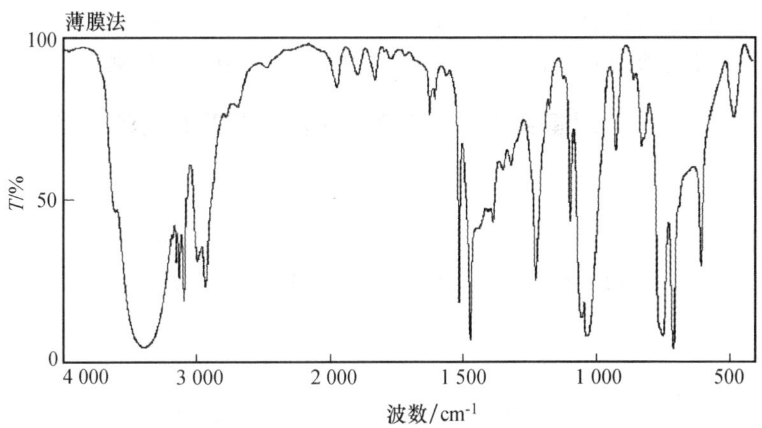

图 3-7　苯甲醇的红外光谱

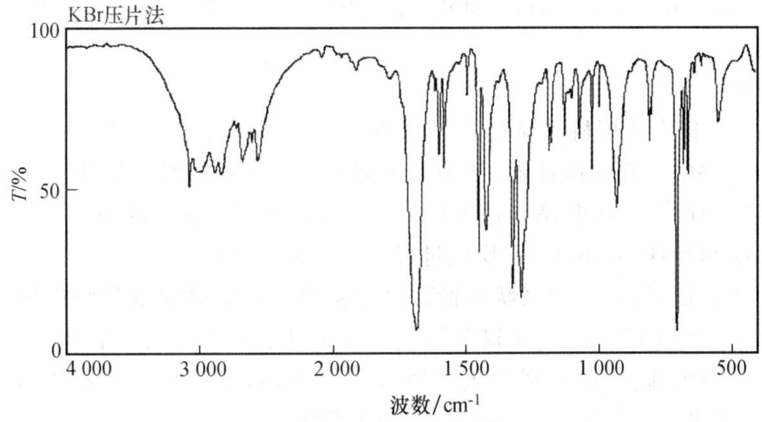

图 3-8　苯甲酸的红外光谱

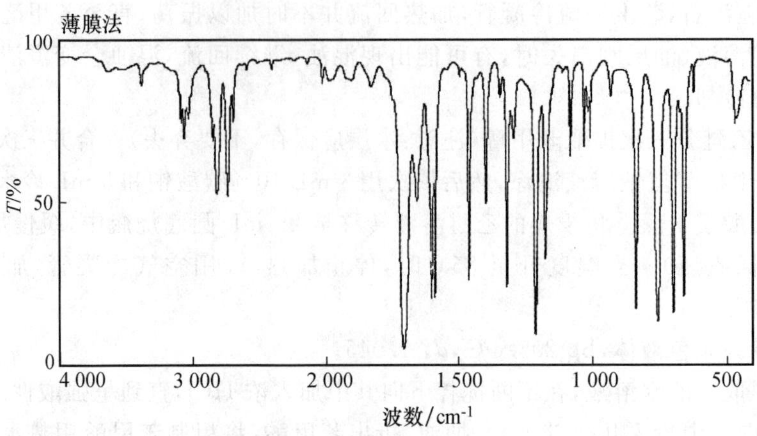

图 3-9 苯甲醛的红外光谱

【思考题】

1. 乙醚提取液提取的是什么？为什么要用饱和 $NaHSO_3$ 溶液洗涤？
2. 为什么要用新蒸馏的苯甲醛？若用长期放置的苯甲醛对本实验有何影响？
3. 苯甲酸在接近熔点时有很强的升华性，干燥时应注意什么问题？

制备实验 9 呋喃甲醇和呋喃甲酸的制备

【反应式】

(呋喃环)—CHO + NaOH ⟶ (呋喃环)—CH_2OH + (呋喃环)—COONa

(呋喃环)—COONa + HCl ⟶ (呋喃环)—COOH + NaCl

【试剂】

呋喃甲醛 16.6 mL(19.2 g，0.2 mol)，氢氧化钠 7.2 g(0.18 mol)，甲基叔丁基醚，浓盐酸，无水硫酸镁。

【实验步骤】

在 150 mL 烧杯中装配机械搅拌器[1]，配制 7.2 g 氢氧化钠溶于 14.5 mL 水的溶液。将烧杯固定于冰水浴中。开动搅拌器，使液温下降到 5℃左右。然后从分液漏斗滴入 19.2 g 新蒸馏过的呋喃甲醛[2]。控制滴加速度(20～30 min 加完)，使反应温度保持在 8～15℃之间[3]。加完后继续搅拌 30 min。在反应过程中析出黄色浆状物。

在搅拌下加入适量的水，使浆状物恰好完全溶解[4]。此时溶液呈暗褐色。用甲基叔丁基醚萃取 4 次，每次用 15 mL 甲基叔丁基醚。合并甲基叔丁基醚萃取液，用无水硫酸镁干燥。用 50 mL 蒸馏烧瓶在热水浴上蒸出甲基叔丁基醚，然后蒸馏呋喃甲醇。收集 169～172℃的馏分。产量：7～7.5 g。纯呋喃甲醇为无色液体，bp 169.5℃(0.1 MPa)，d_4^{20} 1.129。

甲基叔丁基醚萃取过的水溶液，用浓盐酸酸化，直到刚果红试纸[5]变蓝。冷却使呋喃甲

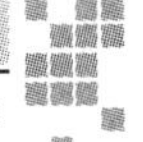

酸完全析出，用布氏漏斗抽滤，用少量水洗涤。粗呋喃甲酸用水进行重结晶，得白色针状晶体，熔点 128～130℃。产量：7～8 g。纯呋喃甲酸为白色针状晶体，mp 133℃。

呋喃甲醇和呋喃甲酸的红外光谱见图 3-10 和图 3-11。

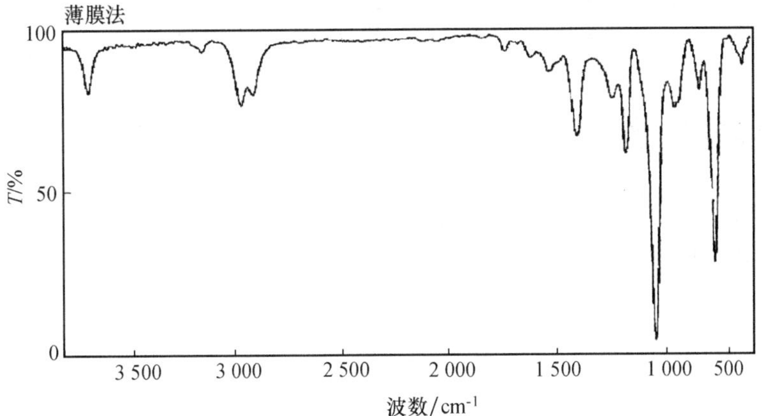

图 3-10 呋喃甲醇的红外光谱

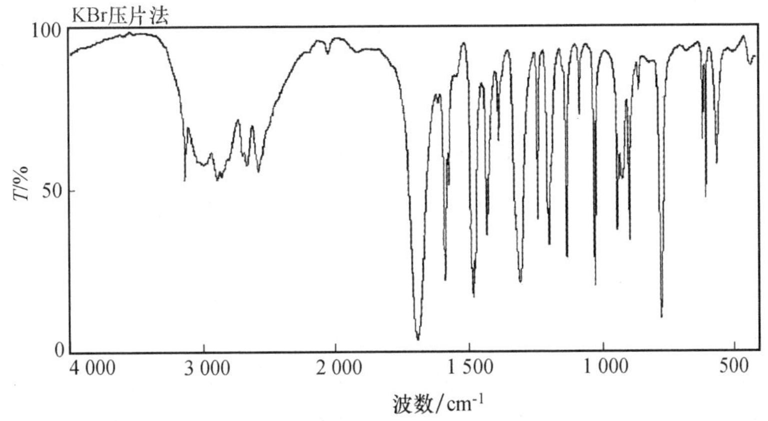

图 3-11 呋喃甲酸的红外光谱

【注释】

[1]也可用人工搅拌。这个反应属于非均相反应，必须充分搅拌。

[2]纯呋喃甲醛为无色或浅黄色液体，但长期贮存易变成棕褐色。使用前需要蒸馏，收集 155～162℃的馏分。最好在减压下蒸馏，收集 54～55℃/2.3 kPa 的馏分。

[3]反应温度若低于 8℃，则反应太慢；若高于 15℃，则反应温度极易升高而难以控制（呋喃甲醛易开环聚合），反应物会变成红褐色。也可采用将 NaOH 溶液滴加到呋喃甲醛中的方法。两者产率相近。

[4]在反应过程中，会有许多呋喃甲酸钠析出。加水溶解，可使黄色浆状物转变成溶液。若加水过多，会导致部分产品损失。

[5]刚果红试纸是把刚果红指示剂载于滤纸上制成的，遇弱酸显蓝黑色，遇强酸显稳定的蓝色。

【思考题】

1. 歧化反应与醇醛缩合反应所用的醛在结构上有何差异？反应条件有何不同？
2. 根据什么原理来分离提纯呋喃甲醇和呋喃甲酸？
3. 在反应过程中析出的黄色浆状物是什么？
4. 乙醚萃取过的水溶液，若用 50% H_2SO_4 酸化，是否合适？

3.5 酯化反应

一般用羧酸作原料来制备其衍生物。

(1)在实验室中，酸酐可以用酰氯和无水羧酸钠(或钾)共热制得：

$$RCOCl + NaOOCR' \xrightleftharpoons{\triangle} RCOOOCR' + NaCl$$

若用此法制备乙酐，所用的原料必须是无水的，所用的仪器必须是干燥的；乙酰氯最好是新蒸馏过的，必须对乙酸钠进行熔融处理。

酸酐也可以用乙酐为脱水剂从羧酸制备。此法适用于制备较高级的羧酸酐和二元羧酸的酸酐。

(2)有机酸酯通常用醇和羧酸在少量酸性催化剂(如浓硫酸)的存在下，进行酯化反应而制得：

$$RCOOH + HOR' \xrightleftharpoons{H^+} RCOOR' + H_2O$$

酯化反应是一个典型的、酸催化的可逆反应。为了使反应平衡向右移动，可以用过量的醇或羧酸，也可以把生成的酯或水及时地蒸出，或是两者并用。例如，在实验室中制备乙酸乙酯时，通常可加入过量的乙酸和适量的浓硫酸，并将反应中生成的乙酸乙酯及时地蒸出。在实验时应注意控制好反应物的温度、滴加原料的速度和蒸出产物的速度，使反应能进行得比较完全。在制备乙酸正丁酯时，采用等物质的量的乙酸和丁醇，加入极少量的浓硫酸作催化剂，进行回流，而让回流冷凝液先进入一个分水器分层以后，水层留在分水器中，有机层(含乙酸正丁酯和正丁醇)不断地流回反应器中。这样，在酯化反应进行时，生成的水自动地从平衡混合物中除去，使酸和醇的反应几乎可以进行到底，得到高产率的乙酸正丁酯。制备邻苯二甲酸二正丁酯时也采用共沸混合物去水的方法。

(3)酰胺可以用酰氯、酸酐、羧酸或酯同浓氨水、碳酸铵或(伯或仲)胺等作用制得。

芳香族的酰胺通常用(伯或仲)芳胺同酸酐或羧酸作用来制备。例如，常用苯胺同冰醋酸共热来制备乙酰苯胺。这个反应是可逆反应，在实际操作中，一般加入过量的冰醋酸，同时用分馏柱把反应中生成的水(含少量醋酸)蒸出，以提高乙酰苯胺的产率。

制备实验 10 乙酸乙酯的制备

【反应式】

主反应： $$CH_3COOH + C_2H_5OH \xrightleftharpoons[120\sim125^\circ C]{H_2SO_4} CH_3COOC_2H_5 + H_2O$$

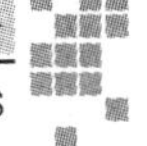

副反应：　　$2C_2H_5OH \xrightarrow{H_2SO_4} CH_3COC_2H_5 + H_2O$

【试剂】

冰醋酸 5 mL(0.09 mol)，95%乙醇 10 mL，浓硫酸 0.4 mL，饱和氯化钙溶液，饱和碳酸钠溶液，饱和氯化钠溶液。

【实验步骤】

向 25 mL 圆底烧瓶中分别加入 10 mL 乙醇、5 mL 冰醋酸和 0.4 mL 浓硫酸[1]，然后加入 2 粒沸石，将瓶中混合物摇匀后，安装球形冷凝管，在小火上回流 30 min。

当反应液冷却后，改成蒸馏装置，进行蒸馏，至无馏出液时停止蒸馏。

向馏出液中缓慢、少量、分批加入饱和碳酸钠溶液，并不断振荡锥形瓶，直至无二氧化碳逸出为止。振荡，静置，用蓝色石蕊试纸检查，若酯层仍显酸性，再加饱和碳酸钠溶液，振荡至酯层不显酸性。将混合液移入分液漏斗，分出水层。酯层用等体积饱和食盐水洗涤一次，然后用等体积饱和氯化钙洗涤两次[2]。从分液漏斗上口将乙酸乙酯转移至干燥过的小锥形瓶中，加入少量无水氯化钙，塞住瓶口，放置 15～20 min，并时而振荡，以加速干燥[3]。

安装普通蒸馏装置，把干燥的粗乙酸乙酯滤入蒸馏烧瓶后，加 2 粒沸石，进行蒸馏。收集 71～78℃馏分。馏出液收集在预先称重的干燥小三角瓶中，称重，计算产率。

纯乙酸乙酯是具有果香气味的无色液体，bp 77.2℃，d_4^{20} 0.901。

乙酸的红外光谱见图 3-12，乙酸乙酯的红外光谱见图 3-13。

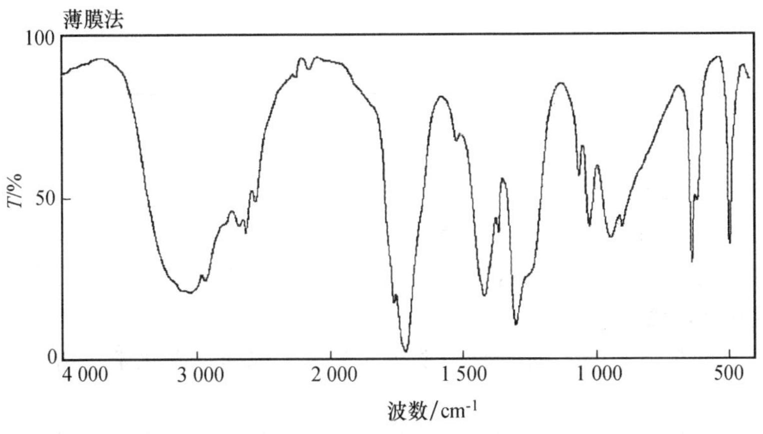

图 3-12　乙酸的红外光谱

【注释】

[1]硫酸的用量为醇用量的 5%时即能起催化作用。稍微增加硫酸用量，由于它的脱水作用而增加酯的产率。但硫酸用量过多时，其氧化作用增强，结果反而对主反应不利。

[2]用饱和氯化钙溶液洗涤的目的是除去未反应的乙醇。因为氯化钙能与乙醇形成溶于水的配合物。碳酸钠洗涤之后，必须用饱和氯化钠溶液洗一次再用氯化钙溶液洗涤，否则酯层中以及分液漏斗中残留的 Na_2CO_3 会和加入的 $CaCl_2$ 反应形成 $CaCO_3$ 悬浊液，致使分离操作难以进行。

[3]乙酸乙酯与水、乙醇可形成二元或三元共沸混合物，见表 3-2，故乙酸乙酯中的醇和

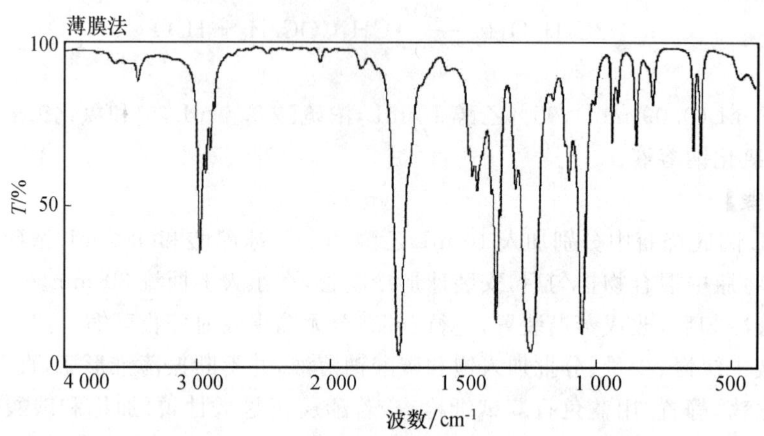

图 3-13　乙酸乙酯的红外光谱

水皆应除去，否则影响产率。

表 3-2　乙酸乙酯与水、乙醇形成的共沸混合物组成

bp/℃	组成/%		
	乙酸乙酯	乙醇	水
70.2	83.2	9.0	7.8
70.4	93.9		6.1
71.8	53.9	46.1	

【思考题】

1. 在本实验中浓硫酸起什么作用？

2. 制取乙酸乙酯时，哪一种试剂过量？为什么？

3. 蒸出的粗乙酸乙酯中主要有哪些杂质？用饱和碳酸钠洗涤乙酸乙酯的目的是什么？是否可用氢氧化钠溶液代替？

4. 乙醇和乙酸生成乙酸乙酯的平衡常数为 3.77。假如考虑化学平衡，那么本次实验的最高产量是多少？

5. 用饱和氯化钙溶液洗涤，能除去什么？为什么先要用饱和食盐水洗涤？是否可用水洗？

制备实验 11　乙酸正丁酯的制备

【反应式】

$$CH_3COOH + n\text{-}C_4H_9OH \xrightarrow{H_2SO_4} CH_3COOC_4H_9\text{-}n + H_2O$$

【试剂】

正丁醇，冰醋酸，浓硫酸，10% 碳酸钠溶液，无水硫酸镁。

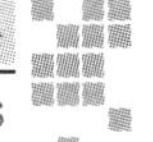

【实验步骤】

向 25 mL 圆底烧瓶中分别加入 6 mL 正丁醇、8 mL 冰醋酸，混合均匀后，小心加入 0.6 mL 浓硫酸，振摇。加几粒沸石，装上盛水的分水器(水面离支管约 0.5 cm)[1]和回流冷凝管。用电热套加热回流。当分水器水层的液面上升至支管处时，打开分水器放出下层的水。随着反应的不断进行，重复上述操作，直到水层不再上升为止。停止加热，从冷凝管口加入少量水至分水器的下层，使上层的有机物返回到反应瓶中。

将反应瓶中的物质转移到分液漏斗中，加入 16 mL 水，振荡，静置分层，分去水层。再向分液漏斗中缓缓地加入 10 mL 15% Na_2CO_3 溶液[2]，缓慢振荡分液漏斗数次，并随时放出 CO_2 气体，静置，分去下层水层后，再用 10 mL 水洗涤有机层，分去水层。

从分液漏斗上口将乙酸丁酯转移至已干燥好的 25 mL 锥形瓶中，加入适量无水硫酸镁，干燥 30 min。将干燥好的乙酸丁酯转移至已干燥的蒸馏瓶中，加入几粒沸石，安装蒸馏装置，进行蒸馏。收集 120～125℃的馏分。称重，计算产率。

纯乙酸丁酯为无色液体，bp 120.1℃，d_4^{20} 0.882。

乙酸丁酯的红外光谱见图 3-14。

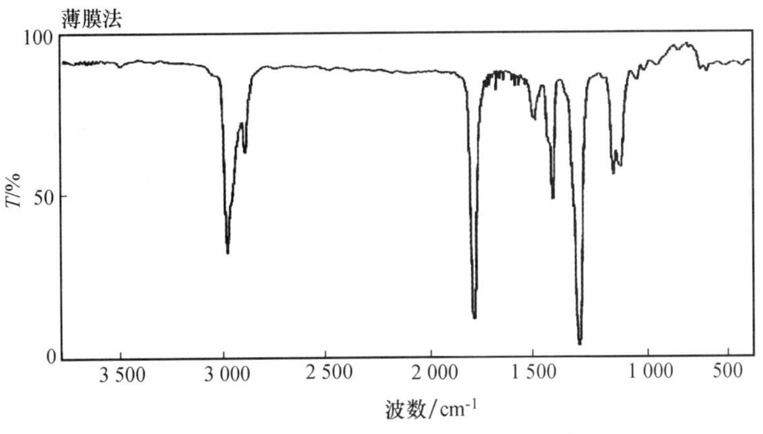

图 3-14 乙酸丁酯的红外光谱

【注释】

[1]此反应为可逆反应，可采用使反应物过量或移去生成物的方法使反应向生成物方向移动。一种方法是使价格较便宜的乙酸过量，从而提高反应的产率；另一种方法是使用分水器，使反应生成的水随时脱离体系，从而达到提高产率的目的。

[2]用碳酸钠洗涤时会产生大量二氧化碳气体，要及时从分液漏斗中放出。

【思考题】

1. 粗产品中有哪些杂质？应如何将它们除去？

2. 如果最后蒸馏前的粗产品中含有正丁醇，能否用分馏的方法将它除去？这样做好不好？

3. 若无分水器是否有办法除去反应生成的水？如果可以，应该如何做？

制备实验 12　乙酰水杨酸(阿司匹林)的制备

乙酰水杨酸医学上称为阿司匹林，为白色针状或片状晶体，溶解于 37℃(相当于体温)水中，口服后在肠内开始分解为水杨酸，有退热止痛作用。

【反应式】

$$\text{o-HOC}_6\text{H}_4\text{COOH} + \text{CH}_3\overset{\text{O}}{\overset{\|}{\text{C}}}\text{O}\overset{\text{O}}{\overset{\|}{\text{C}}}\text{CH}_3 \xrightleftharpoons{H_2SO_4} \text{o-CH}_3\text{C(=O)OC}_6\text{H}_4\text{COOH} + \text{CH}_3\overset{\text{O}}{\overset{\|}{\text{C}}}\text{OH}$$

【试剂】

水杨酸 1.0 g(0.007 3 mol)，乙酸酐 2.5 mL(0.026 mol)，浓硫酸，1%氯化铁，饱和碳酸氢钠溶液，10%盐酸，苯，石油醚，乙醚。

【实验步骤】

1. 酯化反应制乙酰水杨酸

向 25 mL 干燥锥形瓶中分别加入 1.0 g 水杨酸、2.5 mL 乙酸酐和 2 滴浓 H_2SO_4，振摇至水杨酸溶解，在沸水浴中加热 5～10 min，稍冷，小心地加入 2 mL 冰水[1]。反应结束后，再加入 10 mL 水。将锥形瓶放在冷水中静置，如果不结晶，可以用玻璃棒摩擦瓶壁并用冰水冷却反应混合物，以使结晶完全，抽滤反应混合物，用少量冷水洗涤产物，抽干。此为粗产品(不必干燥)。

2. 水杨酸杂质的检验

取几粒结晶，溶于 5 mL 水，加 1 滴 1% $FeCl_3$ 溶液，观察是否有红紫色出现。产物纯化后，也可以做此实验，注意颜色的差别。

3. 产品的纯化

将粗产品置于 50 mL 烧杯中，加 12 mL 饱和碳酸氢钠溶液，搅拌至反应停止(气泡和声音皆无)。抽滤，如果有聚合的副产物，应该残留在滤纸上。在烧杯中放 3～5 mL 10%盐酸，在不断搅拌下将所得滤液倒入盐酸中，乙酰水杨酸即沉淀出来，冷却，抽滤，干燥，称重，测熔点，计算产率，并检验游离水杨酸的存在。

4. 重结晶

纯化后的阿司匹林，如果还存在水杨酸，可以在苯中重结晶：将上述制得产物放在锥形瓶中，装上回流装置，用少量苯溶解产物，用折叠滤纸进行热过滤。冷却滤液，使结晶完全。如不结晶可加少量石油醚[2]，然后吸滤。取出结晶，晾干，称重，测熔点，检验有无水杨酸。重结晶也可用乙醚-石油醚(1∶1)混合溶剂。

水杨酸和乙酰水杨酸的红外光谱见图 3-15 和图 3-16。

【注释】

[1]水解过量的乙酸酐时，如果锥形瓶在加水前冷却，水解就更为缓慢。反应产生的热量往往会使瓶内液体沸腾，蒸气急速外逸，因此加水时脸部不能正对着瓶口，以免发生意外。

[2]乙酰水杨酸不溶于石油醚。

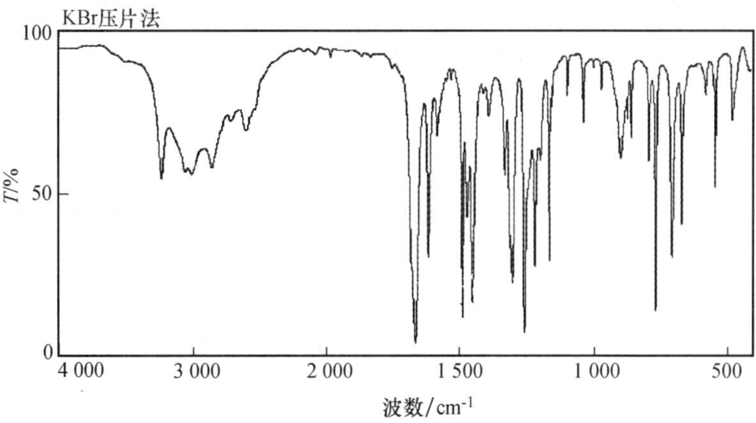

图 3-15 水杨酸的红外光谱

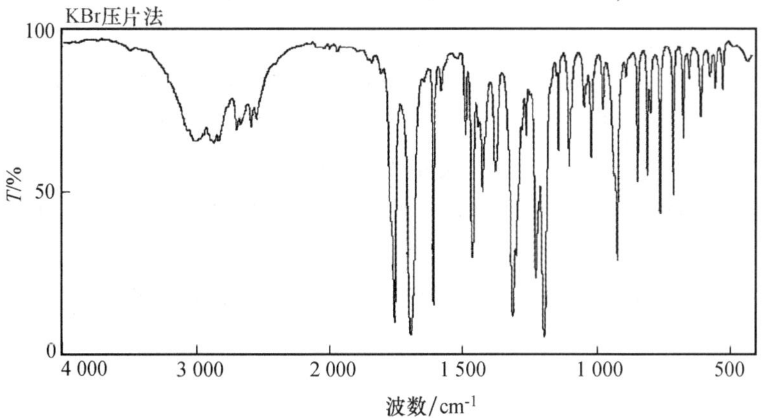

图 3-16 乙酰水杨酸的红外光谱

【思考题】

1. 制备阿司匹林用的锥形瓶是否需要干燥？为什么？
2. 试设计一个实验，鉴定制得的阿司匹林中是否还有水杨酸。
3. 乙酰化反应中使用浓 H_2SO_4 的目的是什么？

制备实验 13 邻苯二甲酸二正丁酯的制备

【反应式】

主反应[1]：邻苯二甲酸酐 $+ n\text{-}C_4H_9OH \xrightarrow{H_2SO_4}$ 邻位 $COOC_4H_9\text{-}n$ / $COOH$ 取代苯

$$\text{C}_6\text{H}_4(\text{COOC}_4\text{H}_9\text{-}n)(\text{COOH}) + n\text{-C}_4\text{H}_9\text{OH} \xrightleftharpoons{\text{H}_2\text{SO}_4} \text{C}_6\text{H}_4(\text{COOC}_4\text{H}_9\text{-}n)_2 + \text{H}_2\text{O}$$

副反应：

$$\text{C}_6\text{H}_4(\text{COOC}_4\text{H}_9\text{-}n)(\text{COOH}) \xrightarrow[>180^\circ\text{C}]{\text{H}_2\text{SO}_4} \text{C}_6\text{H}_4(\text{CO})_2\text{O} + \text{C}_4\text{H}_9\text{OH}$$

【试剂】

邻苯二甲酸酐 4 g(0.027 mol)，正丁醇 6 mL(0.065 mol)，浓硫酸，5%碳酸钠溶液，饱和食盐水，无水硫酸镁。

【实验步骤】

向 25 mL 三口瓶中分别加入 4 g 邻苯二甲酸酐、6 mL 正丁醇、1 滴浓硫酸及 2 粒沸石，摇动使其混合均匀。瓶口分别安装温度计和分水器，分水器上端接回流冷凝管。在分水器内盛满正丁醇，然后用小火加热，待邻苯二甲酸酐固体全部消失后，不久即有正丁醇-水的共沸物[2]蒸出，且可以看到有小水珠逐渐沉到分水器底部。反应过程中，瓶内液温缓慢地上升。当温度达到 160℃时，即可停止加热[3]。整个反应时间约需 3 h。

将反应液冷却到 70℃以下，立即移入分液漏斗中，用等量饱和食盐水洗涤两次，再用少量 5%碳酸钠溶液中和。然后用饱和食盐水洗涤有机层到中性。分离出油状的粗产物，倒入干燥的小锥形瓶，用少量无水硫酸镁干燥。

将粗产物在减压下首先蒸去正丁醇，再继续进行减压蒸馏，收集 200～210℃/0.25 kPa 或 180～190℃/0.13 kPa 的馏分。

纯邻苯二甲酸二正丁酯是无色透明黏稠的液体，bp 340℃，d_4^{20} 1.491 1。

【注释】

[1]邻苯二甲酸酐和正丁醇作用生成邻苯二甲酸二正丁酯的反应是分两步进行的。首先生成邻苯二甲酸单丁酯，这步反应进行得较迅速和完全。第二步是由单丁酯和正丁醇在酸催化作用下生成邻苯二甲酸二正丁酯和水，这是一个酯化反应，需要较高的温度和较长的时间。

[2]正丁醇-水共沸点 93℃(含水 44.5%)，共沸混合物冷凝后在分水器中分层。上层主要是正丁醇(含水 20.1%)，继续回流到反应瓶中；下层为水(含正丁醇 7.7%)。为了使水有效地分离出来可在分水器上部绕几圈橡皮管并通水冷却。

[3]邻苯二甲酸二正丁酯在酸性条件下，超过 180℃易发生分解反应。

【思考题】

1. 丁醇在硫酸下加热到 160℃这样高的温度，可能有哪些副反应？硫酸用量过多有什么不良影响？

2. 为什么要用饱和食盐水洗涤反应混合物和粗产物？如果不进行干燥，即进行蒸去正丁醇的操作，是否可以？为什么？

3. 虽然正丁醇和水不能按任意比例混溶，但互溶程度是很大的，因此按本实验的物料配比后可能会出现“分水器分水的能力不够强”的现象。对于许多需要及时而连续脱除反应

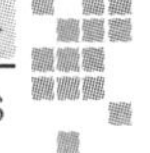

水的反应，常采用苯、环己烷等易与水形成共沸物但不互溶的低沸点有机溶剂作为带水剂，以实现高效脱水。带水剂的用量在很大程度上决定了反应温度。本实验可否使用带水剂？

制备实验 14　苯甲酸乙酯的制备

【反应式】

$$C_6H_5COOH + C_2H_5OH \xrightleftharpoons{H_2SO_4} C_6H_5COOC_2H_5 + H_2O$$

【试剂】

苯甲酸 3 g(0.025 mol)，95%乙醇 9 mL，浓硫酸，四氯化碳，10%碳酸钠溶液，无水氯化钙。

【实验步骤】

向 25 mL 圆底烧瓶中分别加入 3 g 苯甲酸、9 mL 95%乙醇、1 mL 浓硫酸和 2 粒沸石，装上回流冷凝管，小火加热回流 1.5 h。

冷却，改成蒸馏装置，补加 2 粒沸石，蒸出未反应的乙醇，回收[1]。

将除去乙醇所剩的残余物，稍冷后倒入盛 20 mL 冷水的烧杯中。用 5 mL 四氯化碳先清洗烧瓶，再倒入烧杯中。此时酯层明显地沉到烧杯的底部[2]。倾去上层水溶液，在搅拌下缓慢地加入 10%碳酸钠溶液，直到不再有二氧化碳冒出以及未反应的苯甲酸全部溶解为止。然后用分液漏斗分去水层。酯层(约 5 mL)用等体积冷水洗涤，用无水氯化钙干燥。

将干燥的透明液体倒入 25 mL 蒸馏烧瓶中，安装蒸馏装置，小火蒸除四氯化碳。然后换用空气冷凝管加热蒸馏，收集 210～214℃的馏分。

纯苯甲酸乙酯为无色液体，bp 212.4℃，d_4^{20} 1.050 9。

【注释】

[1]本实验也可采用恒沸混合物去水的方法进行。在 50 mL 圆底烧瓶中加入 3.0 g 苯甲酸、6 mL 95%乙醇、1 mL 浓硫酸和 0.5 mL 苯。安装一个带有分水器的回流装置，回流。可根据生成的水量判断酯化反应完成的程度。当酯化完成时，可继续加热，将多余的乙醇和苯蒸出。后处理方法同上。

[2]苯甲酸乙酯的密度与水的密度相近，两者难于分离。加入适当有机溶剂如四氯化碳、乙醚或苯，则易于分层，便于分离。

【思考题】

1. 本实验应用了什么原理和措施来提高该平衡反应的产率？有无其他方法？
2. 为什么不像制备乙酸乙酯那样直接把苯甲酸乙酯蒸出来？
3. 加入四氯化碳，酯层在上面还是下面？若加入乙醚或苯，酯层在上面还是在下面？

3.6　格林雅反应(Grignard 反应)——醇的制备

由卤代烷与金属镁在无水乙醚或四氢呋喃中反应生成烷基卤化镁 RMgX 即格林雅

(Grignard)试剂，简称格氏试剂。

$$\mathrm{RX+Mg \xrightarrow{无水乙醚} RMgX}$$

Grignard 试剂在有机合成中被广泛应用。

Grignard 试剂分子中含有 C—Mg 键，Mg 的电负性比碳小，因此 Grignard 试剂中的 C—Mg 键是有极性的，C 上较负，Mg 上较正，带部分负电荷的碳具有相当强的亲核性。它能与醛、酮、羧酸衍生物、环氧化合物、二氧化碳及腈等发生反应，生成相应的醇、羧酸和酮等化合物，同时增长了碳链。

$$\mathrm{>C{=}O \xrightarrow{RMgX} R{-}\overset{|}{\underset{|}{C}}{-}OMgX \xrightarrow{H_3O^+} R{-}\overset{|}{\underset{|}{C}}{-}OH}$$

$$\mathrm{R'{-}\overset{O}{\overset{\|}{C}}{-}OCH_3 \xrightarrow{2RMgX} R'{-}\overset{R}{\underset{R}{C}}{-}OMgX \xrightarrow{H_3O^+} R'{-}\overset{R}{\underset{R}{C}}{-}OH}$$

$$\mathrm{H_2C\overset{O}{\frown}CH_2 \xrightarrow{RMgX} RCH_2CH_2OMgX \xrightarrow{H_3O^+} RCH_2CH_2OH}$$

$$\mathrm{CO_2 \xrightarrow{RMgX} R{-}\overset{O}{\overset{\|}{C}}{-}OMgX \xrightarrow{H_3O^+} R{-}\overset{O}{\overset{\|}{C}}{-}OH}$$

$$\mathrm{R'{-}C{\equiv}N \xrightarrow{RMgX} (R')(R)C{=}NMgX \xrightarrow{H_3O^+} R'{-}\overset{O}{\overset{\|}{C}}{-}R}$$

Grignard 试剂的发明，极大地促进了有机合成的发展，Grignard 因此在 1912 年获得诺贝尔化学奖。

通常各种卤代烃与镁反应都可以生成 Grignard 试剂。不过，不同的卤代烃与镁的反应活性有差异。一般来讲，当烃基相同时，卤代烃的活性次序为：

$$\mathrm{RI>RBr>RCl}$$

当卤素原子不变时

$$\mathrm{ArCH_2X、CH_2{=}CH{-}CH_2X>3^\circ RX>2^\circ RX>1^\circ RX>CH_2{=}CHX}$$

乙烯基卤和氯代芳烃由于活性较差，需用沸点较高的溶剂四氢呋喃才能和镁反应。

Grignard 试剂很活泼，能与水、空气中的氧反应：

$$\mathrm{2RMgX+O_2 \longrightarrow 2ROMgX}$$

$$\mathrm{RMgX+H_2O \longrightarrow RH+MgX(OH)}$$

因此，在制备 Grignard 试剂时必须在无水、无氧的条件下，最好是在氮气流下进行。用无水乙醚作溶剂制备 Grignard 试剂，因乙醚分子中的氧具有孤对电子，两个乙醚分子的氧原子与 Grignard 试剂形成可溶于溶剂的配合物，使该试剂成为稳定的溶剂化物溶于乙醚中。

$$(C_2H_5)_2\ddot{O}\!:\rightarrow \underset{X}{\overset{R}{Mg}} \leftarrow :\ddot{O}(C_2H_5)_2$$

由于溶剂乙醚具有较大的蒸气压，反应液被乙醚蒸气所包围，因而空气中的氧对反应影响不明显，不在氮气流下进行也可获得较高产率。若使用其他溶剂如烷烃等，反应生成物因不溶于溶剂而覆盖在镁表面，使反应终止。

除了乙醚外，四氢呋喃也是进行格氏反应的良好溶剂。尤其是某些卤代烃，如卤代乙烯类化合物，在乙醚中难以和镁反应，若用四氢呋喃，可提高反应温度，使反应顺利进行。制备 Grignard 试剂的过程中开始往往有一个诱导期，常需加温和加入 1～2 粒碘来引发反应。诱导期过后，反应变得较为剧烈，常需冷却使反应缓和。

Grignard 试剂还会与活泼的卤代烃如苄基卤、烯丙基卤等进行偶联，故在用活泼卤代烃制备 Grignard 试剂时，浓度应适当低一些，反应也应控制缓和些。

制备实验 15 2-甲基-2-己醇的制备

【反应式】

$$n\text{-}C_4H_9Br + Mg \xrightarrow{\text{无水乙醚}} n\text{-}C_4H_9MgBr$$

$$n\text{-}C_4H_9MgBr + CH_3COCH_3 \xrightarrow{\text{无水乙醚}} n\text{-}C_4H_9\underset{CH_3}{\overset{OMgBr}{C}}CH_3$$

$$n\text{-}C_4H_9\underset{CH_3}{\overset{OMgBr}{C}}CH_3 + H_2O \xrightarrow{H^+} n\text{-}C_4H_9\underset{CH_3}{\overset{OH}{C}}CH_3$$

【试剂】

正溴丁烷 4 mL(0.038 mol)，镁屑 1 g (0.041 mol)，无水丙酮 3 mL(0.041 mol)，无水乙醚，乙醚，碘，10%硫酸，5%碳酸钠，无水碳酸钾。

【实验步骤】

在干燥的 100 mL 三口瓶[1]上分别装置搅拌器[2]、冷凝管和带塞的恒压滴液漏斗，在冷凝管上端装氯化钙干燥管。瓶内放置 1 g 镁屑[3]和 5 mL 无水乙醚[4]。在滴液漏斗中加入 4 mL 正溴丁烷与 5 mL 无水乙醚，混合均匀。先向三口瓶中滴数滴混合液，片刻后即见溶液微沸，反应发生。若反应不发生，可温热或加一小粒碘以引发反应。反应开始比较剧烈，待反应平稳后，自冷凝管上端加入 8 mL 无水乙醚，开动搅拌器，滴入剩余正溴丁烷和无水乙醚混合溶液，滴加速度以使乙醚微沸为宜。滴加完毕，继续温热回流 15 min，使镁屑作用完全[5]。回流 15 min 后用冰水浴冷却三口瓶，搅拌下滴加 3 mL 无水丙酮与 3 mL 无水乙醚的混合液，滴加速度仍维持乙醚微沸。滴加完毕，室温下继续搅拌 15 min。停止反应，此时反应瓶中有灰白黏稠状固体生成。

反应瓶在冰水冷却和搅拌下，用滴液漏斗滴加 35 mL 10%硫酸，分解产物。刚开始时，滴加速度要非常缓慢，体系稳定后可以逐渐加快滴加速度。待分解完全后，将溶液倒入分液漏斗分液，分出醚层，水层每次用 8 mL 乙醚萃取两次，萃取液与醚层合并，分别依次用 10 mL 5% Na_2CO_3 溶液和 10 mL 水洗涤醚层。用无水碳酸钾干燥。

干燥后的粗产品滤入 50 mL 干燥的圆底烧瓶中，加入几粒沸石，开始蒸馏，蒸除大部分乙醚，再将残液移入 25 mL 蒸馏烧瓶中，用少量乙醚洗涤圆底烧瓶，洗涤液移入蒸馏烧瓶，尽量使产物转移完全。先小火蒸除乙醚，回收，然后继续加热蒸馏，收集 137～143℃的馏分。

纯 2-甲基-2-己醇为无色液体，bp 143℃，d_4^{20} 0.811 9，n_D^{20} 1.417 5。

【注释】

[1]所有的反应仪器及试剂必须充分干燥。

[2]密封搅拌棒，用石蜡油润滑。

[3]长期放置的镁屑，表面形成一层氧化膜，可用下面的方法除去：用 5%盐酸溶液作用数分钟，抽滤除去酸液后，依次用水、乙醇、乙醚洗涤，抽干后置于干燥器内备用。

如果使用镁条，也可用上法处理。还可以直接用砂纸将镁条上的氧化膜除去，立即剪成屑使用，剪的屑越细越好。

[4]无水乙醚需在实验前预制。制备过程如下：首先用 1/10 乙醚体积的 10%亚硫酸氢钠溶液洗涤乙醚，以除去其中可能有的过氧化物。洗涤后再用饱和食盐水洗两次，用无水氯化钙干燥放置数日，过滤，蒸馏，加入金属钠放置至新鲜的金属钠表面不再冒气泡，即得无水的绝对乙醚。

乙醚挥发性强、易燃，在预处理及使用过程中要注意防止挥发，远离火源，以免着火。一旦着火，不要发慌，立即用湿抹布盖住着火点，防止火势蔓延并请老师协助处理。

[5]少量未反应完的镁屑并不影响进一步的处理。

【思考题】

1. 本实验在将 Grignard 试剂与丙酮的加成物水解之前的各步中，为什么使用的仪器及试剂均须绝对干燥？为此你采取了什么措施？

2. 反应若不能立即开始，应采取哪些措施？如反应未真正开始，却加进了大量正溴丁烷，会有什么后果？

3. 本实验有哪些副反应？如何避免？

4. 迄今在你所做过的实验中，共用过哪几种干燥剂？试述它们的作用情况及应用范围。为什么此实验得到的粗产物不能用氯化钙干燥？

制备实验 16　三苯甲醇的制备

【反应式】

$$C_6H_5\text{—}Br + Mg \xrightarrow{\text{无水乙醚}} C_6H_5\text{—}MgBr$$

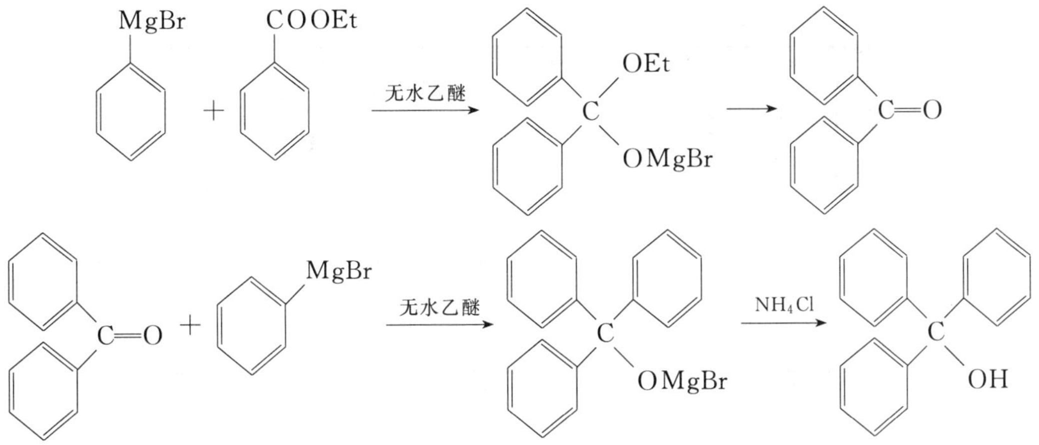

【试剂】

溴苯 2 mL(0.019 mol),镁 0.5 g(0.020 mol),苯甲酸乙酯 1.2 mL(0.01 mol),无水乙醚 10 mL,氯化铵,碘,95%乙醇。

【实验步骤】

在干燥的 50 mL 三口瓶上装恒压滴液漏斗和回流冷凝管[1]。冷凝管上端装氯化钙干燥管。向三口瓶中分别加入 0.5 g 洁净干燥的镁屑[2]、3 mL 无水乙醚和一小粒碘。向滴液漏斗中加入 2 mL 溴苯和 5 mL 无水乙醚的混合液。先向三口瓶中滴 2 mL 混合液,轻轻摇动三口瓶。如果在几分钟内未发生反应[3],可将烧瓶温热。反应开始后,停止加热,将剩余的溴苯溶液滴入烧瓶中,保持反应物平稳地沸腾与回流[4]。如果反应进行得过于剧烈,可暂停加料,并用冷水浴将烧瓶略加冷却。溴苯溶液全部加完以后,继续保持反应液回流至镁全部作用完毕。

将三口瓶用冷水浴冷却,振荡下滴加 1.2 mL 苯甲酸乙酯与 2 mL 无水乙醚的混合液,然后水浴下加热,使乙醚缓缓沸腾 1 h。冰水冷却,振荡下滴加 2 g 氯化铵配制成的饱和溶液,分解加成产物[5]。

将反应装置改成蒸馏装置,蒸除乙醚后,再进行水蒸气蒸馏,除去未反应完的溴苯和副产物[6]。这时三苯甲醇成固体析出。将烧瓶冷却,使三苯甲醇结晶完全,抽滤,水洗。粗产物用 95%乙醇重结晶。

纯三苯甲醇为无色菱形晶体,mp 162.5℃。

三苯甲醇的红外光谱见图 3-17,溴苯的红外光谱见图 3-18。

【注释】

[1]所有的仪器及试剂均需绝对干燥。

[2]镁屑的处理方法与制备实验 15(104 页)相同。

[3]反应开始后,溶液先变白,后又变为棕色,并逐渐加深。反应产生的热量促使乙醚沸腾。

[4]溴苯不宜一次加入或加得太快,否则反应过于剧烈。有过量未反应的溴苯存在时,在较高的温度下有利于副产物联苯的生成。

[5]如果絮状的氢氧化镁未全溶,可滴加少量稀盐酸使其全部溶解。

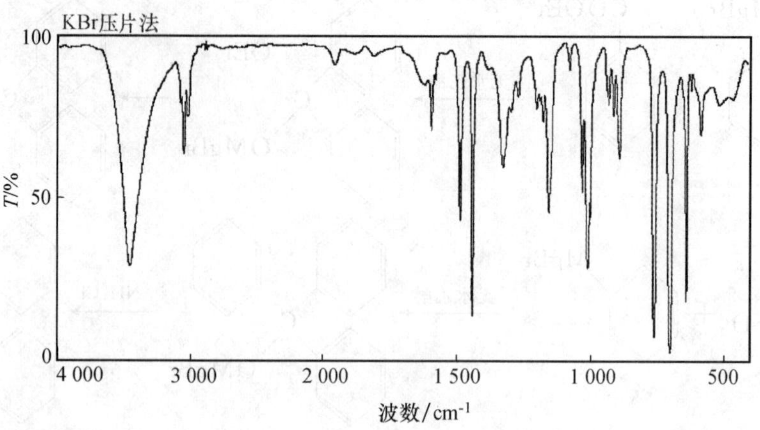

图 3-17　三苯甲醇的红外光谱

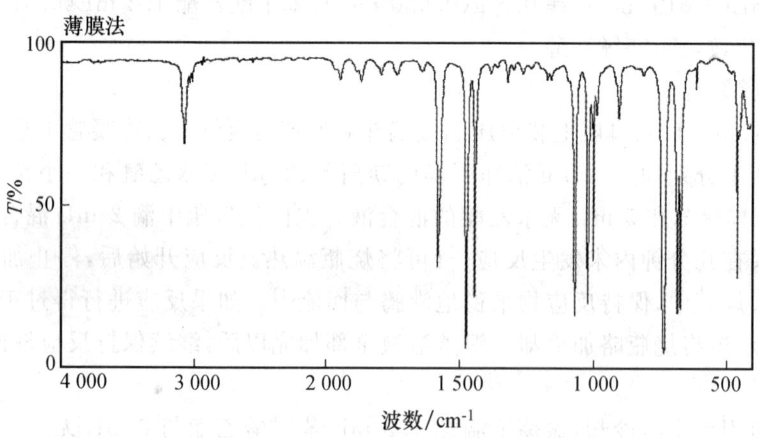

图 3-18　溴苯的红外光谱

[6]也可以不做水蒸气蒸馏。在蒸完乙醚后，在剩下的棕色油状物质中加入 20 mL 低沸点石油醚、三苯甲醇便可以析出。

【思考题】

1. 本实验为什么要用饱和的氯化铵溶液分解产物？有什么试剂可代替？
2. 在本实验中溴苯滴入或一次加入，有什么不同？

3.7　Friedel-Crafts 酰基化反应——芳酮的制备

在无水三氯化铝等路易斯酸存在下，芳烃与卤烷作用，在芳环上发生亲电取代反应，其氢原子被烷基取代，生成烷基芳烃的反应，称为傅列德尔-克拉夫茨烷基化反应（Friedel-Crafts alkylation）；芳烃与酰卤或酸酐作用，芳环上的氢原子被酰基取代，生成芳酮的反应，称为傅列德尔-克拉夫茨酰基化反应（Friedel-Crafts acylation）。

在烷基化反应中，反应并不停止在一烷基化阶段，由于生成的烷基芳烃比芳烃易于烷基化，还可以生成多烷基取代的芳烃。以苯的乙基化为例，除乙苯外，还生成二乙苯和三乙苯等。如果加入过量的苯，则可以提高乙苯的产率，抑制多乙苯的生成，这是因为傅列德尔-克拉夫茨烷基化反应是可逆反应。

如果苯与过量的溴乙烷反应，则生成二乙苯与三乙苯等。这里，如果单纯地按照苯环定位规律的话，二乙苯主要应是对位和邻位的二乙苯异构体，三乙苯主要是1,2,4-三乙苯。事实上二乙苯主要是间位异构体，三乙苯主要是1,3,5-三乙苯(87%)。其原因还是在于傅列德尔-克拉夫茨烷基化反应是可逆的，反应是热力学控制的，而间位异构体是热力学上最稳定的。

在酰基化反应中，反应可以停止在一酰基化阶段。例如，苯和乙酐反应，可得较纯的苯乙酮。

烷基化反应和酰基化反应都是放热反应。一般可用二硫化碳和硝基苯等作为傅列德尔-克拉夫茨反应的溶剂。

在烷基化反应中，每1 mol卤代烃仅需0.1～0.25 mol的无水三氯化铝，在反应过程中无水三氯化铝仅作催化剂。但在酰基化反应中，由于三氯化铝可与羰基化合物形成稳定的配合物，就需加入较多的三氯化铝。例如，用1 mol乙酐作酰基化剂需用2.2～2.4 mol三氯化铝。这是由于反应中生成的乙酸及芳酮也各与1 mol三氯化铝作用，生成$CH_3COOAlCl_2$和$C_6H_5COCH_3 \cdot AlCl_3$。

制备实验17　苯乙酮的制备——苯的乙酰化

【反应式】

$$(CH_3CO)_2O + C_6H_6 \xrightarrow{\text{无水 } AlCl_3} C_6H_5COCH_3$$

$$CH_3COOH + AlCl_3 \longrightarrow CH_3COOAlCl_2 + HCl\uparrow$$

【试剂】

无水苯9 mL(0.103 mol)，无水$AlCl_3$ 7 g(0.053 mol)，乙酐2 mL(0.021 mol)，浓盐酸，苯，3 mol/L NaOH，无水硫酸镁。

【实验步骤】

在50 mL三口瓶上安装搅拌器、恒压滴液漏斗以及回流冷凝管，冷凝管上口接干燥管，干燥管末端连接气体吸收装置。向三口瓶中迅速加入6 mL无水苯及7 g研细的$AlCl_3$[1]粉末。搅拌下缓慢滴加2 mL乙酐与3 mL无水苯的混合液[2]，滴加速度以使反应平稳进行为度，不能太剧烈。可用冷水冷却，以控制反应速度。加完后，待反应平稳，缓慢加热，继续反应30 min，至无HCl气体逸出为止。

用冰浴在搅拌下将三口瓶冷却，缓慢滴加12 mL浓盐酸与25 g碎冰的混合物。当瓶内固体完全溶解后，用分液漏斗分出苯层，水层每次用5 mL苯洗涤两次，洗涤液与苯层合并，依次用3 mol/L NaOH溶液和水各5 mL洗涤，用无水硫酸镁干燥。

用50 mL圆底烧瓶缓慢加热，蒸去大部分苯后，将蒸馏液移入25 mL蒸馏烧瓶中，并用少量苯洗涤原烧瓶，使产物尽量转移过来，蒸去残留苯。当温度升至140℃左右时，停止加热，换用空气冷凝管，继续蒸馏，收集198～202℃馏分[3]。测产品红外光谱，与标准谱图相比较。

纯苯乙酮为无色液体，mp 20.5℃，bp 202.4℃，n_D^{20} 1.537 18。

苯乙酮的红外光谱见图 3-19。

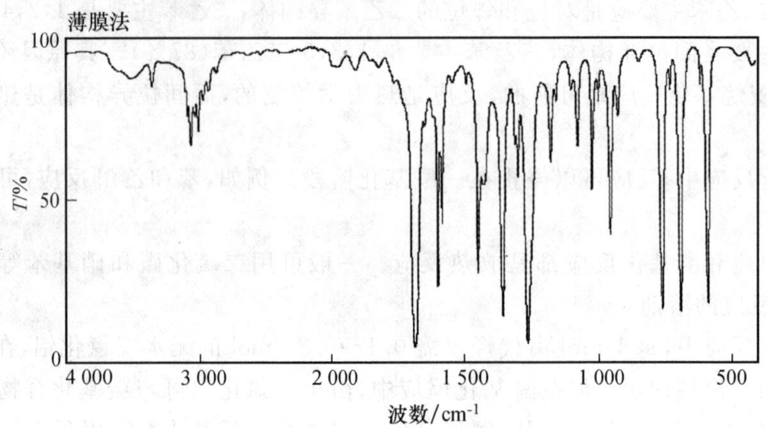

图 3-19　苯乙酮的红外光谱

【注释】

[1]三氯化铝遇水或潮气会分解失效，所以操作必须迅速。其他反应物及仪器都需要干燥。纯苯需经无水氯化钙干燥、过夜，方可使用。

[2]乙酐需新蒸的 137～140℃馏分。

[3]也可以用减压蒸馏。苯乙酮在不同压力下的沸点见表 3-3。

表 3-3　苯乙酮在不同压力下的沸点

蒸气压/kPa	0.133	1.33	5.33	13.33	53.33	101.3
bp/℃	37.1	78.0	109.4	133.6	178.0	202.4

【思考题】

1. 本实验成功的关键是什么?
2. 滴加乙酐时应注意什么问题?
3. 反应完成后加入浓盐酸和碎冰的混合物目的何在?
4. 为什么要用过量苯和无水三氯化铝?

制备实验 18　邻苯甲酰基苯甲酸的制备

【反应式】

邻苯二甲酸酐 + 苯 $\xrightarrow{AlCl_2}$ 邻苯甲酰基苯甲酸（COOH）

【试剂】

邻苯二甲酸酐 2 g(0.013 5 mol),无水苯 15 mL(0.169 mol),无水三氯化铝 6 g(0.045 mol),浓盐酸,10% Na_2CO_3,活性炭。

【实验步骤】

向装有回流冷凝管(上连干燥管及 HCl 吸收装置)的 50 mL 二口瓶中分别加 2 g 邻苯二甲酸酐粉末及 15 mL 无水苯,再加入 1 g 左右 $AlCl_3$ 粉末[1]。用 30～35℃温水浴诱导反应开始,移去水浴,分批在 10 min 内继续加 5 g 无水 $AlCl_3$,不断振荡,反应平稳后,回流 1 h。

冰水冷却,分批加 10 g 冰与 12 mL 浓盐酸混合液,分解铝合物,使反应液澄清。水蒸气蒸馏除去过量苯,用冰水浴冷却,有白色固体析出,过滤,用少量冰水洗涤。将粗产品放入烧杯,用 15 mL 10%碳酸钠中和,煮沸 10 min,使其溶解转化为钠盐。稍冷却,加活性炭脱色,抽滤,用 5 mL 热水洗涤。滤液放冷,滴加浓 HCl 酸化,冷却,抽滤,洗涤。如果产品有色,可用酸-碱法再精制一次。产物经自然干燥、称重,测熔点及红外光谱。

纯净的邻苯甲酰基苯甲酸为无色晶体,mp 127℃,一水合物 mp 93～95℃,不溶于水。

【注释】

[1]剩余的 $AlCl_3$ 可在带塞的试管或用无水氯化钙滤纸包塞紧的小烧杯中放置,以防吸水变质。

【思考题】

为什么不把无水三氯化铝一次加入?

3.8　硝化反应

芳香族硝基化合物一般是由芳香族化合物直接硝化制得的。最常用的硝化剂是浓硝酸和浓硫酸的混合液,常称为混酸。

$$ArH + HNO_3 \xrightarrow{H_2SO_4} Ar{-}NO_2 + H_2O$$

在硝化反应中,根据被硝化物质结构的不同,所需用的混酸浓度和反应温度也各不相同。甲苯比苯易硝化,而硝基苯比苯难硝化。从硝基苯制备二硝基苯,一般需用发烟硝酸和浓硫酸作硝化剂,反应温度需升高至 95～100℃;但也可以采用增加混酸用量,增加混酸中浓硫酸的相对用量,提高反应温度和加长反应时间的方法,来制备间二硝基苯。硝化反应是不可逆反应。混酸中浓硫酸的作用不仅在于脱水,更重要的是有利于 NO^{2+} 离子的生成;增加 NO^{2+} 离子的浓度,就能提高反应速率,提高硝化能力。

混酸中的硝酸具有氧化性,易被氧化的芳胺类不宜直接用混酸来进行硝化。通常将氨基先用酰化的方法保护起来再硝化。例如,由苯胺制对硝基苯胺,就需先制成乙酰苯胺再进行硝化。乙酰苯胺与混酸在低温时作用,主要得到对位硝化产物;但随着反应温度的提高,邻位产物逐渐增多。

硝化反应是强放热反应。进行硝化反应时,必须严格控制好反应温度和加料速度,以及采用良好的搅拌或做充分振荡。

制备实验 19 硝基苯酚的制备

【反应式】

OH　$\xrightarrow{HNO_3(稀)}$　OH, NO_2　+　OH, NO_2

【试剂】

浓硝酸 5 mL(0.055 mol),苯酚 4 g(0.042 5 mol),活性炭。

【实验步骤】

取一个 100 mL 三口瓶,中间口安装机械搅拌器,侧口安装滴液漏斗和温度计。烧瓶中加入 5 mL 浓硝酸和 12 mL 水。4 g 苯酚加 1 mL 水,使之成为液体,移入滴液漏斗。开动搅拌器,缓慢滴加苯酚溶液,控制反应温度在 15～20℃[1]。待所有的苯酚加完后(15～20 min),用少量水冲洗分液漏斗内壁,滴加到三口瓶中去。继续搅拌 10～15 min,以完成反应。此时出现黑色油状物质。

将混合物用冰水冷却,倾去表面水层,再加少量水洗涤两次,尽量洗净剩余的酸。将油层进行水蒸气蒸馏,直至馏出液中不再有邻硝基苯酚黄色结晶析出为止。抽滤,得到产品,称重,干燥,测熔点。

将三口瓶中的蒸馏残余物的体积调节至 100 mL[2],加热至沸,热过滤。在热滤液中加适量活性炭,煮沸,再热过滤,除去活性炭。为了使其迅速结晶,可将热滤液分批倒入在冰水浴中冷却的烧杯中。抽滤,得到产品,晾干,测熔点。

苯酚的红外光谱见图 3-5,邻硝基苯酚的红外光谱见图 3-20,对硝基苯酚的红外光谱见图 3-21。

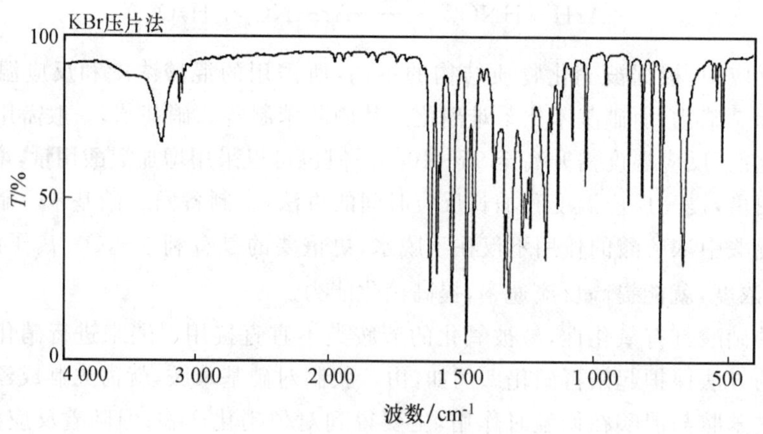

图 3-20　邻硝基苯酚的红外光谱

【注释】

[1]由于酚与酸不互溶,故须不断搅拌使其充分接触,达到反应完全,同时可防止局部过

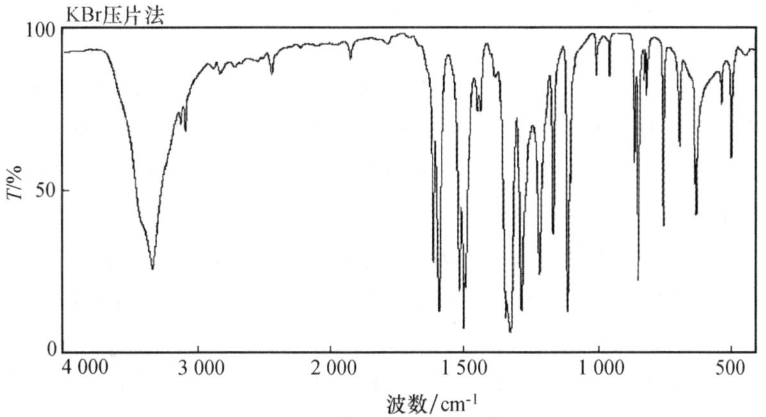

图 3-21 对硝基苯酚的红外光谱

热。反应温度超过 20℃，硝基苯可继续硝化或氧化，使产量降低。

[2]水蒸气蒸馏后的残液含有对硝基苯酚和少量二硝基苯酚。二硝基苯酚加热时不溶于水，而对硝基苯酚溶于热水，利用此性质可将它们分离。

【思考题】

1. 常温下苯酚在水中的溶解度为 9 g/100 g。为什么 4 g 苯酚和 1 mL 水能形成均匀的溶液？

2. 具有什么条件的有机物才能进行水蒸气蒸馏？水蒸气蒸馏有什么优点？

制备实验 20 间二硝基苯的制备

【反应式】

$$C_6H_5NO_2 + HNO_3 \xrightarrow{H_2SO_4} m\text{-}C_6H_4(NO_2)_2 + H_2O$$

【试剂】

硝基苯 1 mL(0.01 mol)，浓硝酸 3 mL，浓硫酸 4 mL，碳酸钠，95%乙醇。

【实验步骤】

向干燥的 25 mL 圆底烧瓶中加入 4 mL 浓硫酸，把烧瓶置于冰水浴中，慢慢地加入 3 mL 浓硝酸，同时不断摇动烧瓶，然后加入 1 mL 硝基苯，摇匀，加 2 粒沸石。在烧瓶上装上回流冷凝管，冷凝管上接气体吸收装置(用碱液吸收)。回流 0.5 h，并时加摇动，促使反应完全[1]。

稍冷，在剧烈搅拌下慢慢地倒入盛有 40 mL[2]冷水的烧杯中，粗二硝基苯冷却并凝固后倾去酸液。向烧杯中加入 20 mL 热水，加热至固体熔化。搅拌数分钟后，冷却，倾去稀酸液。

烧杯中再加入 20 mL 热水，加热至固体熔化，然后一边搅拌一边分几次加入粉状碳酸钠，直至水溶液呈碱性为止。冷却后，倾去碱液，粗二硝基苯再用 40 mL 热水分两次洗涤，冷却后减压过滤。取出产物，用 95%乙醇进行重结晶[3]。

纯二硝基苯[4]为无色针状晶体，mp 89.8℃。

【注释】

[1]硝化反应是否完全，可用下法检定：取摇匀后的反应液少许，滴入盛有冷水的试管中，若有淡黄色的固体物析出，表示反应已经完成；若仍呈液体状，则还须继续加热。

[2]氮的氧化物有严重的腐蚀性。当反应物倒入水中时，放出大量有毒的氧化氮气体，因此，这一步操作应在通风橱中进行。

[3]用乙醇重结晶，可除去夹杂的邻及对二硝基苯及尚未作用的硝基苯。三种异构体在乙醇中的溶解度分别为间位 2.6 g/100 mL(20℃)，邻位 3.8 g/100 mL (25℃)，对位 0.4 g/100 mL (20℃)。

[4]二硝基苯和硝基苯一样，毒性较大，可能透过皮肤进入血液而引起中毒。操作时必须小心，若沾到皮肤上，依次用少量乙醇、肥皂及温水洗涤。

【思考题】

1. 为什么制备间二硝基苯要在较强烈的反应条件下进行?
2. 进行硝化反应时，最后通常是将反应混合物倒入大量水中。这步操作目的何在?
3. 制得的间二硝基苯有什么杂质? 如何除去?

3.9 芳香族硝基化合物的还原——芳胺的制备

芳胺的制取很难用直接方法将氨基(—NH_2)导入芳环上，通常是经过间接的方法来制取。芳香族硝基化合物在酸性介质中还原，可以制得芳香族伯胺 $ArNH_2$。常用的还原剂有：铁-盐酸、铁-醋酸、锡-盐酸、氯化亚锡-盐酸等。用锡-盐酸作还原剂时，作用较快，产率较高，不需用电动搅拌，但锡价格较贵。铁-盐酸还原剂最常用，因为成本较低，可是需较长的反应时间，且残渣铁泥也难以处理。

制备实验 21　苯胺的制备

【反应式】

$$4C_6H_5NO_2+9Fe+4H_2O \xrightarrow{H^+} 4C_6H_5NH_2+3Fe_3O_4$$

【试剂】

铁粉 4 g，乙酸 0.2 mL，硝基苯 2 mL(0.02 mol)，氯化钠，乙醚，氢氧化钠。

【实验步骤】

向 25 mL 圆底烧瓶中分别加入 4 g 铁粉(40～100 目)、4 mL 水和 0.2 mL 乙酸，用力振摇使其充分混合。装上回流冷凝管，用小火缓缓煮沸 5 min[1]。稍冷后，从冷凝管顶端分批加入 2 mL 硝基苯。每次加完后用力振摇，使反应物充分混合，反应强烈放热，足以使溶液沸腾。

加完后，加热回流 0.5 h，并时时摇动，使还原反应完全[2]。

将反应瓶改成水蒸气蒸馏装置，进行水蒸气蒸馏直至馏出液澄清为止[3]，约收集 20 mL 馏出液。分出有机层。水层用氯化钠饱和(需 4～5 g)后，每次用 2 mL 乙醚萃取 3 次，合并苯胺和乙醚萃取液，用粒状氢氧化钠干燥。

将干燥后的苯胺乙醚溶液加入干燥的蒸馏瓶中。先蒸去乙醚回收，再换空气冷凝管加热收集 180～185℃的馏分。

纯苯胺[4]为无色液体，bp 184.13℃，n_D^{20} 1.586 3。

苯胺的红外光谱见图 3-22。

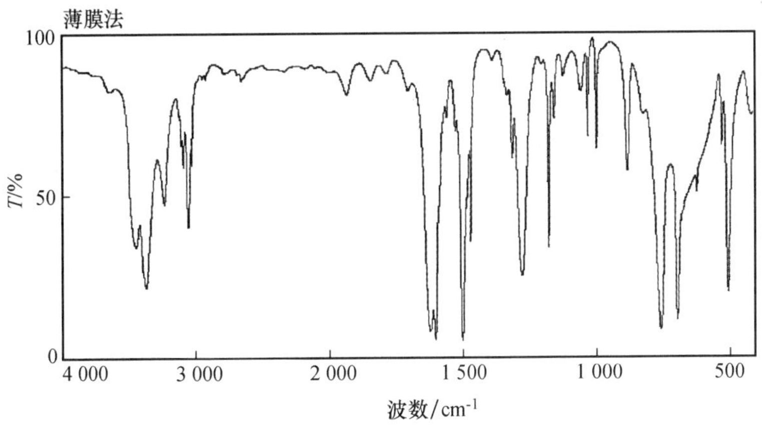

图 3-22 苯胺的红外光谱

【注释】

[1]这步反应主要是使反应物活化。铁与乙酸作用产生醋酸亚铁，可使铁转变为碱式醋酸铁的过程加速，缩短还原时间。

[2]硝基苯为黄色油状物，如果回流液中黄色油状物消失而转变成乳白色油珠（由于游离苯胺引起），表示反应已经完成。还原作用必须完全，否则残留在反应物中的硝基苯在以下几步提纯过程中很难分离，因而影响产品纯度。

[3]反应完后，圆底烧瓶壁上黏附的黑色、褐色物质，可用 1∶1（体积比）盐酸水溶液温热除去。

[4]苯胺有毒。操作时应避免与皮肤接触或吸入其蒸气。若不慎触及皮肤，先用水冲洗，再用肥皂和温水洗涤。

【思考题】

1. 如果以盐酸代替醋酸，则反应后要加入饱和碳酸钠至溶液呈碱性后，才能进行水蒸气蒸馏，这是为什么？本实验为何不进行中和？

2. 有机物必须具备什么性质，才能采用水蒸气蒸馏提纯？本实验为何选择水蒸气蒸馏法把苯胺从反应混合物中分离出来？

3. 如果最后制得的苯胺含有硝基苯，应如何加以分离提纯？

4. 如果用催化氢化的方法将硝基苯还原成苯胺，试问在标准状态下，还原 6.5 mol 硝基苯需要多少毫升氢气？

3.10 酰胺化反应

酰胺可以看作羧酸分子中羟基被氨基或取代氨基（—NHR，—NR_2）置换而成的羧酸衍生物。在有机合成中，常用酰胺化反应来保护活泼的氨基免受破坏。如：

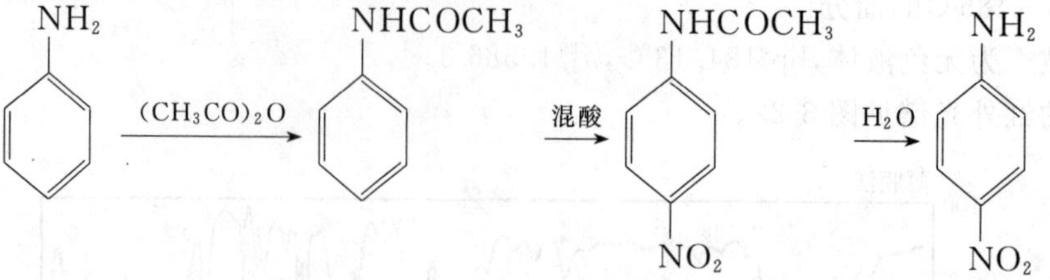

$$C_6H_5NH_2 \xrightarrow{(CH_3CO)_2O} C_6H_5NHCOCH_3 \xrightarrow{\text{混酸}} p\text{-}O_2NC_6H_4NHCOCH_3 \xrightarrow{H_2O} p\text{-}O_2NC_6H_4NH_2$$

制取酰胺的方法主要有下列四种。

1. 酰卤、酸酐、酯的氨解或胺化

反应活性：$RCOCl > (RCO)_2O > RCOOR'$。

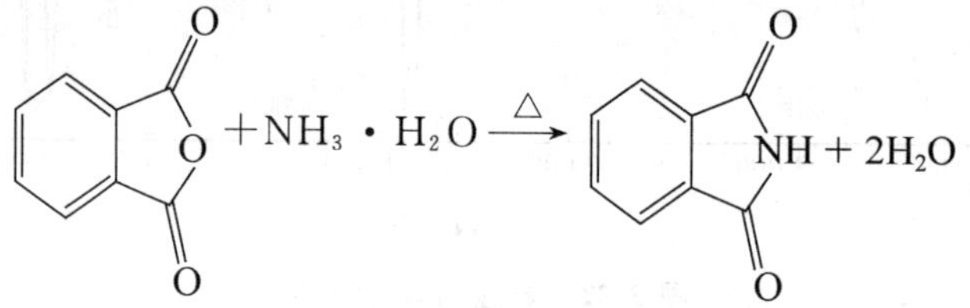

$$\text{邻苯二甲酸酐} + NH_3 \cdot H_2O \xrightarrow{\triangle} \text{邻苯二甲酰亚胺(NH)} + 2H_2O$$

氨(水)可用尿素代替：

$$2\,\text{邻苯二甲酸酐} + NH_2\overset{O}{\overset{\|}{C}}NH_2 \xrightarrow{\triangle} 2\,\text{邻苯二甲酰亚胺(NH)} + CO_2 + H_2O$$

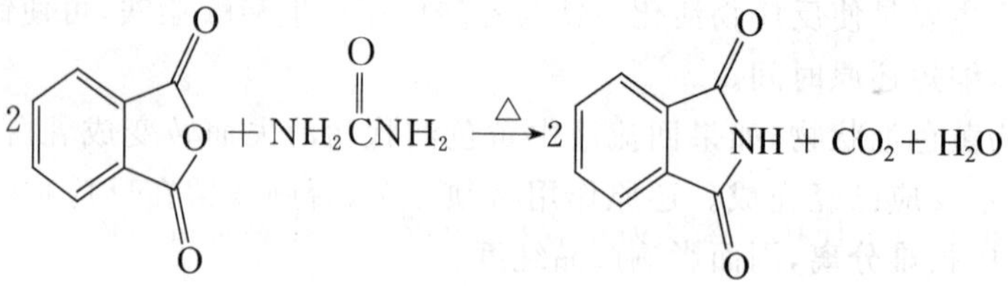

酰卤、酸酐、酯的氨解反应是按亲核加成消除方式进行的。

2. 羧酸铵盐的脱水

羧酸和氨或胺生成的铵盐，经加热脱水生成酰胺。例如：

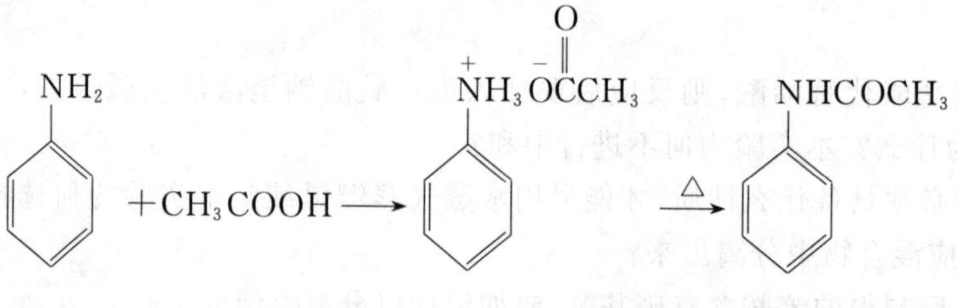

$$C_6H_5NH_2 + CH_3COOH \longrightarrow C_6H_5\overset{+}{N}H_3\,\overset{-}{O}\overset{O}{\overset{\|}{C}}CH_3 \xrightarrow{\triangle} C_6H_5NHCOCH_3$$

3. 腈的部分水解

腈类用硫酸($d_4^{20}=1.788$，86% H_2SO_4)-水混合物或浓 HCl(37%)常温处理得到酰胺：

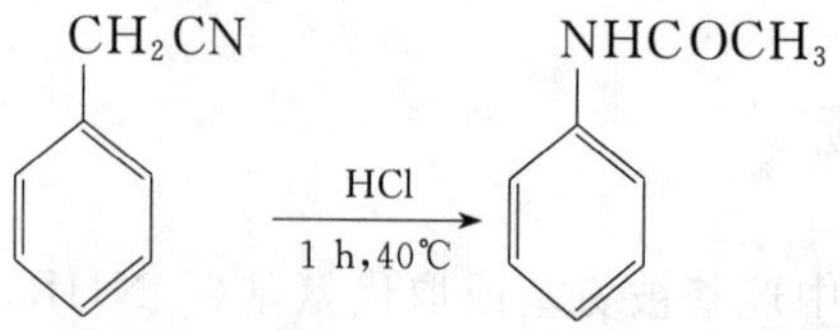

$$C_6H_5CH_2CN \xrightarrow[1\ h,40℃]{HCl} C_6H_5NHCOCH_3$$

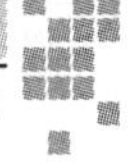

4. Beckmann 重排反应

酮肟用浓 H_2SO_4、PCl_5 等强酸性试剂处理，发生重排反应生成酰胺。

制备实验 22 乙酰苯胺的制备

【反应式】

$$C_6H_5—NH_2+CH_3COOH \longrightarrow C_6H_5—NHCOCH_3+H_2O$$

【试剂】

苯胺 4 mL(0.044 mol)，冰醋酸 3 mL(0.052 5 mol)，锌粉，活性炭。

【实验步骤】

向 25 mL 圆底烧瓶中分别加入 4 mL 新蒸馏过的苯胺[1]、3 mL 冰醋酸、少量锌粉[2]和 2 粒沸石，安装分馏装置。加热分馏，控制加热速度，保持柱顶温度计读数在 100～105℃，经过 40～50 min，反应所生成的水可完全被蒸除。当温度计的读数发生上下波动时(有时反应容器内出现白雾)，反应即达终点，停止加热。

在不断搅拌下，将反应混合物趁热以细流慢慢倒入盛 50 mL 水的烧杯中，继续剧烈搅拌。冷却，使粗乙酰苯胺呈细粒状完全析出。抽滤，用玻璃钉把固体压碎。再用 5 mL 冷水分两次洗涤以除去残留的酸液。尽量抽干，粗产物称重。

粗乙酰苯胺用水重结晶精制。先按粗产物质量及其在 80℃时的溶解度[3]计算用水量。将粗乙酰苯胺放入水中，搅拌下加热至沸腾。如果仍有未溶解的油珠[4]，剧烈搅拌，仍不溶，需补加适量热水，直至油珠完全溶解为止。让溶液冷至沸点以下[5]，加适量粉末状活性炭，用玻璃棒搅拌并煮沸 1～2 min。趁热用预热好的无颈漏斗过滤[6]，滤液收集在烧杯中。未过滤的溶液继续在电炉上加热。若滤液仍有色，再进行活性炭脱色一次。

在收集滤液的烧杯上盖上表面皿，令其自然冷却至室温。待结晶大致完全时，用冷水浴冷却 15 min 使结晶完全。

减压抽滤，用少量冷水洗涤两次，然后用玻璃钉挤压结晶。产品收集在表面皿上，放 80℃烘箱中烘干，称重，计算产率，测熔点。用红外光谱鉴定。

纯乙酰苯胺是无色片状结晶，mp 114℃。

乙酰苯胺的红外光谱见图 3-23。

【注释】

[1]久置的苯胺颜色变深，会影响生成的乙酰苯胺的质量。另外，苯胺有毒，避免吸入其蒸气或与皮肤接触。

[2]锌粉的作用是防止苯胺在反应过程中氧化。但注意，不能加得过多，否则在后处理中会出现不溶于水的氢氧化锌。

[3]乙酰苯胺于不同温度在水中的溶解度见 2.11.3 中表 2-6(47 页)。在以后的各步加热煮沸时，会蒸发掉一部分水，需随时再补加热水。

[4]此油珠是熔融状态的含水的乙酰苯胺(83℃时含水 13%)。如果溶液温度在 83℃以下，溶液中未溶解的乙酰苯胺以固态存在。

[5]在沸腾的溶液中加入活性炭，会引起突然暴沸，致使溶液冲出容器。

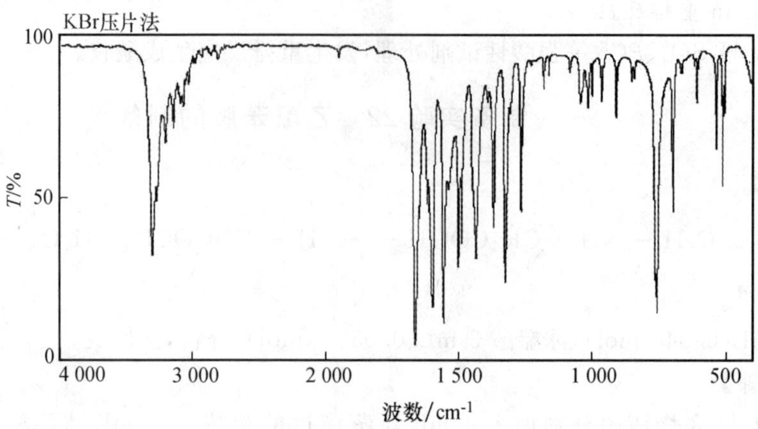

图 3-23　乙酰苯胺的红外光谱

[6]事先将玻璃漏斗放在水浴中预热。切不可直接放在石棉网上加热。如有保温漏斗，最好用保温漏斗过滤。也可以用预热好的布氏漏斗减压过滤。布氏漏斗和吸滤瓶放在水浴上预热，以防乙酰苯胺晶体在布氏漏斗内析出。

【思考题】

1. 反应时为什么要控制柱顶温度在 100～105℃？
2. 为什么反应完成后要将混合物趁热倒入 50 mL 冷水中？
3. 在重结晶操作中，必须注意哪几点才能使产品产率高、质量好？
4. 试计算重结晶时留在母液中的乙酰苯胺的量。

制备实验 23　邻苯二甲酰亚胺的制备

方法一：氨水法

【反应式】

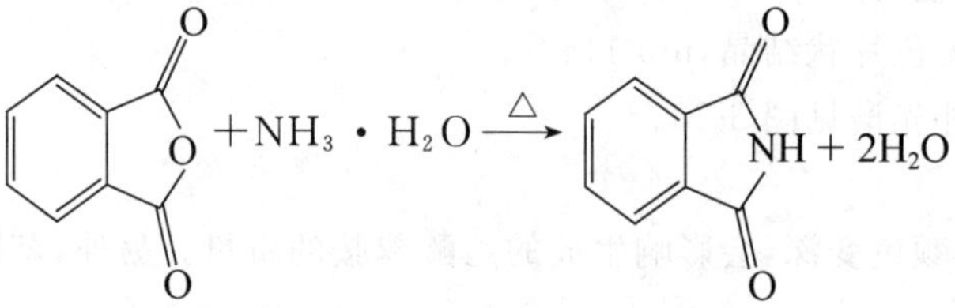

$$\text{(O, O, O)} + NH_3 \cdot H_2O \xrightarrow{\triangle} \text{(O, O)}\ NH + 2H_2O$$

【试剂】

邻苯二甲酸酐 3 g(0.020 mol)，浓氨水 3.2 mL，乙醇。

【实验步骤】

向 50 mL 圆底烧瓶中加入 3 g 白色粉末状邻苯二甲酸酐[1]及 3.2 mL 浓氨水[2]，充分混合后缓缓加热，此时邻苯二甲酸酐溶解，并慢慢地全部生成白色针状结晶。继续加热，使结晶熔化，并使熔融液全部升华至干。此过程需 1～1.5 h。

冷却，加入热乙醇约 30 mL 重结晶。由于产物纯度较高，通常不需精制，可直接应用于

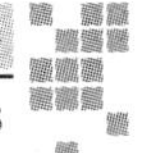

合成，记录产量并测定熔点。

【注释】

[1]邻苯二甲酸酐为白色晶体，mp 131.6℃，bp 295℃（升华）；微溶于冷水中，易溶于热水水解成邻苯二甲酸；难溶于乙醚。

[2]浓氨水 d_4^{20} 0.90，含量 28%～29%。

方法二：尿素法

【反应式】

$$2\,C_6H_4(CO)_2O + NH_2CONH_2 \xrightarrow{\triangle} 2\,C_6H_4(CO)_2NH + CO_2 + H_2O$$

【试剂】

邻苯二甲酸酐 3 g(0.020 mol)，尿素 0.72 g(0.012 mol)。

【实验步骤】

向装有搅拌器、空气冷凝管、温度计的三口烧瓶上分别加入 3 g 邻苯二甲酸酐粉末及 0.72 g 尿素[1]。充分混合后，在油浴中缓慢加热，当温度达 130～135℃时(约 15 min)，反应开始，突然发泡。温度自动升到 160℃。搅拌均匀，放冷后，加 3 mL 水以分解生成的海绵状熔融物。抽滤，用少量水洗涤，抽干，在 100～110℃干燥。所得产物纯度较高，通常不需精制。记录产量并测定熔点。

邻苯二甲酰亚胺为无色晶体，mp 238℃。微溶于水，溶于沸乙醇(5 g/100 mL 乙醇)，几乎不溶于苯、石油醚，易溶于碱液。

【注释】

[1]尿素 mp 130.7℃，溶解度 0.01 g/100 g 水、0.1 g/100 mL 95%乙醇。

3.11 羧酸衍生物的水解

一般用羧酸作原料来制备其衍生物。

(1)在实验室中，酸酐可以用酰氯和无水羧酸钠(或钾)共热制得：

$$R-\overset{O}{\overset{\|}{C}}-Cl + Na-O-\overset{O}{\overset{\|}{C}}-R' \xrightarrow{\triangle} R-\overset{O}{\overset{\|}{C}}-O-\overset{O}{\overset{\|}{C}}-R' + NaCl$$

若用此法制备乙酐，所用的原料必须是无水的，所用的仪器必须是干燥的；乙酰氯最好是新蒸馏过的，必须将乙酸钠进行熔融处理。

酸酐也可以用乙酐为脱水剂从羧酸制备。此法适用于制备较高级的羧酸酐和二元羧酸的酸酐。

(2)有机酸酯通常用醇和羧酸在少量酸性催化剂(如浓硫酸)的存在下,进行酯化反应而制得:

$$R-\overset{\overset{\displaystyle O}{\|}}{C}-\boxed{OH+H}-O-R' \xrightarrow{H^+} R-\overset{\overset{\displaystyle O}{\|}}{C}-O-R'+H_2O$$

酯化反应是一个典型的、酸催化的可逆反应。为了使反应平衡向右移动,可以用过量的醇或羧酸,也可以把生成的酯或水及时地蒸出,或是两者并用。例如,在实验室中制备乙酸乙酯时,通常可加入过量的乙酸和适量的浓硫酸,并将反应中生成的乙酸乙酯及时地蒸出。在实验时应注意控制好反应物的温度、滴加原料的速度和蒸出产物的速度,使反应能进行得比较完全。在制备乙酸正丁酯时,采用等物质的量的乙酸和丁醇,加入极少量的浓硫酸作催化剂,进行回流,而让回流冷凝液先进入一个分水器分层以后,水层留在分水器中,有机层(含乙酸正丁酯和正丁醇)不断地流回反应器中。这样,在酯化反应进行时,生成的水自动地从平衡混合物中除去,使酸和醇的反应几乎可以进行到底,得到高产率的乙酸正丁酯。

(3)酰胺可以用酰卤、酸酐、羧酸或酯同浓氨水、碳酸铵或(伯或仲)胺等作用制得。

芳香族的酰胺通常用(伯或仲)芳胺同酸酐或羧酸作用来制备。例如,常用苯胺同冰醋酸共热来制备乙酰苯胺。这个反应是可逆反应。在实际操作中,一般加入过量的冰醋酸,同时用分馏柱把反应中生成的水(含少量醋酸)蒸出,以提高乙酰苯胺的产率。

制备实验 24　肥皂的制备

【反应式】

$$\begin{array}{l} R1COOCH_2 \\ \quad\quad\;\;| \\ R2COOCH \\ \quad\quad\;\;| \\ R3COOCH_2 \end{array} + NaOH \xrightarrow{\triangle} \begin{array}{l} R1CO\overset{-}{O}\overset{+}{Na} \\ R2CO\overset{-}{O}\overset{+}{Na} \\ R3CO\overset{-}{O}\overset{+}{Na} \end{array} + \begin{array}{l} HOCH_2 \\ \quad\;| \\ HOCH \\ \quad\;| \\ HOCH_2 \end{array}$$

【试剂】

氢氧化钠 1.2 g,95%乙醇 2.5 mL,猪油 1.2 g,氯化钠 6 g。

【实验步骤】

向 50 mL 烧杯中分别加入 2.5 mL 水和 2.5 mL 95%乙醇,将 1.2 g 氢氧化钠溶于其中制成溶液,然后加入 1.2 g 猪油,搅拌下用电热套加热至少 30 min[1]。同时另制备体积比 1∶1 的乙醇-水溶液 5 mL,在 30 min 的加热过程中,每当需要阻止起泡时就小部分地加入此溶液。

将 6 g 氯化钠溶在 20 mL 水中,配成溶液,充分冷却[2]。快速将皂化混合物倾入冰水浴冷却下的盐溶液中,充分搅拌[3]。沉淀出来的肥皂抽滤收集,用少量冰冷的水洗涤肥皂。

继续抽吸,让空气通过肥皂,使该产物部分地得到干燥。称出产物的质量。

【注释】

[1]反应温度不能过低,水解才能充分。

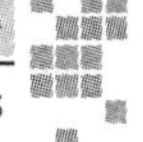

[2]盐水温度高，有可能会发生乳化，造成分离困难。

[3]过分搅拌，也有可能造成乳化。

【思考题】

为什么在皂化中用乙醇和水的混合物而不是用水本身？

制备实验 25 脱乙酰基甲壳质的制备

【反应原理】

甲壳质(chitin)也叫甲壳素，属于含氮(6.8%～6.9%)的碳水化合物，在自然界中分布很广，是构成非脊椎动物甲壳的主要成分，如：①节足动物、软体动物、甲壳动物等骨骼均含有甲壳质；②龙虾壳、河虾壳、蟹壳、蚕蛹壳也含较纯甲壳质；③植物界的蕈菌的外膜以及某些细菌的外壳亦由甲壳质组成。

甲壳质在甲壳中并非单独存在，而是和碳酸钙、蛋白质及其他有机物结合在一起构成复杂的体系。以虾、蟹壳粉末为原料用稀酸、稀碱等除去 $CaCO_3$ 等便得到甲壳质。甲壳质对稀酸、稀碱的作用相当稳定，但和 30%～40%浓碱液在加热条件下发生氮原子上的脱乙酰基反应，得到脱乙酰基甲壳质(聚甲壳糖胺或聚-2-氨基葡萄糖)。

脱乙酰基甲壳质对海水中的 UO_2^{2+}、Cu^{2+}、Zn^{2+}、Cd^{2+}、Pd^{2+} 具有较大的吸附能力，可用作海水中铀(UO_2^{2+})、铜(Cu^{2+})的吸附试剂。

【反应式】

CH_2OH, H, H, O, OH, H, H, H, $NHCOCH_3$, n —— nNaOH ⟶ CH_2OH, H, H, O, OH, H, H, H, NH_2, n $+ n CH_3COONa$

【试剂】

甲壳质样品 5 g，2 mol/L HCl 50 mL，5% NaOH 30 mL，30% 工业碱 30 mL，酒精。

【实验步骤】

将蟹壳(虾壳)充分水洗，尽量除去杂质和肉质，晾干后在 100℃烘箱中烘干以利研碎，用铁制研钵研细后样品，通过 18 孔筛进行筛选。

将 5 g 筛选后样品用 50 mL 2 mol/L HCl 浸泡一夜，以除去 $CaCO_3$，使其变为 CO_2 气体逸出并有 $CaCl_2$ 生成。抽滤，充分水洗到中性，抽干。

由稀酸处理的样品中还含有少量油脂、蛋白质和色素。可用 5% NaOH 溶液加热处理充分除去。

将经稀碱液处理的甲壳质和 10 mL 30%工业液碱及 1.7 g 固体烧碱，搅拌下小火回流 2 h。倾去碱液，再重复处理一次。加水稀释，抽滤，充分水洗到洗液呈中性，抽干。用适量酒精回流以除去残余色素杂质，抽滤，抽干，在 100℃下干燥。再充分研碎，浸在蒸馏水中备用。

Cu^{2+} 试验:取少量该吸附剂放入几毫升 $CuSO_4$ 水溶液中一起振摇,立刻变为蓝色。

UO_2^{2+} 试验:用含 UO_2^{2+} 的溶液进行吸附试验以测定其吸附能力。

3.12 霍夫曼酰胺降级反应(Hofmann 降级反应)

在实验室中常用霍夫曼酰胺降级反应来制备伯胺。例如,乙酰胺与溴和强碱反应,即脱去一个羰基而生成甲胺,其总反应式为:

$$CH_3—\overset{\overset{\displaystyle O}{\|}}{C}—NH_2 + NaBrO + 2NaOH \longrightarrow CH_3—NH_2 + NaBr + Na_2CO_3 + H_2O$$

一般认为霍夫曼降级反应的历程为:

$$R—\overset{\overset{\displaystyle O}{\|}}{C}—\ddot{N}H_2 \xrightarrow{Br_2} R—\overset{\overset{\displaystyle O}{\|}}{C}—\underset{\underset{\displaystyle H}{|}}{\ddot{N}}—Br \xrightarrow[-H^+]{OH^-} R—\overset{\overset{\displaystyle O}{\|}}{C}—\ddot{\underset{\cdot\cdot}{N}}^-—Br$$

$$\xrightarrow{-Br^-} R—\overset{\overset{\displaystyle O}{\|}}{C}—\ddot{N}: \longrightarrow RNCO \xrightarrow{H_2O} \overset{HO\ \ \,}{\underset{}{RN\overset{|\ \|}{C}OH}} \longrightarrow RNH_2 + CO_2$$

实际上反应是分步进行的。在由乙酰胺制备甲胺的过程中,可观察到有 *N*-溴代乙酰胺沉淀析出。在强碱液中,*N*-溴代乙酰胺进一步分解为甲胺。分解反应是强放热性的,所以需要控制分解反应的温度,通常可以把反应物之一逐渐地加到另一反应物中,使反应不至于进行得太剧烈。

在这个反应中,主要的副反应是乙酰胺的碱性水解。乙酰胺在与次溴酸钠作用时,虽然大部分转变成 *N*-溴代乙酰胺,但在平衡混合物中仍含有少量乙酰胺,它在强碱液的作用下,逐渐水解而放出氨,混杂在甲胺中,所以在粗制的甲胺盐酸盐中含有氯化铵。因为氯化铵难溶于无水乙醇中,所以用热的无水乙醇进行重结晶,可得纯净的甲胺盐酸盐。

以邻苯二甲酰亚胺进行霍夫曼降级反应是制备邻氨基苯甲酸的较好方法。由于具有偶极离子的结构,邻氨基苯甲酸既能溶于碱,又能溶于酸。因此,在加酸从碱性反应液中析出邻氨基苯甲酸时,一定要小心控制好酸的加入量,使溶液的 pH 接近于邻氨基苯甲酸的等电点。

制备实验 26 邻氨基苯甲酸的制备

【反应式】

$$\text{(苯并五元环 NH)} \xrightarrow{Br_2, NaOH} \text{(苯环:COONa, } NH_2\text{)}$$

$$o\text{-}H_2NC_6H_4COONa + CH_3COOH \longrightarrow o\text{-}H_2NC_6H_4COOH + CH_3COONa$$

【试剂】

邻苯二甲酰亚胺 3 g(0.02 mol),溴 1 mL(0.02 mol),氢氧化钠,饱和亚硫酸氢钠溶液,浓盐酸,冰醋酸。

【实验步骤】

向 50 mL 锥形瓶中分别加入 1.8 g 氢氧化钠和 10 mL 水,充分溶解后,把锥形瓶放在冰盐浴中冷却至 0~5℃。向碱液中一次加入 1 mL 溴,振荡锥形瓶,使溴全部反应[1],此时温度略有升高。在另一锥形瓶中,用 2.5 g 氢氧化钠和 10 mL 水配成另一碱液。

取 3 g 研细的邻苯二甲酰亚胺,加入少量水调成糊状物,一次全部加到冷的次溴酸钠溶液中,剧烈振荡锥形瓶,保持反应混合物在 0℃左右。从冰盐浴中取出锥形瓶,再剧烈振荡锥形瓶直到反应物转为黄色清液。把配制好的氢氧化钠全部迅速加入。反应温度自行升高。把反应混合物加热到 80℃约 2 min,加入 1 mL 饱和亚硫酸氢钠溶液[2],冷却,减压过滤。

把滤液倒入 100 mL 烧杯中,放在冰水浴中冷却。在不断搅拌下小心滴加浓盐酸,使溶液呈中性,即 pH 为 7[3](约需 8 mL 盐酸),用石蕊试纸检验。然后再缓慢滴加 3~4 mL 醋酸,使邻氨基苯甲酸全部析出[4],减压过滤,用少量冷水洗涤,晾干。

灰白色粗产物用水进行重结晶,可得白色片状晶体。

纯邻氨基苯甲酸为白色片状晶体,mp 145℃。

【注释】

[1]溴为剧毒、强腐蚀性试剂,在取用时应特别小心。在使用前,仔细阅读有关的安全说明。取溴操作必须在通风橱中进行,戴防护眼镜及橡皮手套,并且注意不要吸入溴的蒸气。

[2]加入饱和亚硫酸氢钠溶液的目的是还原剩余的次溴酸。

[3]邻氨基苯甲酸既能溶于碱,又能溶于酸。放过量的盐酸会使产物溶解。若已经加入过量盐酸,需加氢氧化钠中和。

[4]邻氨基苯甲酸等电点的 pH 为 3~4。为使邻氨基苯甲酸完全析出,加入适量的醋酸调节溶液的 pH 至 3~4。

【思考题】

1. 假若溴和氢氧化钠的用量不足或有较大的过量,对反应各有何影响?

2. 邻氨基苯甲酸的碱性溶液,加盐酸使之恰呈中性后,为什么不再加盐酸而是加适量醋酸使邻氨基苯甲酸完全析出?

3.13 氧化反应

有机化学中,氧化一般是指有机物得到氧或脱去氢的过程。通过氧化反应,可以制备许多含氧化合物,如醇、醛、酮、酸、酚、醌以及环氧化合物等。

在工业上常以空气或纯氧作氧化剂,但由于其氧化能力较弱,一般要在高温、高压和催化剂存在下才能发生氧化反应。在实验室中常用的氧化剂有铬酸、高锰酸钾、硝酸、过氧化氢、过氧乙酸等。这些氧化剂氧化能力强，可以氧化多种基团。在进行反应时，只要选择适宜的氧化剂就能达到各种氧化目的。

过去常用铬酸或重铬酸为氧化剂将醇氧化成醛或酮。但是六价铬致癌，故现在工业中已极少使用，而是采用次氯酸钠氧化醇，其产率较高，且对环境污染较小，如：

OH　NaClO / HAc　O

高锰酸钾或浓硝酸是常用的氧化剂，能将醇氧化成醛或酮，将醛或酮氧化成酸。高锰酸钾的碱性溶液常用于芳烃侧链的氧化以及碳—碳双键和羰基化合物氧化裂解成两个羰基碎片。

用高锰酸钾碱性溶液将环已酮氧化成已二酸的反应如下：

O　$KMnO_4$ / OH^-　O^- O O O^-　H^+　OH O O OH

在中性或碱性介质中反应时高锰酸钾的还原产物是 MnO_2，在酸性介质中反应时是 Mn^{2+}。

用浓硝酸作氧化剂可直接将环已醇氧化成已二酸。

用高锰酸钾和浓硝酸作氧化剂，副产物 MnO_2 和 NO_2 等废渣、废气会严重污染环境。

1998 年，*Science* 上报道了用过氧化氢作氧化剂，把环已烯、环已醇或环已酮氧化成已二酸，减少了“三废”的排放，优化了实验环境。

O　$+H_2O_2 \longrightarrow$　COOH COOH

反应如下：

O　⇌　OH　[O]　OH O　→　O O OH　[O]　O O O　H_2O　COOH COOH

制备实验 27 丙酮的制备

【反应式】

$$3(CH_3)_2CHOH + K_2Cr_2O_7 + 4H_2SO_4 \longrightarrow 3CH_3COCH_3 + Cr_2(SO_4)_3 + 7H_2O + K_2SO_4$$

【试剂】

重铬酸钾 5 g，异丙醇 5 mL，浓硫酸 2 mL。

【实验步骤】

向 25 mL 圆底烧瓶中加入 5 g 重铬酸钾，用 5 mL 水溶解，再加入 5 mL 异丙醇，将混合物摇匀。取一小烧杯加 6 mL 水，缓慢加入 2 mL 浓硫酸，摇匀后转入滴液漏斗中。安装具有克氏蒸馏头的蒸馏装置，克氏蒸馏头一口中安装滴液漏斗，另一口安装温度计。加热蒸馏瓶中的混合物至沸腾，然后改用小火，用滴液漏斗滴加稀硫酸[1]，保持圆底烧瓶中的液体微沸，收集 50～70℃ 的馏分[2]。计算产率，测折射率。纯的丙酮为无色液体，bp 56.2℃，d_4^{20} 0.791。

异丙醇的红外光谱见图 3-24，丙酮的红外光谱见图 3-25。

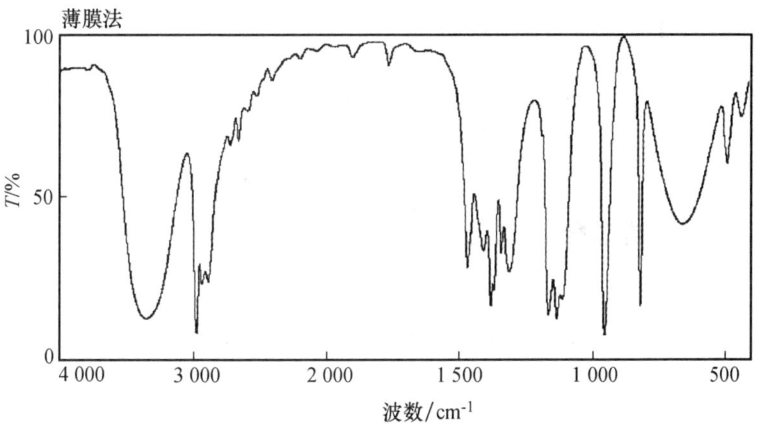

图 3-24 异丙醇的红外光谱

【注释】

[1]滴加稀硫酸时一定要控制速度，不能太快，以防止反应过于剧烈，混合物从反应瓶中喷出。

[2]接收瓶要事先放在冷水中。

【思考题】

1. 若以异丙醇为原料催化脱氢，能否生成丙酮？
2. 在本实验中，应该以哪一种原料为标准计算丙酮的产率？

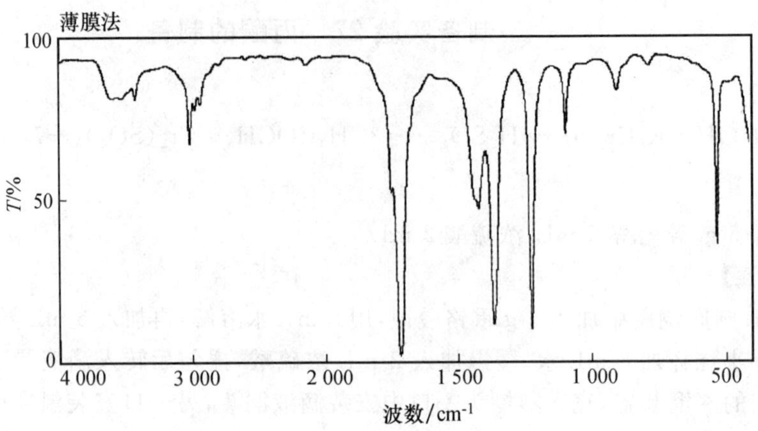

图 3-25 丙酮的红外光谱

制备实验 28 己二酸的制备

【反应式】

$$\text{(环己醇, OH)} \xrightarrow[\text{H}^+\text{或 OH}^-]{KMnO_4} \text{(环己酮, O)} \xrightarrow[\text{H}^+\text{或 OH}^-]{KMnO_4} HO\overset{O}{\overset{\|}{C}}(CH_2)_4\overset{O}{\overset{\|}{C}}OH$$

方法一:用酸性高锰酸钾氧化

【试剂】

环己醇 1 mL(0.01 mol),0.5 mol/L H_2SO_4 25 mL,$KMnO_4$ 5 g(0.03 mol),固体亚硫酸氢钠。

【实验步骤】

向 100 mL 烧杯中分别加入 25 mL 0.5 mol/L 硫酸和 5 g $KMnO_4$,并预热至 40℃。在搅拌下滴加 1 mL 环己醇[1],反应物温度控制在 43～47℃。当醇滴加完毕而且反应温度降到 43℃时,将烧杯用沸水浴加热几分钟使 MnO_2 凝聚。在一张平整的滤纸上点一小滴混合物,以检验反应是否完成[2]。

吸滤此热溶液,缓缓地加热滤液,浓缩至 5 mL 左右。将混合物放入冰浴中冷却直到结晶完全。吸滤固体并用少量冰水洗涤。将己二酸干燥,称重,计算产率。

方法二:用高锰酸钾和碱性催化剂氧化

【试剂】

环己醇 1 mL(0.01 mol),高锰酸钾 5 g(0.03 mol),0.3 mol/L 氢氧化钠 25 mL,固体亚硫酸氢钠,浓盐酸。

【实验步骤】

向 100 mL 烧杯中加入 25 mL 0.3 mol/L NaOH,搅拌下加入 5 g $KMnO_4$。把反应物

预热至 40℃，滴加 1 mL 环己醇[1]，维持反应温度为 43～47℃。当醇滴加完毕而且反应温度降至 43℃左右时，在沸水浴中将混合物加热几分钟使 MnO_2 凝聚。在一张平整的滤纸上点一小滴混合物，以检验反应是否完成[2]。

趁热吸滤。将滤液冷却，用 2 mL 浓盐酸酸化。小心地加热，将溶液浓缩至 5 mL 左右。冷却，吸滤，用少量冷水洗涤。将己二酸干燥，称重，并计算其产率。

己二酸的红外光谱见图 3-26。

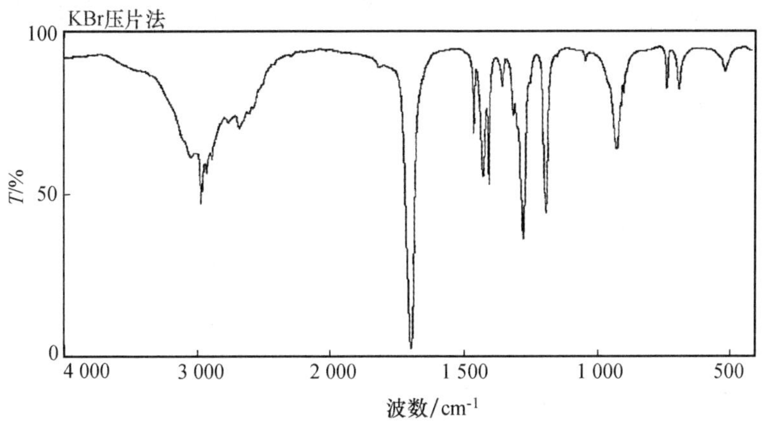

图 3-26　己二酸的红外光谱

【注释】

[1]反应放热，滴加速度要慢。此时应该撤去热源，预备一个冷水浴准备冷却。

[2]如果观察到试剂的紫色存在，利用少量固体亚硫酸氢钠去除过量的高锰酸盐。

【思考题】

1. 做本实验时，为什么必须严格控制滴加环己醇的速度和反应混合物的温度？

2. 写出反应的平衡方程式。根据方程式计算己二酸的理论产量。

制备实验 29　外消旋樟脑的制备

【反应式】　异龙脑或龙脑经氧化均可得到樟脑：

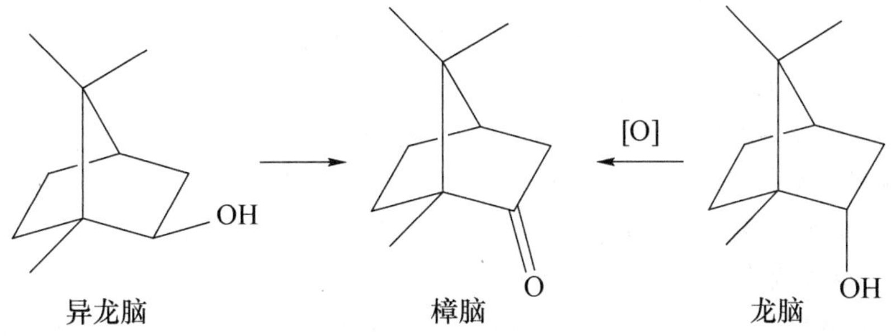

【试剂】

异龙脑 1 g(0.006 5 mol)，铬酐 0.5 g(0.005 mol)，冰醋酸，乙醚，饱和碳酸氢钠溶液，无水碳酸钠。

【实验步骤】

向一适当大小的试管中分别加入 1 g 外消旋异龙脑及 5 mL 冰醋酸混合至全溶，放在冰浴中冷却。另外将 0.5 g 铬酐(CrO_3，深红色结晶，易溶于水、硫酸)溶于 2 mL 水及 3 mL 冰醋酸配成的溶液，用毛细滴管在 5 min 内滴入异龙脑-冰醋酸溶液中，充分混合。将试管浸入 20～23℃水浴中放置 10 min。混合液用 30 mL 水稀释，所得绿色(Cr^{3+})溶液用乙醚萃取 3 次(每次 5 mL)。合并乙醚萃取液，用饱和 $NaHCO_3$ 水溶液洗涤 3 次(每次 5 mL)，再用无水 Na_2CO_3 干燥，振荡至不呈绿色为止。将干燥过的乙醚溶液移入一干燥结晶管中，通入干燥空气使乙醚慢慢蒸干，得到 mp 176～178℃的樟脑。

樟脑有右旋樟脑、左旋樟脑及外消旋樟脑三种。

(1)右旋樟脑为无色易升华晶体，mp 176～178℃，$[\alpha]_D^{25}$ +44.1(10%乙醇)，微溶于水，易溶于有机溶剂。

(2)左旋樟脑为无色易升华晶体，mp 178.6℃，$[\alpha]_D^{25}$ −44.2(10%乙醇)。

(3)外消旋樟脑为白色易升华结晶，mp 178.8℃(工业品 175～177℃)，微溶于水，易溶于乙醇、乙醚、苯、氯仿等。

3.14 重氮化及重氮盐的反应

重氮盐通常是用伯芳胺在过量无机酸(常用盐酸)的水溶液中与亚硝酸钠在低温作用下而制得：

$$ArNH_2 + NaNO_2 + 2HX \xrightarrow[\text{过量的 HX}]{\text{低温}} ArN^+X^- + 2H_2O + NaX$$

在制备重氮盐时，应注意以下几个问题：

(1)严格控制在低温。重氮化反应是一个放热反应，同时大多数重氮盐极不稳定，在室温时易分解，所以重氮化反应一般都保持在 0～5℃进行。但芳环上有强的间位取代基的伯芳胺，如间硝基苯胺，其重氮盐比较稳定，往往可以在较高的温度下进行重氮化反应。

(2)反应介质要有足够的酸度。重氮盐在强酸性溶液中不太活泼；过量的酸能避免副产物重氮氨基化合物等的生成。通常使用的酸量要比理论量多 25%左右。

(3)避免过量的亚硝酸。过量的亚硝酸会促进重氮盐的分解，会很容易和进行下一步反应所加入的化合物(如叔芳胺)起作用，还会使反应终点难于检验。加入适量的亚硝酸钠溶液后，要及时用碘化钾淀粉试纸检验反应终点。过量的亚硝酸可以加入尿素除去。

(4)反应时应不断搅拌。反应要均匀地进行，避免局部过热，以减少副产物。

制得的重氮盐水溶液不宜放置过久，要及时地用于下一步的合成中。

最常见的重氮盐的化学反应有下列两种类型：

(1)作用时放出氮气的反应。在不同的条件下，重氮基能被氢原子、羟基、氰基、卤原子等所置换，同时放出氮气。例如，桑德迈耳(Sandmeyer)反应：

$$ArN_2^+Cl^- \xrightarrow[\text{过量浓 } H_2SO_4]{CuCl} ArCl + N_2$$

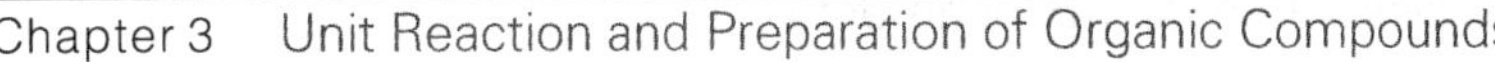

在实际操作中,往往将新制备的、冷的重氮盐溶液慢慢地加到冷的卤化亚铜浓氢卤酸溶液中去,先生成深红色悬浮的复盐。然后缓缓加热,使复盐分解,放出氮气,生成卤代芳烃。

(2)作用时保留氮的反应,其中最重要的是偶合反应。例如重氮盐与酚或叔芳胺在低温时作用,生成具有 Ar—N ═N—Ar′结构的稳定的有色偶氮化合物。重氮盐与酚的偶合,一般在碱性溶液中进行,而重氮盐与叔芳胺的偶合,一般在中性或弱酸性溶液中进行。偶合反应也要控制在较低的温度下进行,要不断地搅拌,还要控制反应介质的酸碱度。

制备实验 30　邻氯苯甲酸的制备——取代反应

【反应式】

$$o\text{-}HOOC\text{-}C_6H_4\text{-}NH_2 + 2HCl + NaNO_2 \xrightarrow{0\sim5℃} o\text{-}HOOC\text{-}C_6H_4\text{-}\overset{+}{N}\equiv N\overset{-}{Cl} + NaCl + 2H_2O$$

$$2CuSO_4 + 2NaCl + 2NaHSO_3 + 2NaOH \longrightarrow$$
$$2CuCl\downarrow + Na_2SO_4 + Na_2SO_3 + 2NaHSO_4 + H_2O$$

$$[o\text{-}HOOC\text{-}C_6H_4\text{-}\overset{+}{N}\equiv N]Cl^- \xrightarrow[HCl]{CuCl} o\text{-}HOOC\text{-}C_6H_4\text{-}Cl + N_2\uparrow$$

【试剂】

邻氨基苯甲酸 2 g(0.014 6 mol),亚硝酸钠 1.2 g(0.017 4 mol),结晶硫酸铜($CuSO_4\cdot5H_2O$)4 g(0.016 mol),氯化钠 1.5 g(0.026 mol),氢氧化钠 0.8 g(0.02 mol),浓盐酸,乙醇。

【实验步骤】

向 50 mL 锥形瓶中分别加入 2 g 邻氨基苯甲酸及 8 mL 稀盐酸(1∶1),加热使之溶解,用冰盐冷却至 0～5℃(此时会有晶体重新析出。在重氮化反应时,要等固体全部消失了再检验终点)。在不断摇荡下,往锥形瓶里先快后慢地滴加冷的亚硝酸钠溶液(1.2 g 亚硝酸钠溶解于 10 mL 水)。用碘化钾淀粉试纸检验重氮化反应的终点,当反应液滴在试纸上立即出现蓝色时,表示反应已到终点[1],制成的重氮盐溶液置于冰水浴中备用。

向 30 mL 圆底烧瓶中放入 4 g 结晶硫酸铜、1.5 g 氯化钠及 15 mL H_2O,加热使之溶解。趁热(60～70℃)在摇荡下加入由 1 g 亚硫酸氢钠、0.8 g 氢氧化钠和 8 mL H_2O 配制的溶液。反应液由蓝绿色渐变为浅绿色(或无色),并析出白色氯化亚铜沉淀。把反应混合物置于冰浴中冷却。用倾泻法除去上层浅绿色溶液,再用水洗涤两次。减压过滤,挤压去水分,得到白色氯化亚铜沉淀。把氯化亚铜溶于 6 mL 冷的浓盐酸中,塞紧瓶塞,置于冰水浴中备用。

在振荡下将冷的氯化亚铜的盐酸溶液慢慢加到冷的重氮盐溶液里[2],反应明显地进行并产生泡沫(如加入过快会有大量泡沫产生,有可能溢出瓶外)。加完后,反应物静置 2～3 h,间歇振荡。减压过滤析出的邻氯苯甲酸。用少量水洗涤,挤压去水分,晾干。

粗产品用热水(含少量乙醇)进行重结晶。得无色针状晶体,mp 138~139℃。

纯邻氯苯甲酸为无色针状晶体,mp 140.2℃。

【注释】

[1]在接近重氮化反应终点时,邻氨基苯甲酸与亚硝酸的反应稍慢,因此有必要在滴加亚硝酸钠溶液后搅拌 2 min 再进行终点试验。

[2]也可将冷的重氮盐溶液加到冷的氯化亚铜盐酸溶液中。

【思考题】

1. 在制备重氮盐时,为什么要等固体全部消失了再检验重氮化反应的终点?
2. 如果在重氮化操作中加入了过多的亚硝酸钠,应做何处理?
3. 如何用邻氨基苯甲酸制备邻碘苯甲酸?

制备实验 31　甲基橙的制备——偶合反应

【反应原理】

甲基橙是指示剂。它是由对氨基苯磺酸重氮盐与 *N*,*N*-二甲基苯胺的醋酸盐在弱酸性介质中偶合得到的。偶合首先得到的是嫩红色的酸式甲基橙,称为酸性黄。在碱性中酸性黄转变为橙黄色的钠盐,即甲基橙。

【反应式】

$$NH_2-C_6H_4-SO_3H + NaOH \longrightarrow NH_2-C_6H_4-SO_3Na + H_2O \xrightarrow[HCl]{NaNO_2}$$

$$\left[SO_3H-C_6H_4-\overset{+}{N}\equiv N\right]Cl^- \xrightarrow[HAc]{C_6H_5N(CH_3)_2}$$

$$\left[HSO_3-C_6H_4-N=N-C_6H_4-NH(CH_3)_2\right]^+ Ac \xrightarrow{NaOH}$$

$$NaO_3S-C_6H_4-N=N-C_6H_4-N(CH_3)_2 + NaAc + H_2O$$

【试剂】

对氨基苯磺酸 1.0 g,亚硝酸钠 0.4 g,5% NaOH,浓盐酸,*N*,*N*-二甲基苯胺 0.7 mL,冰醋酸,10% NaOH,饱和食盐水,乙醇,乙醚。

【实验步骤】

向 50 mL 烧杯中分别加入 5 mL 5%氢氧化钠溶液及 1 g 对氨基苯磺酸晶体,温热使之溶解[1],冷却至室温。另溶解亚硝酸钠 0.4 g 于 3 mL 水中,加入上述烧杯中,用冰盐浴冷却至 0~5℃。在不断搅拌下,将 1.5 mL 浓盐酸与 5 mL 水配成的溶液缓缓滴加到上述混合溶液中[2],并控制温度在 5℃以下。为了保证反应完全,继续在冰浴中放置 15 min[3]。

向一试管中加入 0.7 mL *N*,*N*-二甲基苯胺和 0.5 mL 冰醋酸,振荡使之混合。在搅拌下将此溶液慢慢加到上述冷却的对氨基苯磺酸重氮盐溶液中。加完后,继续搅拌 10 min,此时有红色的酸性黄沉淀生成。然后,在搅拌下慢慢加入 12 mL 10%氢氧化钠溶液,反应物变为橙色。粗制的甲基橙呈细粒状沉淀析出[4]。

在沸水浴上将反应物加热 5 min。冷至室温后，再在冰水浴中冷却。待甲基橙全部析出，抽滤、收集结晶，依次用少量饱和食盐水、乙醇、乙醚洗涤，最后用玻璃钉压干。

若要得到较纯产品，可用溶有少量氢氧化钠(约 0.1 g)的沸水(每克粗产物约需 25 mL)进行重结晶。待结晶析出完全后，抽滤、收集。沉淀依次用少量乙醇、乙醚洗涤[5]。得到橙色的小叶片状甲基橙结晶，产量约 1.2 g。

溶解少许甲基橙于水中，加几滴稀盐酸溶液，接着用稀的氢氧化钠溶液中和。观察颜色变化。

甲基橙的红外光谱见图 3-27。

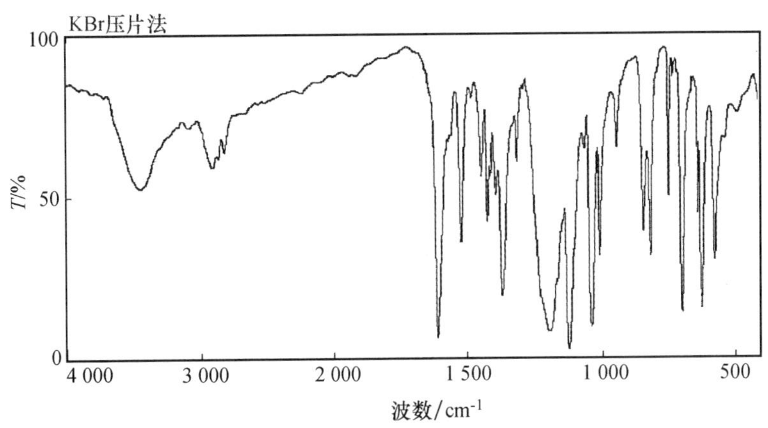

图 3-27　甲基橙的红外光谱

【注释】

[1]对氨基苯磺酸是两性化合物，其酸性比碱性强，以酸性内盐存在。它能与碱作用成盐而不能与酸作用成盐，所以不溶于酸。但是重氮化反应又要在酸性溶液中进行，所以在进行重氮化反应时，首先将对氨基苯磺酸与碱作用，变成水溶性较大的对氨基苯磺酸钠。

[2]反应终点应用碘化钾淀粉试纸检验。若试纸不显蓝色，尚需补加亚硝酸钠溶液。若亚硝酸过量，应加入少量尿素除去过多的亚硝酸，因为亚硝酸能起氧化和亚硝基化作用。亚硝酸的用量过多会引起一系列副反应。

[3]在此时往往析出对氨基苯磺酸的重氮盐。这是因为重氮盐在水中可以电离，形成中性内盐(SO_3^-—⟨苯环⟩—$N^+\equiv N$)在低温时难溶于水从而形成细小晶体析出。

[4]若反应物中含有未作用的 *N*,*N*-二甲基苯胺醋酸盐，在加入氢氧化钠后，就会有难溶于水的 *N*,*N*-二甲基苯胺析出，影响产物的纯度。湿的甲基橙在空气中受光的照射后，颜色很快变深，所以一般得紫红色粗产物。

[5]重结晶操作应迅速，否则由于产物呈碱性，在温度高时易变质，颜色变深。用乙醇、乙醚洗涤的目的是使其迅速干燥。

【思考题】

1. 什么叫偶合反应？试结合本实验讨论一下偶合反应的条件。
2. 在实验中，制备重氮盐时为什么要把对氨基苯磺酸变成钠盐？
3. 在本实验中，重氮盐的制备为什么要控制在0～5℃中进行？
4. 在制备的重氮盐中若加入氯化亚铜将出现什么结果？
5. *N*，*N*-二甲基苯胺与重氮盐偶合为什么总是在氨基的对位上发生？

3.15 缩合反应

制备实验32 乙酰乙酸乙酯的制备——Claisen缩合

【反应原理】

含有α-氢的酯在金属钠（或醇钠）的作用下发生缩合，失去一分子醇，得到β-羰基酸酯，这个反应就是Claisen酯缩合反应。乙酰乙酸乙酯就是通过这个反应来制备的。本实验所用缩合剂是金属钠，它可以与残留在乙酸乙酯中的乙醇作用生成乙醇钠。乙酰乙酸乙酯的生成历程是：

$$CH_3COOC_2H_5 \xrightarrow{NaOC_2H_5} {}^{-}CH_2COOC_2H_5$$

$$CH_3COOC_2H_5 + {}^{-}CH_2COOC_2H_5 \rightleftharpoons CH_3\overset{\overset{\large O^-}{|}}{\underset{\underset{\large OC_2H_5}{|}}{C}}CH_2COOC_2H_5 \rightleftharpoons$$

$$CH_3COCH_2COOC_2H_5 + {}^{-}OC_2H_5$$

由于生成的乙酰乙酸乙酯分子中亚甲基上的氢非常活泼，能与醇钠作用生成稳定的钠盐，故使平衡向生成乙酰乙酸乙酯的钠盐方向移动。

$$CH_3COCH_2COOC_2H_5 + NaOC_2H_5 \rightleftharpoons Na^+[CH_3COCHCOOC_2H_5]^- + C_2H_5OH$$

最后乙酰乙酸乙酯的钠盐与醋酸作用，生成乙酰乙酸乙酯。

$$Na^+[CH_3COCHCOOC_2H_5]^- + CH_3COOH \longrightarrow CH_3COCH_2COOC_2H_5 + CH_3COONa$$

乙酰乙酸乙酯是酮式和烯醇式互变异构体的混合物，室温时，酮式占93%，烯醇式占7%。

$$CH_3—\overset{\overset{\large O}{\|}}{C}—CH_2COOC_2H_5 \rightleftharpoons H_3C—\overset{\overset{\large OH}{|}}{C}=CHCOOC_2H_5$$

【试剂】

乙酸乙酯5 mL(0.051 mol)，金属钠0.5 g(0.022 mol)，50%醋酸，饱和食盐水，无水硫酸钠，二甲苯。

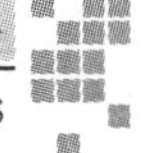

【实验步骤】

向 25 mL 圆底烧瓶中分别加入 0.5 g 金属钠和 2.5 mL 二甲苯，装上回流冷凝管，对圆底烧瓶进行加热，使钠熔融。拆去冷凝管，将圆底烧瓶塞紧，用力来回振荡，得细粒状钠珠。稍放置，钠珠沉底。倾出二甲苯，迅速加 5 mL 乙酸乙酯[1]，重新安装回流冷凝管，并在其顶装一氯化钙干燥管。

反应立即开始，并有气泡逸出。待反应剧烈过后，缓慢加热，保持微沸，直到所有的金属钠全部作用完[2]。冷却，振摇下加约 3 mL 50%醋酸，使溶液呈弱酸性[3]。反应物由橘红色透明液变为析出黄色晶体，随后大部分晶体溶解。

用等体积饱和食盐水洗涤上述溶液。分出的酯层用无水硫酸钠干燥。干燥后将酯滤入 25 mL 圆底烧瓶，用 2 mL 乙酸乙酯洗两次干燥剂，一并转入圆底烧瓶。蒸除乙酸乙酯之后，进行减压蒸馏[4]，截取某一真空度下的相应馏分即为产品。称重，计算产率[5]。

纯乙酰乙酸乙酯为无色液体，bp 180.4℃（同时分解），d_4^{20} 1.028，不同压力下的沸点见表 3-4，n_D^{20} 1.419，溶于水（14.3 g/100 g）。

表 3-4 乙酰乙酸乙酯的沸点与压力的关系

p/kPa	101.3	8.00	5.33	4.00	2.67	2.40	1.87	1.60
bp/℃	180.4	97	92	88	82	78	74	71

乙酰乙酸乙酯的红外光谱见图 3-28。

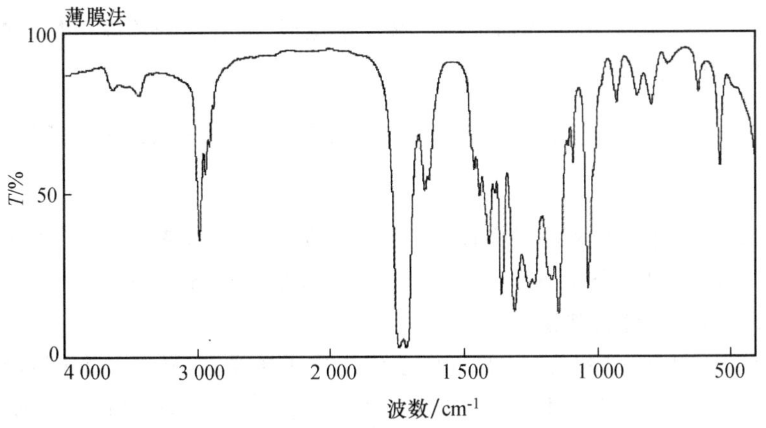

图 3-28 乙酰乙酸乙酯的红外光谱

【注释】

[1]反应需要绝对干燥。乙酸乙酯中含水或较多的醇（应含 1%～2%的醇），都会使产量显著降低。乙酸乙酯的精制：在分液漏斗中将普通乙酸乙酯与等体积饱和氯化钙溶液混合，剧烈振荡，洗去其中所含的部分乙醇。如此洗 2～3 次，用高温熔烧过的无水碳酸钾干燥，然后进行蒸馏，截取 76～78℃的馏分。

[2]一般要求金属钠全部消耗掉，但极少量未反应的金属钠并不妨碍进一步的操作。

[3]由于乙酰乙酸乙酯中亚甲基上的氢活性很强（pK_a=11），相应酸性比醇大，在醇钠

存在下，乙酰乙酸乙酯以钠盐的形式存在：

$$CH_3COCH_2COOC_2H_5 + NaOC_2H_5 \rightleftharpoons Na^+[CH_3COCHCOOC_2H_5]^- + C_2H_5OH$$

因此，反应结束时，饱和的乙酰乙酸乙酯钠盐可能会从橘红色溶液中析出少量淡黄色沉淀。

当加 50%醋酸时，开始由于乙酰乙酸乙酯的钠盐溶解度减小，大量析出，随着醋酸的加入，乙酰乙酸乙酯的钠盐逐步转化为乙酰乙酸乙酯，结晶溶解。

此步要注意避免加入过量的醋酸，否则会增大酯在水层的溶解度而降低产率。同时酸度过大，会促进副产物“去水乙酸”的生成，也降低产品的产率。“去水乙酸”的生成过程如下：

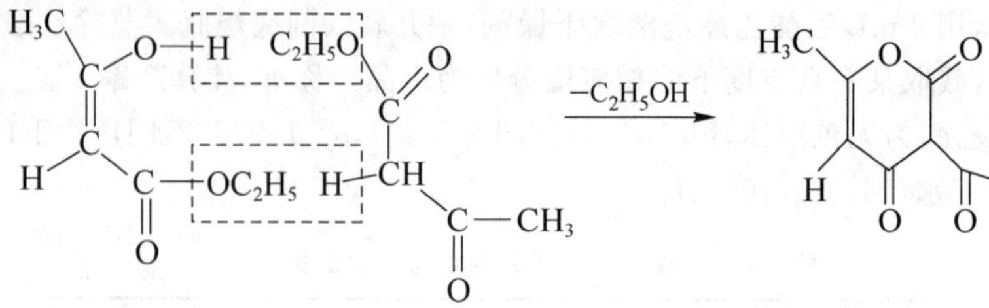

$$H_3C\text{—}C(\text{—}O\text{—}H)=CH\text{—}C(=O)\text{—}OC_2H_5 \;+\; C_2H_5O\text{—}C(=O)\text{—}CH_2\text{—}C(=O)\text{—}CH_3 \xrightarrow{-C_2H_5OH} \text{(去水乙酸)}$$

［4］乙酰乙酸乙酯在常压蒸馏时很容易分解，其分解物为“去水乙酸”。故应用减压蒸馏的方法，根据沸点与压力的关系，截取一定真空度下沸点前后 2～3℃的馏分。

［5］酯的产率用金属钠的量来计算。要注意：本实验从头至尾尽可能在 1～2 天内完成，任何两步操作之间的时间间隔太长都会促进“去水乙酸”的生成。“去水乙酸”通常溶解于酯内，随着过量的乙酸乙酯蒸出。特别是最后减压蒸馏时，随着部分乙酰乙酸乙酯的蒸出，“去水乙酸”就呈棕黄色固体析出。

制备实验 33　肉桂酸的制备——Perkin 反应

【反应原理】

芳香醛和酸酐在相同羧酸的碱金属盐存在下，发生类似醇醛缩合的反应得到 α,β-不饱和芳香酸。这个反应用于合成肉桂酸及其同系物，称为 Perkin 反应（珀金反应）。它是酸碱催化醇醛缩合反应的一种特殊情况。

Perkin 反应历程是：羧酸盐(1)的负离子作为质子接受者，转变为酸(2)，同时生成一个酸酐的负离子(3)，然后和醛发生亲核加成，生成中间产物 β-羟基酸酐(4)。质子受体酸(2)作为脱水的催化剂，使中间产物 β-羟基酸酐再脱水和水解得到不饱和酸(5)，同时再生成第一步所需要的催化剂负离子。

$$\underset{(1)}{(CH_3CO)_2O + CH_3COOK} \rightleftharpoons \underset{(3)}{\left[{}^-CH_2COCCH_3\right]K^+} + \underset{(2)}{CH_3COOH}$$

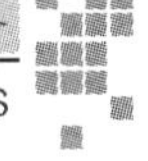

$$\text{CHO} + {}^{-}\text{CH}_2\overset{\text{O}}{\overset{\|}{\text{C}}}\text{O}\overset{\text{O}}{\overset{\|}{\text{C}}}\text{CH}_3 \longrightarrow \overset{\text{O}^-}{\overset{|}{\text{C}}}\text{HCH}_2\overset{\text{O}}{\overset{\|}{\text{C}}}\text{O}\overset{\text{O}}{\overset{\|}{\text{C}}}\text{CH}_3 \xrightarrow{\text{CH}_3\text{COOH}}$$

$$\overset{\text{OH}}{\overset{|}{\text{C}}}\text{HCH}_2\overset{\text{O}}{\overset{\|}{\text{C}}}\text{O}\overset{\text{O}}{\overset{\|}{\text{C}}}\text{CH}_3\ (4) \xrightarrow{-\text{H}_2\text{O}} \text{CH}{=}\text{CH}\overset{\text{O}}{\overset{\|}{\text{C}}}\text{O}\overset{\text{O}}{\overset{\|}{\text{C}}}\text{CH}_3\ (5) \xrightarrow{\text{水解}}$$

$$\text{CH}{=}\text{CHCOOH} + \text{CH}_3\text{COO}^-$$

【反应式】

$$C_6H_5CHO+(CH_3CO)_2O \xrightarrow[140\sim180℃]{CH_3COOK} C_6H_5CH{=}CHCOOH+CH_3COOH$$

【试剂】

苯甲酸 4 mL(0.039 mol)，醋酸酐 5 mL(0.053 mol)，无水醋酸钾，碳酸钠固体，活性炭，浓盐酸。

【实验步骤】

向装有空气冷凝管及温度计的 50 mL 三口瓶中，加入新熔融过并研细的无水醋酸钾 2 g[1]。新蒸过的醋酸酐 5 mL 及新蒸过的苯甲醛 4 mL[2]，在 160～180℃回流 1 h[3]。当瓶壁上有固体物质析出时，摇动铁架台，冲洗下去。

反应结束后，稍冷却，加入 5 g 固体碳酸钠[4]和 40 mL 水，使溶液呈弱碱性。改装蒸馏装置，进行水蒸气蒸馏，直至馏出液无油珠为止，蒸除未反应完的苯甲醛。蒸馏烧瓶中的残留液加适量活性炭，煮沸 5 min，热过滤。在搅拌下向热滤液中小心滴加浓盐酸至呈酸性，冷却。待结晶全部析出后，抽滤，用少量冷水洗涤沉淀，干燥，称重。

粗产物可在热水或 3∶1 的稀乙醇中重结晶。

纯净的肉桂酸为无色单斜晶体，此法合成的产品通常为反式异构体，mp 133℃。溶解度：25℃，0.1 g/100 g H_2O；98℃，0.6 g/100 g H_2O。

肉桂酸的红外光谱见图 3-29。

【注释】

[1]本实验需在干燥条件下进行。需新鲜熔融的无水醋酸钾：将含水醋酸钾放入蒸发皿中加热，盐先在自己的结晶水中溶解，水分挥发后又结成固体。强热使固体再熔化，并不断搅拌，使水分散发后，趁热倒在金属板上。冷后用研钵研碎，放入干燥器中待用。

[2]醋酸酐放久了因吸收潮气而水解转变为乙酸，故在实验前需重新蒸馏。苯甲醛放久了会氧化生成苯甲酸。这不但影响反应进行，而且苯甲酸混入产品中不易除干净，将影响产品质量。故苯甲醛应事先蒸馏，取 178～180℃馏分进行反应。

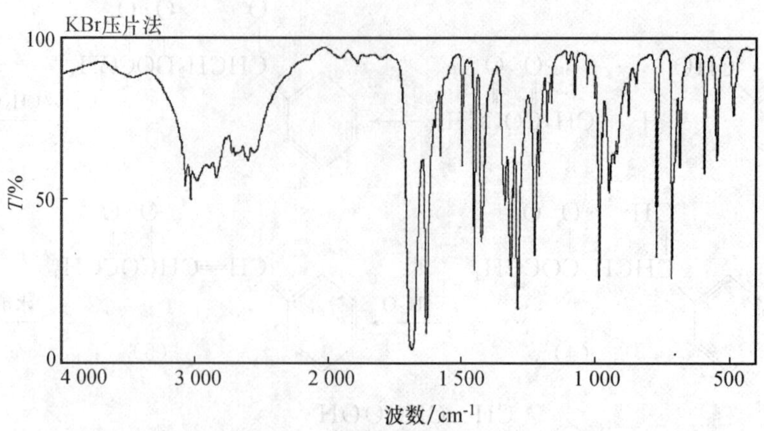

图 3-29　肉桂酸的红外光谱

[3]加热速度不能过快，否则乙酐会挥发损失。

[4]乙酸的存在使苯甲醛在水中的溶解度增大，不能很好地除去。这时不能用氢氧化钠，否则未反应的苯甲酸可能在加热条件下发生 Cannizzaro 反应，生成影响产品质量的苯甲酸。

【思考题】

1. 甲醛分别同丙二酸二乙酯、过量丙酮或乙醛相互作用能得到什么产物？从这些产物中如何得到肉桂酸？

2. 甲醛和丙酸酐在无水丙酸钾的作用下能得到什么产物？

3. 本实验中水蒸气蒸馏前若用氢氧化钠代替碳酸钠碱化有什么不好？

4. 水蒸气蒸馏目的何在？此步可否省掉？

制备实验 34　8-羟基喹啉的制备——Skraup 反应

【反应原理】

芳香胺与无水甘油、浓硫酸和弱氧化剂，如硝基苯、间硝基苯磺酸或砷酸等一起加热可得喹啉及其衍生物，这一反应称为 Skraup 反应。加入少量硫酸亚铁或硼酸可以控制反应程度。其中浓硫酸的作用是使甘油脱水成丙烯醛，并使芳胺与丙烯醛的加成产物脱水成环。硝基苯等弱氧化剂将环化产物氧化成喹啉或其衍生物。硝基苯本身则被还原成苯胺等继续参加缩合反应。

【反应式】

$$\underset{\text{OH}}{\underset{|}{\text{CH}_2}}\underset{\text{OH}}{\underset{|}{\text{CH}}}\underset{\text{OH}}{\underset{|}{\text{CH}_2}} \xrightarrow[-2H_2O]{H_2SO_4} H_2C{=}CHCHO$$

$$\text{R-C}_6\text{H}_4\text{-NH}_2 + \text{CH}_2\text{=CH-CHO} \longrightarrow \text{R-C}_6\text{H}_4\text{-NH-CH}_2\text{-CH=CH-OH} \xrightarrow[-2H_2O]{H_2SO_4}$$

$$\text{(R-1,2-二氢喹啉)} \xrightarrow{\text{R-C}_6\text{H}_4\text{-NO}_2} \text{(R-喹啉)}$$

【试剂】

无水甘油 4 mL(5.04 g,0.055 mol),邻硝基苯酚 1 g(0.007 mol),邻氨基苯酚 1.5 g(0.014 mol),浓硫酸,氢氧化钠,饱和碳酸钠溶液,乙醇。

【实验步骤】

向 50 mL 圆底烧瓶中分别加入无水甘油[1]4 mL、邻硝基苯酚 1 g、邻氨基苯酚 1.5 g,剧烈振荡,使混合均匀。在不断振荡下滴加 2.5 mL 浓 H_2SO_4(若瓶内温度较高,可于冷水浴上冷却)。装上回流冷凝管,用电热套缓慢加热。当溶液微沸时,立即移去热源[2]。反应大量放热。待反应缓和后,继续加热,保持反应物微沸 2 h。

稍冷后,进行水蒸气蒸馏,除去未反应的邻硝基苯酚。瓶内液体冷却后,慢慢加入 1∶1 质量比的氢氧化钠溶液中和接近中性,再用饱和碳酸钠溶液中和使溶液呈中性[3]。再一次进行水蒸气蒸馏,蒸出 8-羟基喹啉[4]。馏出液充分冷却后,抽滤,洗涤,干燥,得粗产品。粗产物用 4∶1 体积比的乙醇-水混合溶剂约 5 mL 重结晶,得 8-羟基喹啉。称重,计算产率[5]。

纯 8-羟基喹啉为无色针状晶体,mp 76℃。

【注释】

[1]所用甘油含水量不应超过 0.5%,含水量大会影响产率。可将普通甘油置于蒸发皿中加热至 180℃,冷至 100℃左右,放入盛有浓硫酸的干燥器中备用。常温下甘油为黏稠液体,应用加量法直接用反应瓶称取。

[2]反应为放热反应,溶液呈微沸时,表示反应已经开始,如继续加热,则反应过于剧烈,溶液会冲出容器。

[3]8-羟基喹啉既溶于碱又溶于酸而成盐,成盐后就不被水蒸气蒸馏蒸出。为此必须小心中和,严格控制 pH 在 7～8。当中和恰当时,瓶内析出的 8-羟基喹啉的沉淀最多。为此,可先用氢氧化钠溶液中和接近中性,再用饱和碳酸钠溶液中和至中性。

[4]为确保产物蒸出,在水蒸气蒸馏后,对蒸馏残液的 pH 再进行一次检查,必要时再调节 pH 至中性,继续进行水蒸气蒸馏。

[5]反应的产率以邻氨基苯酚计算,不考虑邻硝基苯酚还原后参与反应的量。

【思考题】

1. 为什么第一次水蒸气蒸馏在酸性条件下进行，而第二次又要在中性条件下进行?

2. 为什么在第二次水蒸气蒸馏时，一定要很好地控制溶液 pH? 碱性过强有何不利? 若已发现碱性过强，应如何补救?

3. 如果用对甲基苯胺作原料进行 Skraup 反应，能得到什么产物? 应选什么样的硝基化合物?

制备实验 35　双酚 A 的制备

【反应原理】

苯酚与丙酮在催化剂硫酸及助催化剂“591”[1]存在下进行缩合反应，生成双酚 A [2,2-双(4,4′-二羟基苯基)丙烷]。反应过程中以甲苯为分散剂，防止反应生成物结块。

【反应式】

$$2\ C_6H_5OH + CH_3-\overset{O}{\overset{\|}{C}}-CH_3 \xrightarrow[\text{“591”}]{80\%\ H_2SO_4} HO-C_6H_4-\underset{CH_3}{\overset{CH_3}{C}}-C_6H_4-OH + H_2O$$

【试剂】

苯酚 2.64 g(0.028 mol)，丙酮 1 mL(0.014 mol)，“591”[2] 0.1 g，80％硫酸，甲苯，饱和硫代硫酸钠，一氯乙酸，乙醇，30％氢氧化钠。

【实验步骤】

1.“591”助催化剂的制备

向 50 mL 三口瓶中加入 10 mL 乙醇，搅拌下加入 2.5 g 一氯乙酸，室温下溶解后，控制温度在 60℃以下滴加 30％氢氧化钠至 pH 为 7。若 pH<7，继续加碱；若 pH>7，加一氯乙酸调节。加入 1 mL 60℃下的饱和硫代硫酸钠溶液，升温到 75～80℃，有白色固体析出。冷却，过滤，干燥，即得“591”。该物质易溶于水，不能用水洗涤。

2. 双酚 A 的合成

向 50 mL 三口瓶中分别加入 2.64 g 苯酚、5 mL 甲苯、2 mL 80％硫酸以及 0.1 g“591”助催化剂，搅拌下滴加 1 mL 丙酮，控制温度不超过 35℃。滴加完毕，在 35～40℃下搅拌 2 h，反应物逐渐由无色变黄、变橙红最后有黄色固体生成。停止搅拌。产物倒入 10 mL 冷水中，充分冷却，抽滤。用水洗至滤液不显酸性，得黄色双酚 A 粗产品。用甲苯重结晶，1 g 双酚 A 粗产品需 8～10 mL 甲苯。

纯双酚 A 为白色粉末或片状晶体，mp 152～153℃。

【注释】

[1]“591”也可用巯基乙酸代替。80％硫酸也可用四氯化硅代替作为催化剂和脱水剂。

[2]如果不事先制备，“591”也可用硫代硫酸钠和一氯醋酸直接代替：先在三口瓶中加 0.3 g 硫代硫酸钠及 0.1 g 一氯醋酸，混合均匀，然后依次加入苯酚、甲苯、硫酸，最后滴加丙酮。反应时间可相对缩短些，产率稍低。

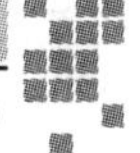

3.16　Diels-Alder 反应(双烯合成)

含有一个活泼双键或三键的烯或炔类与二烯或多烯共轭体系发生 1,4-加成,生成六元环状化合物的反应称为 Diels-Alder 反应(双烯合成)。这个反应极易进行,速度快,产率高,不需要催化剂,所以应用范围极广泛,是合成环状化合物的一个重要方法。

与双烯加成的烯或炔类为亲双烯试剂。重要的亲双烯试剂为含 C═C—C═O 体系的各种衍生物,如顺丁烯二酸酐就是其中之一。

发生双烯加成的二烯化合物包括开链的和脂环的 1,3-二烯以及具有电子离域体系的芳香族化合物(如蒽、呋喃、多取代噻吩等)。

Diels-Alder 双烯合成历程是一个经环状六中心过渡态的一步完成的协同反应。如:

制备实验 36　蒽和马来酐的加成

【反应式】

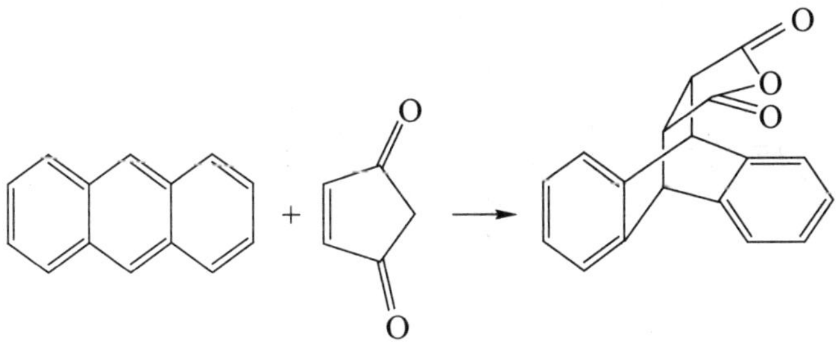

【试剂】

蒽 1 g(0.005 6 mol),马来酸酐 0.55 g(0.005 6 mol),二甲苯 10 mL。

【实验步骤】

向 25 mL 圆底烧瓶中加入 1 g 蒽及 0.55 g 马来酸酐和 10 mL 二甲苯,回流 20 min。将液面边缘上析出的晶体振荡下去,再继续回流 5 min。冷却,抽滤。在真空干燥器内干燥[1],得产品。纯品 mp 262～263℃(分解)。

产品的红外光谱见图 3-30。

【注释】

[1]产物在空气中干燥易吸收水分发生部分水解,同时也影响熔点测定。

【思考题】

蒽和马来酐的加成能否发生在 1,4 位?

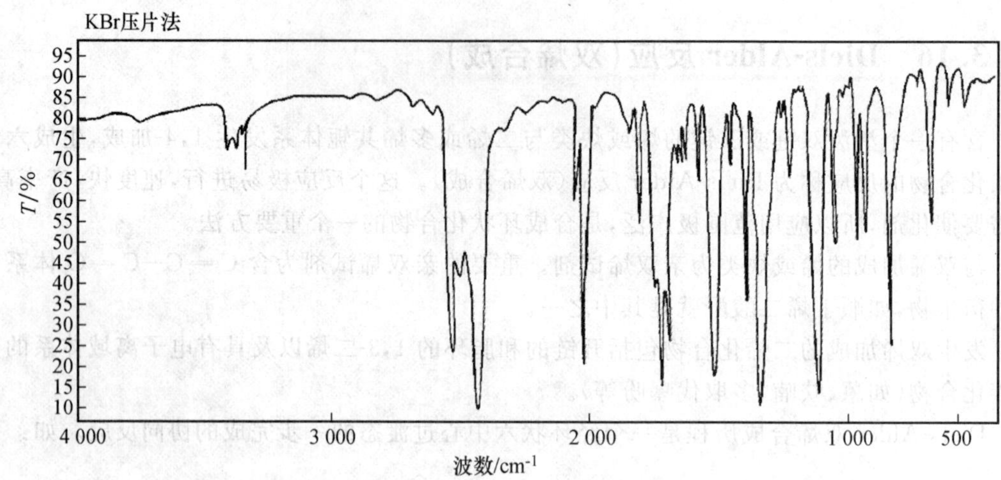

图 3-30　9,10-二氢蒽-9,10-乙内桥-11,12-二甲酸酐的红外光谱

制备实验 37　endo-二氯亚甲基四氯代四氢邻苯二甲酸酐的制备

【反应式】

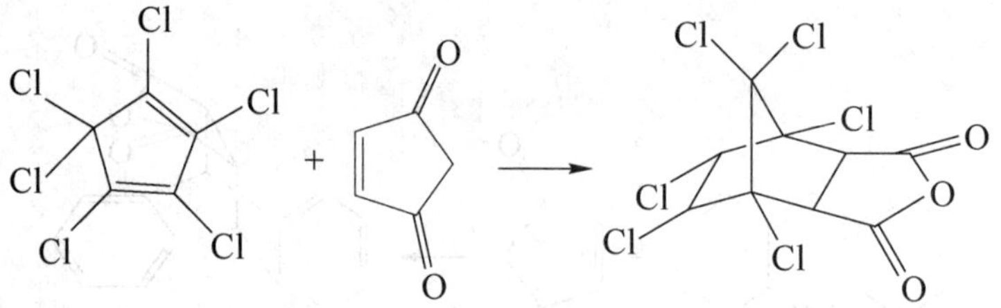

【试剂】

六氯环戊二烯 2 mL(0.012 mol),顺丁烯二酸酐 1.2 g(0.012 mol)。

【实验步骤】

向装有温度计、空气冷凝管及搅拌器的三口瓶中加 2 mL 六氯环戊二烯及 1.2 g 顺丁烯二酸酐,搅拌下加热。顺丁烯二酸酐逐渐熔化,与六氯环戊二烯分成两层。反应放热,温度迅速升高到 160℃。降低加热速度,当温度达到 200℃时,停止加热。此时反应物的颜色已由淡黄色变为棕褐色。

继续搅拌,温度降至 100℃时,反应物开始固化。进行水蒸气蒸馏,尽量回收未反应完的六氯环戊二烯。残留物趁热倒入盛 10 mL 水的烧杯中,剧烈搅拌下加热,使溶液澄清。冷却,结晶,抽滤,水洗,再用水重结晶一次。得淡黄色针状晶体,自然干燥[1]。

纯 endo-二氯亚甲基四氯代四氢邻苯二甲酸酐的相对分子质量为 388.88,为淡黄色针状晶体,mp 236～237℃。

【注释】

[1]也可以在 120～130℃的烘箱内烘干,温度过高,会部分成酐。

【思考题】

1. 此双烯合成按什么机理进行?

2. 如何得到纯净的酸酐?

3.17 碳烯和苯炔的反应

制备实验 38 7,7-二氯双环[4.1.0]庚烷的制备

【反应原理】

碳烯也称卡宾(Carbenes),是一类活泼中间体。最简单的碳烯是亚甲基 $H_2C:$。由于碳烯结构中有两个未共用电子和一个空轨道,因此碳烯表现出亲电子性质,可以和碳—碳双键的 π 电子发生加成反应。

制取碳烯的方法很多,本实验选用其中的一种方法——α-消除法来制取二氯碳烯:

$$CHCl_3 \xrightarrow[-H^+]{OH^-} :\bar{C}Cl_3 \xrightarrow{-Cl^-} :CCl_2$$

由于其中间体 $:\bar{C}Cl_3$ 及 $:CCl_2$ 都能与水发生反应,因此在二氯卡宾引起的反应中,须小心地除去水。如果在相转移催化剂存在下,反应则可以在有水介质的存在下,在有机相中顺利进行。

氯仿、5%氢氧化钠水溶液和环己烯在催化剂季铵盐存在下一起搅拌几分钟,使产生乳浊液。约 30 min 后,完成放热反应。易溶于水的季铵盐与氢氧化钠反应生成不溶于水的季铵碱。

不溶于水的季铵碱可溶于氯仿,在氯仿层与氯仿作用形成仍溶于氯仿的三氯乙基季铵盐。该盐在有机层分解,产生二氯碳烯和易溶于水的季铵盐。二氯碳烯与环己烯直接反应生成产物,而季铵盐则返回水层重新开始此过程。

$$\overset{+}{N}(C_2H_5)_4\overset{-}{O}H + CHCl_3 \longrightarrow \overset{+}{N}(C_2H_5)_4\overset{-}{C}Cl_3 + H_2O$$

$$\overset{+}{N}(C_2H_5)_4\overset{-}{C}Cl_3 \longrightarrow \overset{+}{N}(C_2H_5)_4\overset{-}{Cl} + :CCl_2$$

$$\text{环己烯} + :CCl_2 \longrightarrow \text{7,7-二氯双环[4.1.0]庚烷 (Cl, Cl)}$$

【试剂】

环己烯 2 mL(0.02 mol),氯仿 5 mL(0.06 mol),四乙基溴化铵 0.1 g,50%氢氧化钠溶液 8 mL,乙醚,2 mol/L 盐酸,无水硫酸镁。

【实验步骤】

在 50 mL 三口瓶上安装搅拌器、回流冷凝管及温度计。将新蒸过的环己烯 2 mL、氯仿 5 mL[1]、0.1 g 四乙基溴化铵[2]加入烧瓶,开动搅拌器,在强烈搅拌下滴加 50%氢氧化钠溶液 8 mL[3]。反应物逐渐变为乳浊液,温度缓缓上升到 50~55℃[4],保持此温度 1 h。反应物由灰白色变为棕黄色。在室温下继续搅拌 2.5 h。

加入 10 mL 冰水,用分液漏斗分液。用 5 mL 乙醚萃取水层。萃取液与氯仿层合并。

用 5 mL 2 mol/L 盐酸洗涤，再每次用 5 mL 水洗两次，用无水硫酸镁干燥。

干燥后的溶液蒸除低沸点溶剂后，改用减压蒸馏，收集 79～80℃/2 kPa 的馏分。

纯 7,7-二氯双环[4.1.0]庚烷为无色液体，bp 197～198℃。

【注释】

[1]应当使用无乙醇的氯仿，普通氯仿为防止分解而产生有毒的光气，一般加入少量乙醇作为稳定剂，在使用时必须除去。除去乙醇的方法是用等体积水洗涤氯仿 2～3 次，用无水氯化钙干燥数小时后进行蒸馏。也可用 4A 分子筛浸泡过夜。

[2]也可用其他相转移催化剂，如$(C_2H_5)_4NCl$或$(C_2H_5)_2(C_6H_5CH_2)_2NCl$等。

[3]本实验也可使用固体氢氧化钠，从而避免水的加入，省去相转移催化剂。其过程如下：在 50 mL 三口瓶里加 25 mL 氯仿、3.1 mL(0.03 mol)环己烯和 0.3 g 相对分子质量为 400～600 的聚乙二醇。搅拌均匀后，在冰水浴冷却下，迅速加入 5 g 研细的氢氧化钠。冰水浴下激烈搅拌 2～3 h。过滤除去沉淀物，残渣用乙醚洗 2 次，乙醚与滤液合并。先水浴蒸除乙醚和氯仿，然后减压蒸馏收集产品。

[4]若反应温度不能自行上升到 50～55℃，可在水浴上加热反应物。

【思考题】

1. 相转移催化原理是什么？

2. 为什么要用无乙醇的氯仿？

制备实验 39　三蝶烯的制备

【反应原理】

三蝶烯是由苯炔对蒽的 9,10 位加成形成的笼状环烃：

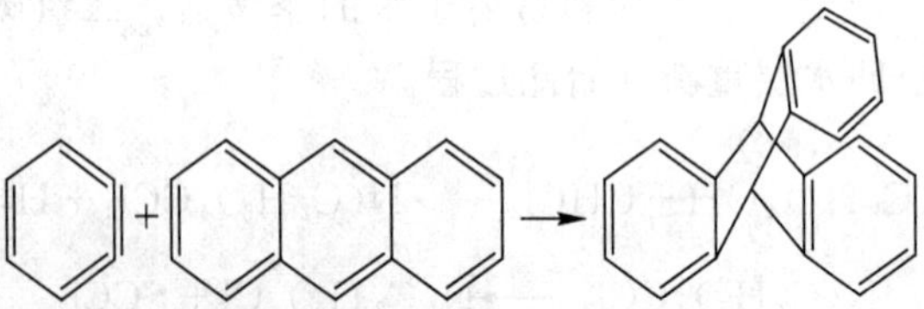

苯炔是一重要的活性中间体，其生成方法很多。本实验通过邻氨基苯甲酸的重氮盐受热分解来制取苯炔。重氮化试剂是亚硝酸异戊酯：

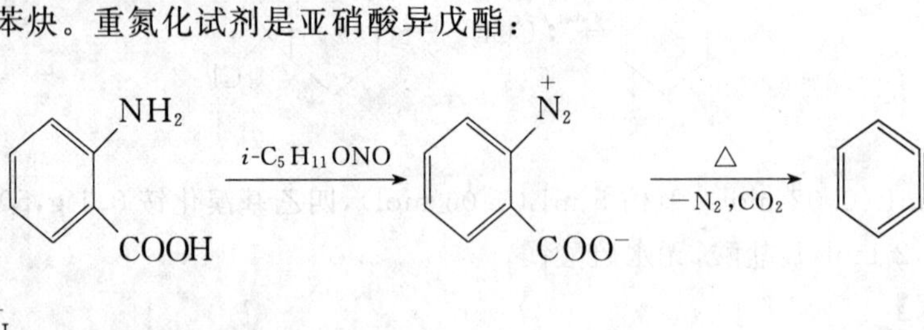

NH₂ → $i\text{-}C_5H_{11}ONO$ → $\overset{+}{N_2}$ … COO^- → △, $-N_2, CO_2$

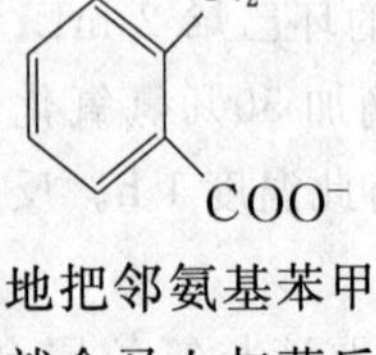

NH_2 / COOH　　$\overset{+}{N_2}$ / COO^-

$\overset{+}{N_2}$ / COO^- 是一个具有爆炸性的两性离子。实验过程中并不将其分离出来，而是慢慢地把邻氨基苯甲酸加到蒽和亚硝酸异戊酯在非质子性溶剂中配成的溶液内，苯炔一旦形成就会马上与蒽反应，这样还会降低苯炔的副反应，苯炔可能发生的副反应是：

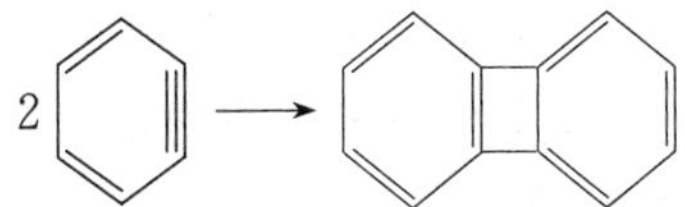

本实验所用的非质子性溶剂可以是低沸点的二氯甲烷(bp 41℃)，但由于反应放热，使用二氯甲烷，反应进行较缓慢，滴加邻氨基苯甲酸的时间较长。也可用较高沸点的 1,2-二甲氧基乙烷(bp 83℃)作溶剂，加快反应速度，缩短反应时间。

【试剂】

蒽 3.6 g(0.02 mol)，亚硝酸异戊酯 1.8 g(0.015 mol)，1,2-二氯乙烷 10 mL，邻氨基苯甲酸 2 g(0.015 mol)，二乙二醇二乙醚 10 mL，顺丁烯二酸酐 2 g，氢氧化钾，甲醇，丁酮，活性炭。

【实验步骤】

向装有搅拌器、回流冷凝管和滴液漏斗的 50 mL 三口瓶中分别加入 3.6 g 蒽和 1.8 g 亚硝酸异戊酯[1]以及 10 mL 1,2-二氯乙烷，滴液漏斗中加入 2 g 邻氨基苯甲酸溶于 10 mL 二乙二醇二乙醚[2]的溶液，水浴加热至反应物回流。移去水浴，开动搅拌器，从滴液漏斗中慢慢地滴加邻氨基苯甲酸的溶液。反应所放出的热量能维持反应物回流。滴加完毕，继续在水浴上回流 15 min。

撤去搅拌器，改成蒸馏装置，加热蒸馏，蒸除 150℃以下的溶剂。稍冷却，将仪器改装成回流装置，加入 2 g 顺丁烯二酸酐[3]，加热回流 10 min。用冰水浴冷却。搅拌下慢慢加入 4 g 氢氧化钾溶于 10 mL 甲醇和 5 mL 水的溶液。将析出的三蝶烯粗产品抽滤。用 4∶1(体积比)甲醇-水溶液洗涤至洗涤液无色。粗产品干燥后产量约为 1.5 g[4]。

三蝶烯粗产品可用丁酮作溶剂进行重结晶。每克三蝶烯约需 10 mL 丁酮。将溶液置于水浴上加热，用少量活性炭脱色。抽滤，将所得滤液浓缩到原体积的 2/3。再加等体积的甲醇，在冰水浴中冷却，抽滤。用少量冷甲醇洗涤，干燥[5]。

纯净的三蝶烯为无色晶体，mp 253～256℃。

【注释】

[1]亚硝酸酯的毒性较大，整个制备应在通风橱中进行。吸入亚硝酸酯的蒸气会使人感到严重头痛及心脏刺激。

[2]溶剂最好用高沸点的极性非质子性溶剂，如没有二乙二醇二乙醚(bp 189℃)，可用三乙二醇二乙醚(bp 222℃)代替，但不能用沸点相应的醇代替。

[3]反应混合物中含有未反应的蒽。蒽与三蝶烯的溶解性相似，难分离。顺丁烯二酸酐与蒽发生双烯合成反应，产物在碱性条件下水解转化为水溶性的钾盐，易与三蝶烯分离。

[4]母液中的三蝶烯可进一步回收。

[5]若精制后三蝶烯熔点范围太宽，说明产物中仍含蒽。应重新与顺丁烯二酸酐反应并提纯。

【思考题】

1. 为什么要慢慢滴加邻氨基苯甲酸的二乙二醇二乙醚溶液？如一次加入，可能会发生什么问题？

2. 在本实验中为什么采用亚硝酸异戊酯作邻氨基苯甲酸的重氮化试剂而不用亚硝酸钠？

3. 实验过程中的简单蒸馏操作是为了除去什么物质？

4. 选择二乙二醇二乙醚作溶剂，是有助于苯炔的生成和分解以及三蝶烯的分离的，试简述其理由。能不能用醇代替？为什么？

5. 为什么加入顺丁烯二酸酐后需加热回流？

6. 如果用呋喃代替蒽进行此反应，产物将是什么？

3.18　天然有机化合物的提取与鉴定

天然产物(natural substances)指的是从天然动植物体内衍生出来的有机化合物。事实上，有机化学本身就是源于对天然产物的研究。19 世纪初，人们还一直认为，只有从生命体内才能产生出有机化合物。因此，当时的有机化学家对天然产物表现出非常浓厚的兴趣就不足为怪了。在那些形形色色的天然产物中，有的可用作染料，有的能用作香料，有的甚至具有神奇的药效，如中药黄连可以治疗痢疾和肠炎，麻黄可以抗哮喘，金鸡纳树皮可医治疟疾，用罂粟制成的鸦片具有镇痛作用。仅就这些具有各种药理活性的天然产物而言，就足以唤起有机化学家对其探究的热情。为什么这些天然产物具有这样的作用？其结构是什么样的？如何分离和提纯？如何人工合成？这些问题都是有机化学家所关注的焦点。

在研究天然产物过程中，首先要解决的是天然产物的提取与纯化。如何提取和纯化天然产物呢？天然有机化合物的分离、提纯和鉴定是一项颇为复杂的工作，常用溶剂萃取、水蒸气蒸馏、色谱等提纯方法。

溶剂萃取方法主要是依照“相似相溶”的原则，采用适当的溶剂进行提取。通常油脂、挥发性油等弱极性成分可用石油醚或四氯化碳提取，生物碱、氨基酸等极性较强的成分可用乙醇提取。一般情况下用乙醇、甲醇或丙酮就能将大部分天然有机化合物提取出来。对于多糖和蛋白质等成分则可用稀酸水溶液浸泡提取。所得提取液是多组分混合物，可用其他方法进行分离、纯化。

水蒸气蒸馏主要用于那些不溶于水且具有一定挥发性的天然有机化合物的提取，如萜类、酚类及挥发性油类化合物。

现在各种色谱手段如薄层层析、柱层析、气相色谱及高压液相色谱等可运用于天然有机化合物的分离。

在提取过程中，人们十分关注如何提高提取效率，并保证被提取组分的分子结构不受破坏。最近发展起来的超临界流体萃取技术，解决了上面的问题。例如，超临界二氧化碳在室温下对许多天然有机化合物具有良好的溶解性，当对组分萃取后，二氧化碳易于除去，从而使被提取物免受高温处理，特别适合处理那些易氧化而不耐热的天然有机化合物。

分离纯化后的天然有机化合物可用红外、紫外、质谱、核磁共振等波谱技术进行结构剖析，然后通过各种合成方法人工合成。

制备实验 40　橘皮油主要成分的提取与鉴定

【实验原理】

橘皮的精油含有通式为 $C_{10}H_{16}$ 的萜烯类物质。油中含量高的某一种化合物，可以通过气相色谱指示出来。问题就是要鉴定这个主要成分。

不要在数据不足的情况下做出鉴定。例如:旋光度固然可以给出答案,但可能会出差错。为此除考虑沸点、折射率和旋光度外,同时还要结合 IR 和 NMR 谱图的解释。

【试剂】

橘皮 20 g,二氯甲烷 30 mL,无水硫酸钠。

【实验步骤】

将 20 g 橘皮切成极小的碎片(越小越好),将这些碎片连同 150 mL 水放入 250 mL 蒸馏烧瓶中。装上蒸馏装置进行蒸馏。用量筒收集 50 mL 馏出液,并注意气味和外观的变化。用二氯甲烷提取馏出液三次,每次用 10 mL。合并提取液,并用无水硫酸钠干燥。然后把液体倒入已称重的加有沸石的 50 mL 圆底烧瓶中,在热水浴上蒸馏,回收二氯甲烷。当体积减少到约为 1 mL 时,将烧瓶与水泵连接,并用热水继续加热几分钟,以除去最后一点二氯甲烷。

称重,计算产率,嗅气味。

根据实验室的设备尽可能做下面的工作。

(1)用气相色谱分析确定橘皮油中主要成分的百分含量。

(2)用微量法测定沸程。

(3)测定折射率。

(4)测定乙醇溶液的旋光度。这需要将几组学生的产物合并,得到足够的数量,供配制 5%的乙醇溶液(表 3-5 中所引的是纯物质的旋光度。但我们所测定是用 95%乙醇配制成 5%的乙醇溶液进行的。为了便于比较,可向试剂室领取已知化合物的乙醇液,并测定其旋光度)。

(5)测定红外光谱。橘皮油的主要成分是 10 种化合物中的一种,见表 3-5。当有了初步结论后,再用 IR 和 NMR 谱图进一步校核结论。必要时可查所认定的化合物的标准谱图进行确证,在报告中要阐明如何排除其他 9 种化合物,并对所选择的各项数据进行说明。

表 3-5　橘皮油可能含有的物质的结构及物理性质

$C_{10}H_{16}$	结构	bp/℃	n_D^{20}	$[\alpha]_D^{20}$
(+)-3,7,7-三甲基双环[4.1.0]-3-庚烯		172	1.473	+17.7
(+)-3,7,7-三甲基双环[4.1.0]-2-庚烯	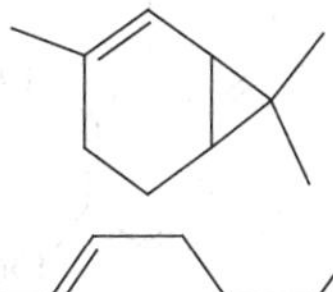	167	1.471	+62.6
(+)-4-异丙烯基-1-甲基环己烯	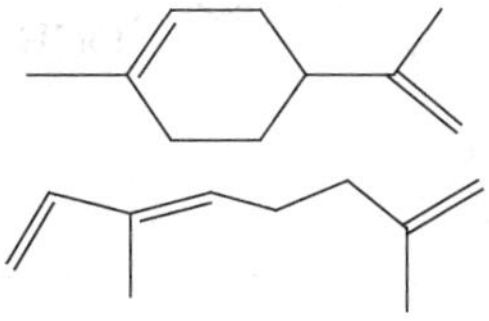	171	1.472	+125.6
3,7-二甲基-1,3,7-辛三烯	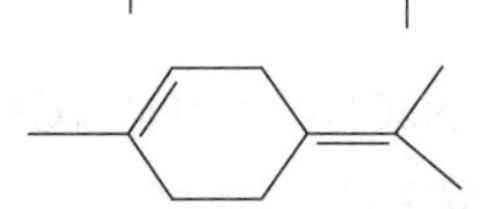	176～178	1.478	
4-异丙叉-1-甲基环己烯		185	1.482	

续表 3-5

$C_{10}H_{16}$	结构	bp/℃	n_D^{20}	$[\alpha]_D^{20}$
(－)-7,7-二甲基-2-甲叉双环[2.2.1]庚烷	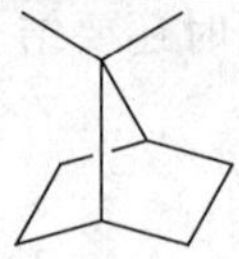	157～159	1.471	－32.2
(－)-5-异丙基-2-甲基-1,3-环己二烯	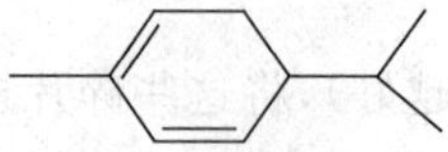	175～176	1.477	－44.4
(＋)-6,6-二甲基-2-甲叉双环[3.1.1]庚烷	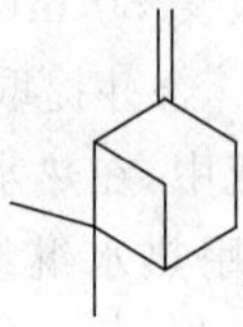	164～166	1.474	＋28.6
(＋)-1-异丙基-2-甲叉双环[3.1.0]己烷	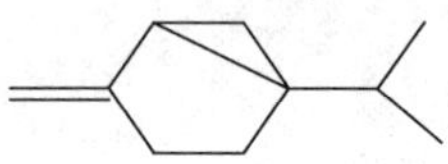	163～165	1.486	＋89.1
1-癸烯-4-炔	$CH_3(CH_2)_4C≡CCH_2CH=CH_2$	73～74	1.444	

安全指南：低相对分子质量的二氯烷烃都是有毒物质，但毒性差别很大。二氯甲烷的毒性约为1,1-二氯乙烷或三氯化物（如氯仿）毒性的1/5。它不易燃烧，但有高度挥发性，应防止吸入，避免触及眼睛和皮肤。

制备实验41　从黄连中提取黄连素

【实验原理】

本实验提供一种从中草药中提取有效成分的方法。

黄连、黄柏、三颗针等中草药中，主要有效成分是黄连素，又称小檗碱，它具有很强的杀菌能力，是临床上广泛应用的药物。

黄连素是黄色针状结晶，微溶于冷水和冷乙醇，易溶于热水和热乙醇，几乎不溶于乙醚。在中草药中，黄连素多以季铵碱形式存在，其结构式是：

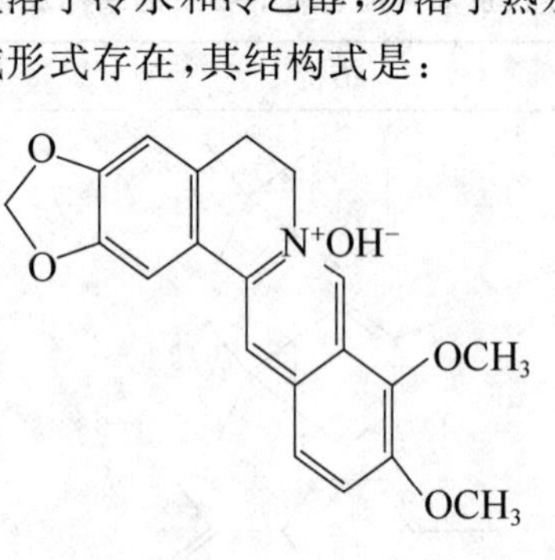

N^+OH^-　OCH_3　OCH_3

方法一：

【试剂】

黄连5 g，6 mol/L HCl，浓H_2SO_4，NaCl，$Ca(OH)_2$，$CHCl_3$，乙醇，甲醇，石灰水，层析氧化铝，羧甲基纤维素钠，9∶1的氯仿-甲醇溶液。

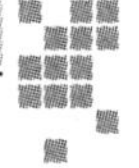

【实验步骤】

取 5 g 磨碎的黄连放入 250 mL 烧杯中，加入 100 mL 1∶49（体积比）H_2SO_4 溶液。搅拌加热至微沸[1]，并保持微沸 0.5 h。要不时加水，保持原有的体积。然后稍冷，抽滤，除去不溶残渣。

向滤液中加入 NaCl 固体使之饱和（约 17 g），再加 6 mol/L HCl 调节至强酸性（pH＝1～2）。静置 0.5 h，析出粗盐酸黄连素，抽滤。将滤饼转入烧杯中加水 25 mL，加热溶解，然后按计量关系加 $Ca(OH)_2$（或 CaO）粉末，并用石灰水调至 pH 8.5～9.8。趁热抽滤，将滤液转入 50 mL 小烧杯中，蒸发浓缩至 10 mL 左右，冷却，即有黄连素晶体析出。抽滤，得黄连素粗制品。于 50～60℃下烘干。称重，计算收率。

用层析氧化铝制备层析板：10 mL 1%羧甲基纤维素钠溶液中加 5 g Al_2O_3 搅匀，铺板，活化。

取少量黄连素结晶，溶于 1 mL 乙醇中。用毛细管吸取黄连素乙醇溶液在薄层板上点样。以 9∶1 的氯仿-甲醇溶液为展开剂，将点样的薄层板展开。计算黄连素的 R_f 值。

【注释】

[1]如果温度过高，溶液剧烈沸腾，则黄连中的果胶等物质也被提取出来，使得后面的过滤难以进行。

方法二：

【试剂】

黄连 5 g，浓硫酸 2 mL，氧化钙，氯化钠。

【实验步骤】

1. 提取

称取 5 g 研细黄连，放入 250 mL 烧杯中，加入 100 mL 1∶49（体积比）硫酸溶液，搅拌加热至微沸，保持微沸 0.5 h[1]，加热过程中，需及时补水，保持原有体积。加热结束后，趁热抽滤，除去不溶解的残渣，得到黄连素硫酸盐溶液。

2. 碱化处理

将滤液转入 250 mL 烧杯中，加入 3～3.5 g CaO，煮沸，充分搅拌 5 min，测溶液 pH，使 pH 达到 8～9，继续搅拌 2 min，趁热抽滤，滤液为黄连素溶液。

3. 盐析

将滤液转入 250 mL 烧杯中，使溶液温度维持在 40～50℃，加入 20～30 g NaCl，制成 NaCl 的饱和溶液，充分搅拌后，放在冰水浴中静置 30 min，使黄连素充分析出。抽滤，在 80℃下干燥 10 min。称重，计算提取率。

【注释】

[1]温度不宜太高，防止果胶析出。

【思考题】

1. 在从黄连中提取黄连素的实验中，要求在搅拌下加热至微沸，为什么？

2. 简要分步写出从黄连中提取黄连素的实验步骤。

制备实验 42　从桂皮中提取肉桂醛

【实验原理】

本实验用水蒸气蒸馏法提取挥发性油(肉桂油),并用红外光谱和制备衍生物法鉴定化合物。

肉桂油的主要成分是肉桂醛(*E*-3-苯基丙烯醛)。

肉桂醛为无色或浅黄色液体,bp 252℃,mp 7.5℃,d_4^{20}1.052,n_D^{20}1.622,不溶于水。

肉桂醛与氨基脲反应,形成结晶型衍生物肉桂醛缩氨脲:

$$C_6H_5\text{—}\underset{H}{C}{=}CHCHO + H_2NNH\overset{O}{\overset{\|}{C}}NH_2 \longrightarrow C_6H_5\text{—}\underset{H}{C}{=}\underset{H}{C}\text{—}\underset{H}{C}{=}NNH\overset{O}{\overset{\|}{C}}NH_2$$

肉桂醛缩氨脲 mp 215℃。也可以制成苯腙等衍生物。

【试剂】

肉桂皮 15 g,氯仿 20 mL,无水乙醇,氨基脲盐酸盐,无水乙酸钠,甲醇。

【实验步骤】

取 15 g 粉碎的肉桂皮加入到 100 mL 三口烧瓶中,加 20 mL 水,进行水蒸气蒸馏。当收集 100 mL 馏出液时,停止蒸馏。将馏出液移入分液漏斗,每次用 10 mL 氯仿萃取两次。合并氯仿层,小心地转入 50 mL 圆底烧瓶中,安装蒸馏装置,水浴加热,回收氯仿。当蒸馏瓶内有 4～6 mL 液体时,停止蒸馏。将残液移入一已称重的 50 mL 烧杯中,在通风橱中用沸水浴加热,蒸发掉残余的氯仿。擦去烧杯外部的水,风干称重,闻气味。测折射率,计算收率(以肉桂皮为基准)。

取少量肉桂油,测定红外光谱,解释几个主要峰。肉桂醛的红外光谱见图 3-31。

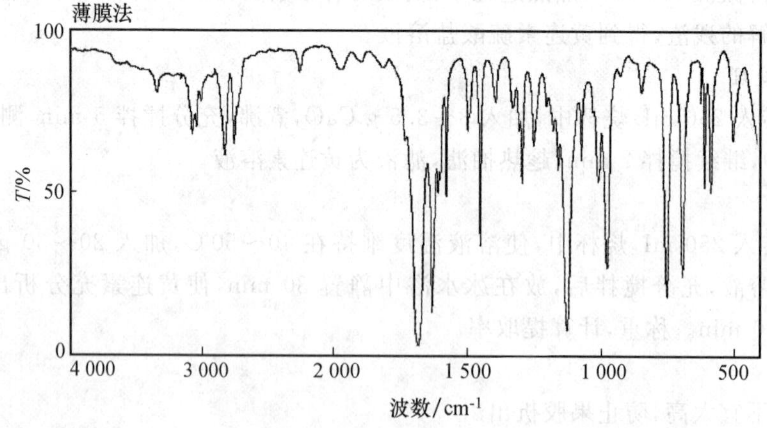

图 3-31　肉桂醛的红外光谱

肉桂醛缩氨脲的制备:在一干试管中加入 0.2 g 氨基脲盐酸盐、0.3 g 无水乙酸钠、3 mL 无水乙醇和 0.3 g 肉桂油,在热水浴上加热 2 min。加 2 mL 水。在水浴上再加热 3 min。冷

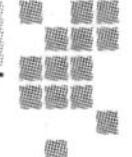

却反应混合物，使肉桂醛缩氨脲结晶。抽滤。用最少量的甲醇重结晶，抽滤，晾干，测定熔点。

【思考题】

1. 为了鉴定肉桂醛，还可以选择什么合适的衍生物？写出反应方程式。

2. 肉桂醛的红外光谱有几个特征峰？试分别做出解释(何种官能团，何种类型振动)。

制备实验 43　从茶叶中提取咖啡因

茶叶中含有多种生物碱，其中咖啡因含 1%～5%，单宁酸(鞣酸)含 11%～12%，还含有纤维素、黄酮类色素、蛋白质等。

咖啡因是一种嘌呤衍生物，它的化学名称是 1,3,7-三甲基-2,6-二氧嘌呤。

嘌呤　　　　咖啡因

咖啡因具有刺激心脏，兴奋大脑神经和利尿的作用。曾是医药上用作中枢神经兴奋剂和感冒药的 APC(阿司匹林-非那西丁-咖啡因)的组分之一，现 APC 已禁用。过度使用咖啡因会增加抗药性和产生轻度上瘾。

咖啡因为白色针状晶体，熔点为 236℃，味苦，能溶于水、乙醇、二氯甲烷等。含结晶水的咖啡因加热到 100℃时，失去结晶水，开始升华，120℃时升华显著，178℃以上很快升华。

本实验采用热水和氯仿分两次进行提取。在热水提取得到的茶汁中，除生物碱外，还含有一些单宁物质，其中可水解的单宁已水解为游离的五倍子酸，它们均呈弱酸性，与 $CaCO_3$ 或 Na_2CO_3 反应可生成钙盐或钠盐。此类盐不溶于氯仿，故在氯仿提取中被去除。

茶汁的褐色来源于黄酮类色素和叶绿素及各自的氧化产物。除叶绿素稍溶于氯仿外，大多数此类物质不溶。再经升华或重结晶即可得纯产品。

方法一：水煮法

【试剂】

茶叶 10 g，$CaCO_3$ 粉末 8 g 或 Na_2CO_3 14 g，氯仿。

【实验步骤】

将 10 g 干燥的茶叶、8 g $CaCO_3$ 粉末或 14 g Na_2CO_3 和 100 mL 蒸馏水加入 250 mL 圆底烧瓶中。安装回流装置，加热回流 25 min，停止回流。或采用下面的方法：称取 10 g 干茶叶和 14 g 碳酸钠，置于 250 mL 烧杯中，加入 100 mL 蒸馏水，煮沸 30 min，不断搅拌(加热时需补加适量水，使之始终保持 100 mL)。用一小团脱脂棉塞住漏斗颈趁热过滤。滤液用 250 mL 烧杯收集，冷却至室温，移入 250 mL 分液漏斗。每次用 10 mL 氯仿提取两次(注意检验氯仿在上层还是下层)。合并两次氯仿提取液，倒入 50 mL 干燥蒸馏烧瓶中，安装好蒸馏装置,水浴加热,收集氯仿并回收。当蒸馏瓶中剩余3 mL左右的溶液时,停止蒸馏。趁热将溶液倒入一个干燥洁净的表面皿中,以蒸气浴或空气浴蒸发至干,得粗产品。称重,计算提取收率。

合并2～3个组的粗产品,做升华实验。做咖啡因升华时,始终都须小火间接加热。温度太高会使滤纸炭化变黑,且产品易被一些有色物质污染。观察产品的外观,并测定熔点和红外光谱。

咖啡因是1,3,7-三甲基黄嘌呤,白色针状晶体,无臭,味苦,于空气中有风化性,100℃时失水升华,mp 236℃,为弱碱性物质。溶于水、丙酮、乙醇和氯仿中,难溶于乙醚和苯。其水溶液对石蕊试纸呈中性反应。

咖啡因的红外光谱见图3-32。

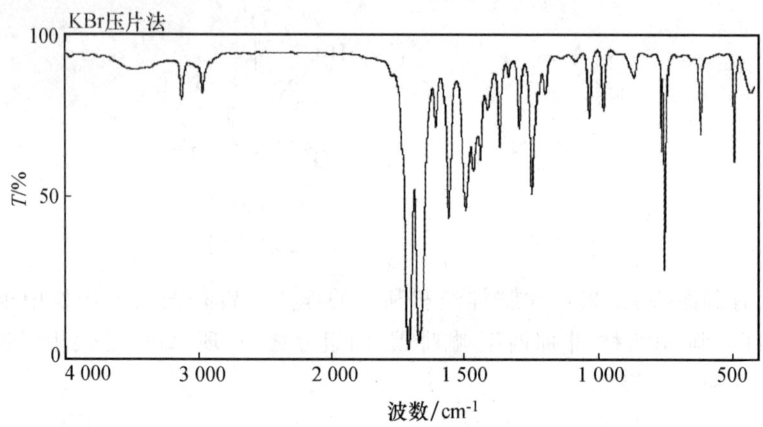

图3-32 咖啡因的红外光谱

方法二:用索氏提取器提取

【试剂】

茶叶末5 g,95%乙醇50 mL,生石灰粉2 g。

【实验步骤】

5 g茶叶末装入滤纸套筒中,小心地放入索氏提取器,圆底烧瓶内加入50 mL 95%乙醇和两粒沸石,安装仪器,回流提取2 h。待溶液刚刚虹吸流回烧瓶时,立即停止加热。改装蒸馏装置,蒸出大部分乙醇并回收。将5～10 mL残液倒入蒸发皿中,加入2 g研细的生石灰粉,在玻璃棒不断搅拌下在蒸气浴上将溶剂蒸干。再在石棉网上用小火小心地将固体焙干。将一直径大于蒸发皿口径的滤纸刺若干小孔罩在蒸发皿上,滤纸上倒扣一个口径与蒸发皿相当的长颈漏斗,用小火小心加热升华。当滤纸上出现白色针状结晶时,暂停加热。稍冷后仔细收集滤纸正反面的咖啡因晶体。残渣经拌和后用稍大的火再次升华。合并产品后,称重,测熔点。

【思考题】

1. 咖啡因溶于水、乙醇、丙酮、氯仿,为什么用氯仿提取而不用乙醇、丙酮提取?

2. 实验过程中为什么加弱碱性的$CaCO_3$或Na_2CO_3?加碱量多少对产率有何影响?

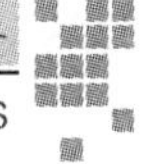

对产品纯度有无影响？

制备实验44 从牛奶中分离鉴定酪蛋白和乳糖

酪蛋白是牛奶中主要的蛋白质，其浓度约为35 g/L，是含磷蛋白质的复杂混合物。蛋白质是两性化合物，溶液的酸碱性直接影响蛋白质分子所带的电荷。当调节牛奶的pH达到酪蛋白的等电点(pI)=4.8左右时，蛋白质所带正、负电荷相等，呈电中性，此时酪蛋白的溶解度最小，将会以沉淀的形式从牛奶中析出。而乳糖仍存在于牛奶中，通过离心的方法能将酪蛋白和乳糖分离开。根据酪蛋白不溶于乙醇和乙醚的特性，可用95%乙醇洗涤以除去粗制品中的脂质，使酪蛋白初步得到纯化。

在牛奶中含有4%～6%的乳糖，乳糖是一种二糖，它由一分子半乳糖及一分子葡萄糖通过β-1,4-苷键连接起来。在乳糖分子中，仍保留着葡萄糖部分的半缩醛羟基，所以乳糖是还原性二糖，它的水溶液有变旋光现象，达到平衡时的比旋光度是+53.5°。含有一分子结晶水的乳糖熔点为210℃。

【试剂】

去脂牛奶，醋酸，95%乙醇，乙醚，浓氨水，盐酸苯肼，10%碳酸钠溶液，浓硫酸。

【实验步骤】

1. 牛奶中酪蛋白的分离和鉴定

取50 mL去脂牛奶[1]置于150 mL烧杯内。用水浴小心加热至40℃，维持此温度，边搅拌边慢慢滴加醋酸与水(体积比1∶9)的溶液，此时即有白色的酪蛋白沉淀析出。继续滴加稀醋酸溶液[2]，直至酪蛋白不再析出为止(约2 mL)，此时混合液的pH为4.8。继续搅拌并使此悬浊液冷却至室温。放置10 min后，将混合物转入离心杯中，于3 000 r/min离心15 min(离心时注意平衡)。上清液(乳清)经漏斗过滤于蒸发皿中，作乳糖的分离与鉴定试验。沉淀(即酪蛋白)转移至另一烧杯内，加20 mL 95% 乙醇，搅匀后于布氏漏斗中抽气过滤，用95%乙醇和乙醚(体积比为1∶1)混合液小心洗涤沉淀两次，每次约10 mL，最后再用5 mL乙醚洗涤1次，然后抽滤至干。将干粉铺于表面皿上在室温下挥发完全除去乙醚后，烘干，称量并计算牛奶中酪蛋白的含量。

2. 牛奶中乳糖的分离与鉴定

1)乳糖的分离　将实验中离心分去酪蛋白后所得的上清液(即乳清)置于小蒸发皿中，用蒸气浴小心浓缩至5 mL左右，冷却后，迅速加入10 mL 95%乙醇，在冰浴中冷却，并用玻璃棒搅拌摩擦，使乳糖析出完全。用布氏漏斗抽气过滤，乳糖晶体用95% 的乙醇洗涤两次，每次5 mL。即得粗乳糖晶体。

将得到的粗乳糖晶体溶于尽可能少(8～10 mL)的热水中(50～60℃)。然后再在此热溶液中缓慢滴加95%乙醇，边加边摇，直至产生混浊为止，再小心在水浴中加热使混浊消失。将混合液放置过夜，让其自然冷却，析出晶体。抽滤，晶体用少量95%乙醇洗涤两次，抽干。产物即为含有一分子结晶水的纯乳糖($C_{12}H_{22}O_{11} \cdot H_2O$)。将精制后的乳糖干燥并测定其比旋光度。

2)乳糖的变旋光现象　精确称取1.25 g自制乳糖于一小烧杯中，加入少量蒸馏水使乳糖溶解，迅速转入25 mL容量瓶中，用蒸馏水将溶液稀释至刻度，混匀。小心将溶液装入旋光管中，立即测定其旋光度。每隔 1 min 测定 1 次，直至 8 min，记录数据。10 min 后，每隔 2 min 测定 1 次旋光度，继续至 20 min。记录数据并计算出比旋光度。迅即在样品管中加入 2 滴浓氨水[3]摇匀，静置 20 min 后测其旋光度并计算出比旋光度$[\alpha]_D^{20}$。

3)乳糖的水解及水解物的薄层色谱法(TLC)鉴定

(1)乳糖的水解与糖脎的生成。取 0.5 g 自制的乳糖放在一大试管中，加入 5 mL 蒸馏水使其溶解，取出 1 mL 乳糖溶液放在另一试管中，加入新鲜配制的盐酸苯肼[4]醋酸溶液 1 mL，摇匀，置沸水浴中加热 30 min，取出试管，慢慢冷却结晶。取少量结晶在低倍显微镜下观察两种糖脎结晶的形状。

(2)在剩下的溶液中加入 2 滴浓硫酸，在沸水浴中加热 15 min，使反应液冷却后加入 10%碳酸钠溶液使呈碱性，红色石蕊试纸变蓝。

(3)糖类的 TLC 鉴定。用 0.02 mol/L 醋酸钠调制的硅胶 G 铺板，用溶剂乙酸乙酯：异丙醇：水：吡啶(体积比为 26：14：7：27)进行展开。

展开后用苯胺二苯胺磷酸[5]为显色剂，喷洒后在 110℃烘箱加热至斑点显出，进行硅胶 TLC 鉴定时用 10 g/L 葡萄糖、半乳糖及乳糖作为对照。计算 R_f 值。

【注释】

[1]牛奶在实验前不能放置很久，时间过长则其中的乳糖会慢慢变为乳酸影响乳糖分离。

[2]加入的醋酸不可过量，过量酸会促使牛奶中的乳糖水解为半乳糖和葡萄糖。

[3]氨水能迅速催化乳糖的变旋光现象，使之达到平衡。

[4]苯肼有毒，使用时应小心，如触及皮肤，可用稀醋酸洗，再用水冲洗。

[5]显色剂苯胺二苯胺磷酸的配制：由 5 份 4% 苯胺乙醇溶液、5 份 4%二苯胺乙醇溶液和 1 份浓磷酸，三者混合均匀配制而成。如发现有沉淀出现，可静置过夜后滤去沉淀。尽可能现用现配。

制备实验 45　红辣椒中色素的分离与鉴定

红辣椒含有多种色泽鲜艳的天然色素，其中呈深红色的色素主要由辣椒红脂肪酸酯和少量辣椒玉红素脂肪酸酯组成，呈黄色的色素则是 β-胡萝卜素。

这些色素可以通过层析法加以分离。本实验以二氯甲烷作萃取剂，从红辣椒中提取出辣椒红色素。然后采用薄层层析分析，确定各组分的 R_f 值，再经柱层析分离，分段接收并蒸除溶剂，即可获得各个单组分。

【试剂】

干燥红辣椒 1 g，二氯甲烷，硅胶 G(200～300 目)10 g。

【实验步骤】

向 25 mL 圆底烧瓶中加入 1 g 干燥并研细的红辣椒和 2 粒沸石，加入 10 mL 二氯甲烷，装上回流冷凝管，加热回流 20 min。待提取液冷却至室温，过滤，除去不溶物，蒸发[1]滤液收集色素混合物。

以 200 mL 广口瓶作薄板层析槽、二氯甲烷作展开剂。取极少量色素粗品置于小烧杯中，滴入 2～3 滴二氯甲烷使之溶解，并在一块 3 cm×8 cm 的硅胶 G 薄板上点样，然后置于层析槽中进行层析。计算每一种色素的 R_f值。

在层析柱(直径 1.5 cm,长 30 cm)的底部垫一层玻璃棉(或脱脂棉),用以衬托固定相。用一根玻璃棒压实玻璃棉,加入洗脱剂二氯甲烷至层析柱的 3/4 高度。打开活塞,放出少许溶剂,用玻璃棒压除玻璃棉中的气泡,再将 10 mL 二氯甲烷与 10 g 硅胶 G 调成糊状,通过大口径固体漏斗加入柱中,边加边轻轻敲击层析柱,使吸附剂装填致密。然后,在吸附剂上层覆盖一层细沙。

打开活塞,放出洗脱剂直到其液面降至硅胶上层的沙层表面,关闭活塞。将色素混合物溶解在约 1 mL 二氯甲烷中,然后用一根较长的滴管,将色素的二氯甲烷溶液移入柱中,轻轻注在沙层上,再打开活塞,待色素溶液液面与硅胶上层的沙层平齐时,缓缓注入少量洗脱剂(其液面高出沙层 2 cm 即可),以保持层析柱中的固定相不干。当再次加入的洗脱剂不再带有色素颜色时,就可将洗脱剂加至层析柱最上端。在层析柱下端用试管分段接收洗脱液,每段收集 2 mL。

用薄层层析法检验各段洗脱液,将相同组分的接收液合并,用旋转蒸发仪蒸发浓缩,收集红色素。对所得红色素样品作红外光谱分析。

【注释】

[1]蒸发操作应在通风橱中进行。

【思考题】

1. 层析过程中有时会出现“拖尾”现象,一般是由于什么原因造成的?这对层析结果有何影响?如何避免“拖尾”现象?

2. 层析柱中有气泡会对分离带来什么影响?如何除去气泡?

3. 分析红色素的红外光谱图,从中可以获得有关分子结构的哪些信息?

制备实验 46　大蒜素的提取

大蒜具有很强的抗菌作用,其中的有效成分主要是一些硫化丙烯类化合物,俗称大蒜素(allitridum)。我们可以从大蒜中提取或者利用化学方法进行合成来获得这一类化合物。

【试剂】

大蒜,95%乙醇。

【实验步骤】

将大蒜去皮洗净,洗净后捣碎成均匀蒜泥。称取 40 g 蒜泥放入 250 mL 烧杯中,在 40℃水浴中放置 0.5 h 后,向烧杯中倒入 120 mL 95%乙醇,用密封膜将烧杯口封住,在 30℃水浴中放置 1.5 h。之后,将溶液转移到离心瓶中用离心机离心,取上清液,将上清液倒入旋转蒸发仪中,在温度 50℃,压力 0.01 MPa,转速 57 r/s 条件下进行减压浓缩,浓缩溶液至 20 mL左右。

用硅胶 GCMC 板,溶剂石油醚∶乙酸乙酯(体积比为 8.5∶1.5)进行展开。展开后用氨性硝酸银试剂为显色剂,显出斑点,计算 R_f 值。

表 3-6 为大蒜素的主要理化性能。

表 3-6 大蒜素的主要理化性能

项目	性能指标
颜色	淡黄色液体
气味	浓烈大蒜气味
相对密度	1.050～1.095
折射率	1.550～1.580
溶解性	溶于大多数非挥发性油，部分溶于乙醇，不溶于水、甘油和丙二醇等
化学稳定性	强酸、强氧化剂和紫外线可引起变质

制备实验 47 从果皮中提取果胶

果胶物质广泛存在于植物中，主要以不溶于水的原果胶形式存在，主要分布于细胞壁之间的中胶层，尤其以果蔬中含量为多。不同的果蔬含果胶物质的量不同，山楂约为 6.6%，柑橘为 0.7%～1.5%，南瓜含量较多，为 7%～17%。在果蔬中，尤其是在未成熟的水果和果皮中，果胶多数以原果胶存在，原果胶不溶于水，用酸水解，生成可溶性果胶，因水解后的果胶不溶于乙醇而析出，再进行脱色、沉淀、干燥可使果胶沉淀下来而与其他杂质分离即得商品果胶。从柑橘皮中提取的果胶是高酯化度的果胶，在食品工业中常用来制作果酱、果冻等食品。

【试剂】

新鲜柑橘皮，0.2 mol/L 盐酸溶液，活性炭，6 mol/L 氨水，95%乙醇，无水乙醇。

【实验步骤】

称取新鲜柑橘皮 20 g(干品为 8 g)，用清水洗净后，放入 250 mL 烧杯中，加 120 mL 水，加热至 90℃保温 5～10 min，使酶失活。用水冲洗后切成大约 3 mm 宽，5 mm 长的颗粒，用 50℃左右的热水漂洗，直至水无色、果皮无异味为止。每次漂洗都要把果皮用尼龙布挤干，再进行下一次漂洗。

将处理过的果皮粒放入烧杯中，加入 0.2 mol/L 盐酸以浸没果皮为度，调溶液的 pH 2.0～2.5。加热至 90℃，在恒温水浴中保温 40 min，保温期间要不断地搅动，趁热用垫有尼龙布(100 目)的布氏漏斗抽滤，收集滤液。

在滤液中加入 0.5%～1%的活性炭，加热至 80℃，脱色 20 min[1]，趁热抽滤(如橘皮漂洗干净，滤液清彻，则可不脱色)。

滤液冷却后，用 6 mol/L 氨水调至 pH 3～4，在不断搅拌下缓缓地加入 95%酒精溶液，加入乙醇的量为原滤液体积的 1.5 倍(使其中酒精的质量分数达 50%～60%)。酒精加入过程中即可看到絮状果胶物质析出，静置 20 min 后，用尼龙布(100 目)过滤制得湿果胶。

将湿果胶转移于 100 mL 烧杯中，加入 30 mL 无水乙醇洗涤湿果胶[2]，再用尼龙布过滤[3]、挤压。将脱水的果胶放入表面皿中摊开，在 60～70℃烘干。将烘干的果胶磨碎过筛，制得干果胶。

【注释】

[1]脱色中如抽滤困难可加入 2%～4%的硅藻土作助滤剂。

[2]湿果胶用无水乙醇洗涤,可进行 2 次。

[3]滤液可用分馏法回收酒精。

【思考题】

1. 从橘皮中提取果胶时,为什么要加热使酶失活?
2. 沉淀果胶除用乙醇外,还可用什么试剂?
3. 在工业上,可用什么果蔬原料提取果胶?

Chapter 4 第 4 章

有机化合物官能团检验与元素定性分析

Tests of Functional Groups and Qualitative Analysis of Elements for Organic Compounds

有机化合物的定性分析是有机化学实验的重要组成部分，包括对未知物进行元素分析和官能团的确认等。现代波谱技术的普及使得有机化合物的定性鉴定工作变得简单而快捷，但在此之前，化学分析方法是唯一的手段，也是至今依然非常实用的实验手段。化学分析方法只需少许样品，几支试管，不需要昂贵的仪器，就可以在很短的时间内对有机化合物的组成和结构做出鉴定，因此可以与波谱法相互印证、补充。

4.1 元素定性分析

元素定性分析就是确定有机化合物由哪些元素组成。由于目前还没有直接鉴定氧元素的有效方法，因此一般是通过元素定量分析或官能团鉴定间接地证明氧元素的存在。所以通常所说的元素定性分析是指除氧以外的其他元素的鉴定。

4.1.1 碳和氢的定性鉴定

有机化合物中一般都有碳和氢两种元素。通常是将样品与干燥的氧化铜粉末混合后加热，检验生成的二氧化碳和水以证明碳、氢的存在。具体操作方法如下：

称取 0.2 g 干燥的样品与 1 g 干燥的氧化铜粉末混匀后装入干燥的硬质试管中，装置如图 4-1 所示。将试管固定在铁架台上，试管口部略低于底部，将导气管的出气口插入饱和氢氧化钡溶液或饱和石灰水中。用灯焰从试管近口处开始加热，逐渐移至试管底部，最后在样品下面加强热。若试管或导气管内壁上出现水珠，则证明样品中含氢。如氢氧化钡溶液（或饱和石灰水）中出现混浊现象，则证明样品中含碳。试验完毕，先将导气管从溶液中取出，再熄灭火焰。

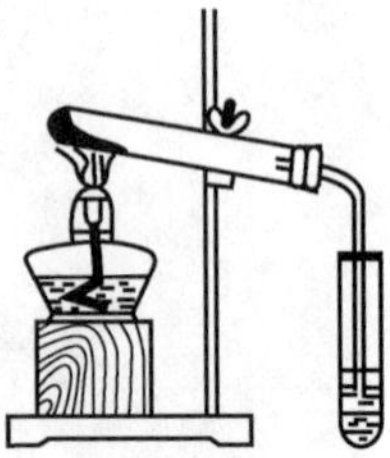

图 4-1　碳、氢的鉴定装置

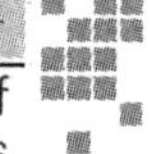

4.1.2 氮、硫和卤素的鉴定

氮、硫、卤素在有机化合物中以共价键与其他原子结合，很难在水中离解为相应的离子，故不能直接进行元素鉴定，需先将化合物分解。钠熔法是最常用的分解方法，即将有机化合物与金属钠共热，把其中的氮、硫、卤素转变成相应的可溶于水的离子型无机化合物（NaCN、Na_2S、NaNCS、NaX 等），再对它们的水溶液用无机定性分析方法进行检测。

1. 钠熔法分解样品

将一干净、干燥的试管用铁夹竖直固定在铁架台上，用镊子将金属钠从煤油中取出，用滤纸吸去煤油，用小刀切去外层氧化皮后，切取豌豆大小的金属钠投入试管底部。用小火加热试管底部使钠熔融，当钠蒸气充满试管下半部时移去火焰，立即加入 10～20 mg 研细的固体样品（或 3～4 滴液体样品）及少许蔗糖，样品及蔗糖应直落管底，勿沾在管壁上（注意须戴安全防护眼镜，面部离开试管口一定距离，以免发生危险）。继续加热使试管底部呈暗红色，维持红热数分钟使试样分解完全。移去火焰，完全冷却后加入 1 mL 乙醇分解过量的金属钠。然后重新加热将试管底部烧至红热，趁热将试管取下并将其底部浸入盛有 10 mL 蒸馏水的小烧杯中，试管底部立即破裂，钠熔物溶于水中，加热煮沸，同时用玻璃棒压碎熔融的生成物，过滤，滤渣用蒸馏水洗两次，得无色或淡黄色澄清滤液备用。

2. 氮的鉴定

普鲁士蓝试验　在试管中加入 2 mL 上述钠熔法得到的滤液，再加入 5 滴新配制的 5% 硫酸亚铁溶液和 4～5 滴 10% NaOH 溶液，使溶液呈明显碱性。将溶液煮沸，如有黑色沉淀析出（此沉淀为氢氧化亚铁或硫化亚铁），可待溶液冷却后加入稀盐酸至沉淀刚好溶解。然后加入 1～2 滴 5% 三氯化铁溶液，有普鲁士蓝沉淀析出，说明样品中含氮元素。若沉淀很少难以观察，可过滤并用水洗涤，观察滤纸上有无蓝色沉淀。若滤纸上没有蓝色沉淀，只得到蓝色或绿色溶液，则可能是钠熔法分解样品不完全，需重新进行钠熔试验。本试验的反应式如下：

$$2NaCN + FeSO_4 \longrightarrow Fe(CN)_2 + Na_2SO_4$$

$$Fe(CN)_2 + 4NaCN \longrightarrow Na_4[Fe(CN)_6]$$

$$3Na_4[Fe(CN)_6] + 4FeCl_3 \longrightarrow \underset{\text{普鲁士蓝}}{Fe_4[Fe(CN)_6]_3\downarrow} + 12NaCl$$

3. 硫的鉴定

1）硫化铅试验　取钠熔法所得滤液 1 mL 加入试管中，再加入少量醋酸使呈酸性，加入 3 滴 2%醋酸铅溶液，若生成黑色或棕色沉淀即表明样品中含有硫元素。若出现白色或灰色沉淀，是碱式醋酸铅，说明酸化不够，需再加入醋酸后观察。本试验的反应式如下：

$$Na_2S + (CH_3COO)_2Pb \longrightarrow 2CH_3COONa + PbS\downarrow(\text{黑色})$$

2）亚硝基铁氰化钠试验　取钠熔法所得滤液 1 mL 加入试管中，再加入 2～3 滴新配制的 0.5%亚硝基铁氰化钠溶液，若呈紫红色或深红色，则表明样品中含硫元素。本试验的反应式如下：

$$Na_2S + Na_2[Fe(CN)_5NO] \longrightarrow Na_4[Fe(CN)_5NOS](\text{紫红色})$$

4. 氮和硫同时鉴定

取钠熔法所得滤液 1 mL 加入试管中，用稀盐酸酸化，再加 1～2 滴 5%三氯化铁溶液，若出现血红色，说明样品中含有硫和氮。反应式如下：

$$3NaNCS + FeCl_3 \longrightarrow Fe(NCS)_3 (\text{血红色}) + 3NaCl$$

若在钠熔法步骤中钠用量较少，氮和硫常以（NCS^-）形式存在，使氮和硫的分析鉴别检验出负结果，则必须进行本试验。

5. 卤素的鉴定

1）铜丝火焰燃烧法（Belstein test）　将铜丝的一端弯成圆圈状，先在火焰上灼烧至火焰不显绿色为止。冷却后在铜丝上蘸少许样品，放在火焰边缘上灼烧，若出现绿色火焰，则表明样品中含有卤素。这是由于含有氯、溴、碘的有机化合物在铜丝上燃烧时产生相应的卤化铜，卤化铜具有挥发性，使火焰显绿色，且非常灵敏。但此法不适用于检验含氟化合物。

2）卤化银试验　取钠熔法所得滤液 1 mL 加入试管中，加稀硝酸使呈酸性，在通风橱中加热微沸数分钟，以除去可能存在的硫化氢和氰化氢（若已确知样品中不含氮和硫，就可省去加热煮沸步骤），以免干扰实验结果。滴入几滴 5%硝酸银溶液，若有大量白色或黄色沉淀析出，则说明样品中含有卤素。本试验的反应式如下：

$$NaX + AgNO_3 \longrightarrow AgX\downarrow + NaNO_3$$

AgCl 为白色沉淀，AgBr 为浅黄色沉淀，AgI 为黄色沉淀。由于氟化银溶于水，故本试验不适用于鉴定含氟化合物。

【思考题】

1. 有机化合物元素定性分析的意义是什么？
2. 检验氮和硫等元素为什么要用钠熔法？钠熔法操作时应注意什么？
3. 检验有机化合物中的卤素时，能否直接用硝酸银？为什么？

4.2　官能团检验

官能团的检验是利用有机化合物中各种官能团与某些试剂发生的特征反应，这类反应具有反应迅速、灵敏度高、现象变化明显和操作简便的特点。官能团的检验试验也常称为化合物的性质实验。

同一官能团处于不同化合物中的不同部位时，其反应性能由于受化合物中其他部分的影响而会有所不同，所以在官能团鉴定试验中常有例外情况出现。此外还可能存在其他干扰因素，因此有时需要用几种不同的方法来确认一种官能团的存在，或确认官能团在分子中的位置。确定未知物官能团的有效仪器分析手段为红外光谱，可以将其性质实验的结果与该未知物的红外谱图相互印证、补充。

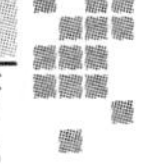

4.2.1　不饱和烃(烯烃、炔烃)的鉴定

【基本原理】

烯烃的官能团是 $\gt C=C\lt$ ，炔烃的官能团为 $-C\equiv C-$ ，这些不饱和键都易与溴发生加成反应，使溴的红棕色褪去；也可以被高锰酸钾氧化，使高锰酸钾溶液的紫色褪去并生成褐色的二氧化锰沉淀。上述实验现象都可以用来鉴别烯烃或炔烃。末端炔烃含有活泼氢，可与硝酸银的氨溶液或氯化亚铜的氨溶液反应生成白色炔化银或红色炔化亚铜沉淀。借此可鉴别末端炔烃类化合物，区别于链间炔及烯烃。

例外情况和干扰因素：少数烯烃(如反丁烯二酸)或炔烃不与溴加成或反应很慢，使试验呈阴性。而环丙烷、环丁烷等低级环烷烃，某些存在烯醇式结构的醛酮(如 2,4-戊二酮、乙酰乙酸乙酯等)，某些带有强活化基团的芳香烃(如茴香醚)和脂肪胺等也会使溴褪色。某些醛、醇、酚和芳香胺等也会使高锰酸钾溶液褪色而干扰实验结果。

【试剂】

环己烯，乙炔，四氯化碳，5%溴的四氯化碳溶液，2%高锰酸钾溶液，2%硝酸银溶液，10%氢氧化钠溶液，1 mol/L 氨水，氯化亚铜，1∶1 硝酸溶液。

【实验操作】

1)溴的四氯化碳溶液检验　取 1 支干燥试管，加入 1 mL 四氯化碳，再加入 2～3 滴环己烯[1]，然后滴加 5%溴的四氯化碳溶液，边滴加边摇动，观察褪色情况。在另一试管中加入 1 mL 四氯化碳，并滴入 3～5 滴 5%溴的四氯化碳溶液，再通入乙炔，观察溶液的褪色情况。

2)高锰酸钾溶液试验　取 1 支试管，加入 2～3 滴环己烯[1]，再加入 1 mL 水，然后逐滴加入 2%高锰酸钾溶液，边滴加边振荡，观察有无颜色变化和沉淀的生成。在另一试管中加入 1 mL 2%高锰酸钾溶液，再通入乙炔，观察试管中有无颜色变化和沉淀的生成。

3)银氨溶液试验　取 1 支试管，加入 2 mL 2%硝酸银溶液，再加 1 滴 10%氢氧化钠溶液，然后逐滴加入 1 mol/L 氨水，直至氢氧化银沉淀刚好完全溶解。向此溶液中通入乙炔 1～2 min，观察有无白色沉淀生成。若有白色沉淀生成，实验结束后，分离出沉淀，用水洗涤沉淀后，及时用 1∶1 硝酸溶液加热至沉淀分解完全，因为炔化银在干燥时有爆炸的危险。

4)铜氨溶液试验　取 1 支试管，加入 1 mL 水，再加入绿豆粒大小的一粒氯化亚铜固体，逐滴加入浓氨水至沉淀完全溶解。然后在此溶液中通入乙炔 2 min，观察有无红色沉淀生成。若有红色沉淀生成，实验结束后，分离出沉淀，用水洗涤沉淀后，及时加入 1∶1 硝酸溶液，加热至固体全部分解为止，因为炔化亚铜在干燥时也有爆炸的危险。

【注释】

[1]若试样是固体，可取数毫克溶于 0.5～1 mL 四氯化碳中，取此溶液滴加。

【思考题】

1. 能使溴的四氯化碳溶液褪色的是否只有烯烃和炔烃？为什么？

2. 如何用化学方法鉴别液体石蜡、环己烯和苯乙炔？

4.2.2 芳烃的检验

【基本原理】

芳烃的芳环上具有较高的电子云密度，易于发生亲电取代反应，较难氧化和加成，常用下述三个亲电性反应来检验芳烃。苯环若有侧链且侧链有 α-氢，则易被高锰酸钾等强氧化剂氧化成羧酸，从而使高锰酸钾溶液褪色。

在浓硫酸存在下，甲醛与芳烃脱水缩合生成二芳基甲烷，二芳基甲烷被浓硫酸进一步氧化成醌类结构的有色化合物。苯、甲苯、乙苯、丁苯显红色；叔丁苯、三甲苯显橙色；联苯、三联苯显蓝色或绿色；萘、蒽、菲等稠环芳烃显蓝绿或绿色。同时观察是否有变色、放热的现象，该反应可用于区别烷烃和芳烃。

$$2C_6H_6 + HCHO \xrightarrow{H_2SO_4} C_6H_5-CH_2-C_6H_5 + H_2O$$

$$C_6H_5-CH_2-C_6H_5 \xrightarrow[\text{[O]}]{H_2SO_4} C_6H_5-CH{=}C_6H_4{=}O + H_2O + SO_2$$

芳烃可以与发烟硫酸作用发生苯环上的磺化反应，生成芳烃的磺酸衍生物，并溶解在试剂中，同时还放出热量，可能还伴有稍微炭化现象。该反应也可用于区别烷烃和芳烃。

$$C_6H_6 + SO_3 \xrightarrow{H_2SO_4} C_6H_5-SO_3H$$

在无水三氯化铝的存在下，芳烃可以与氯仿反应，生成有颜色的碳正离子。苯及其同系物、卤代芳烃显橙色至红色，萘为蓝色，蒽为绿色，而联苯和菲为紫红色等。该反应可用来区别芳烃（包括卤代芳烃）与非芳烃化合物。

$$2C_6H_6 + CHCl_3 \xrightarrow{AlCl_3} (C_6H_5)_2\overset{+}{C}H + 2HCl + Cl^-$$

$$3C_6H_6 + CHCl_3 \xrightarrow{AlCl_3} (C_6H_5)_3CH + 3HCl$$

$$(C_6H_5)_3CH + (C_6H_5)_2CH^+ \longrightarrow (C_6H_5)_3C^+ + (C_6H_5)_2CH_2$$

【试剂】

苯，甲苯，0.2%高锰酸钾溶液，10%硫酸，无水三氯化铝，氯仿，发烟硫酸，甲醛-浓硫酸试剂，环己烷。

【实验操作】

1. 甲醛-浓硫酸试验

取两支试管，分别加入 1～2 滴苯或 1～2 滴甲苯，各加入 1 mL 环己烷，混匀。从两个试管中各取 1～2 滴溶液滴加到点滴板上，再向点滴板上的两个溶液中各加 1 滴甲醛-浓硫酸试剂，观察溶液颜色的变化。

2. 磺化反应

取两支干燥试管，分别加入 1 mL 苯或 1 mL 甲苯，然后各加入发烟硫酸 3 mL，将试管置于不超过 30℃水浴中温热，不时摇动试管，仔细观察两支试管中分层消失的快慢。当分层

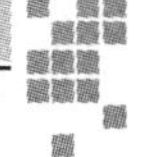

都消失后，将试管中的反应物分别倒入两个装有 10 mL 水的小烧杯中，用玻棒搅拌后，观察现象并解释之。

3. 三氯化铝-氯仿试验

取一支干燥试管，加入 2 mL 氯仿和 3 滴无水苯，摇匀，倾斜试管使管壁润湿，再沿管壁加少许无水三氯化铝，使一部分粉末沾在管壁上，观察沾在管壁上的粉末和溶液的颜色。

4. 氧化反应

取两支试管，各加入 5 滴 0.2%高锰酸钾溶液和 5 滴 10%硫酸，振摇混匀。然后分别加入 3 滴苯或 3 滴甲苯，用力振摇试管，将试管置于 50～60℃水浴上加热 2～3 min，观察溶液是否褪色并比较这两种芳烃的氧化情况。

【思考题】

如何用化学方法鉴别苯、环己烯和甲苯？

4.2.3 卤代烃的检验

【基本原理】

卤代烃与硝酸银的乙醇溶液反应时，不同结构的卤代烃受电子效应和空间效应的影响不同，卤代烃进行亲核取代反应的相对活性不同，可以据此来推测卤代烃母体结构的可能类型。若立即产生沉淀，则试样可能是苄基卤、烯丙基卤、叔卤代烃或碘代烃。若无沉淀生成，将未产生沉淀的试管加热煮沸片刻，观察有无沉淀生成。若生成沉淀，则加入 1 滴 5%硝酸并振摇，沉淀不溶解者，试样可能为伯或仲卤代烃或孤立式卤代烯烃或卤代芳烃。若加热也不能生成沉淀，或生成的沉淀可溶于 5%硝酸，则试样可能为乙烯型卤代烃或卤代芳烃或同碳多卤代烃。

干扰因素：氢卤酸的铵盐、酰卤也可以与硝酸银溶液反应立即生成沉淀，干扰实验结果。羧酸也能与硝酸银反应，但羧酸银沉淀溶于稀硝酸，不至于形成干扰。

碘化钠溶于丙酮，形成的碘负离子是良好的亲核试剂。在试验条件下碘离子按 S_N2 历程来取代试样中的溴或氯，反应速度是伯卤代烃＞仲卤代烃＞叔卤代烃，乙烯型卤代烃或卤代芳烃则不发生取代反应，生成的氯化钠或溴化钠不溶于弱极性的丙酮，以沉淀析出，从析出沉淀的速度可粗略推测卤代烃中烃基的结构。相关反应如下：

$$RCl + NaI \xrightarrow{\text{丙酮}} RI + NaCl\downarrow$$

$$RBr + NaI \xrightarrow{\text{丙酮}} RI + NaBr\downarrow$$

【试剂】

5%的硝酸银醇溶液，15%的碘化钠-丙酮溶液，1-氯丁烷，2-氯丁烷，叔丁基氯，2-溴丁烷，溴苯，溴苄，氯仿。

【实验操作】

1. 硝酸银试验

取 7 支干燥试管，在每一试管中加入 1 mL 5%的硝酸银醇溶液，再分别加入 2～3 滴 1-氯丁烷、2-氯丁烷、叔丁基氯、2-溴丁烷、溴苯、溴苄、氯仿(固体试样先用乙醇溶解)，振荡并观察有无沉淀生成。

2. 碘化钠溶液试验

在 5 支干燥试管中各加入 1 mL 15％的碘化钠-丙酮溶液，再分别加入 2～4 滴 1-氯丁烷、2-氯丁烷、叔丁基氯、2-溴丁烷、溴苯振摇，观察并记录沉淀生成的时间。若在 3 min 内生成沉淀，则试样可能是伯卤代烃。若 5 min 内仍无沉淀生成，可将试管在 50℃ 水浴中温热 6 min（注意水浴温度勿超过 50℃），移离水浴，观察并记录可能出现的现象。

【思考题】

1. 硝酸银试验中能否使用硝酸银的水溶液代替醇溶液？为什么？
2. 分析碘化钠溶液试验中 1-氯丁烷、叔丁基氯和溴苯的活性顺序。

4.2.4 醇、酚和醚的检验

【基本原理】

醇与无水氯化锌的浓盐酸溶液作用生成相应的氯代烃。无水氯化锌的浓盐酸溶液又称卢卡斯（Lucas）试剂。醇的类型不同，与卢卡斯试剂反应的速率不同。苄醇、烯丙型醇或叔醇最快，室温下立即反应；仲醇次之，需温热才能反应；而伯醇极慢，即使加热条件下也无明显反应。六个碳原子以下的各级醇均溶于卢卡斯试剂，反应后生成的氯代烃不溶于该试剂，故反应发生后体系会出现混浊或分层。

酰氯与醇羟基发生酰化反应生成酯，低级醇的乙酸酯具有特殊水果香味，易检出，而高级醇的乙酸酯香味很淡或无香味，不易检出。该实验主要用于检验伯醇和仲醇。酰氯在相似条件下也能与伯胺、仲胺反应，形成酰胺，但没有香味。高级醇及酚类与乙酰氯反应较慢，检验时，采用苯甲酰氯酰化比较适宜。叔醇与酰氯反应时，主要产物是氯代烃。为了避免干扰，在叔醇酰化前，可以加入 2 滴 N,N-二甲基苯胺（或吡啶），吸收反应中产生的氯化氢。

含 10 个碳以下的醇与硝酸铈铵反应能形成红色配合物，以此可鉴别十个碳原子以下的醇类化合物。

$$(NH_4)_2Ce(NO_3)_6 + ROH \longrightarrow HNO_3 + (NH_4)_2Ce(OR)(NO_3)_5$$

伯醇和仲醇易于被酸性重铬酸钾等强氧化剂氧化生成羧酸或酮，溶液颜色由橙红色变为蓝绿色，而叔醇不氧化，以此可将叔醇与伯、仲醇区别开。

苯酚与溴水发生取代反应生成三溴苯酚白色沉淀，反应非常灵敏，因此可用这一反应鉴定苯酚。但芳香胺、硫醇等化合物也易于与溴发生类似的反应，可能产生干扰。

含有酚羟基的化合物具有烯醇结构，能与三氯化铁的水或醇溶液作用，生成具有红、蓝、紫、绿等不同颜色的配合物，这是检出酚羟基的特征反应，根据不同颜色区别各种酚。α-萘酚、β-萘酚及其他一些水溶性较差的酚，需使用乙醇溶液才可观察到颜色反应。间苯二酚的溴代产物在水中的溶解度较大，需要加入较多的溴水才能观察到沉淀。

醚的化学性质相对比较稳定，在常温下能与强酸形成锌盐可溶于浓 HCl 等强酸，但生成的锌盐很不稳定，只在冷的浓酸里才存在，遇水就分解成为原来的醚。

【试剂】

乙醇，正丁醇，仲丁醇，叔丁醇，苄醇，环已醇，甘油，1％苯酚，1％间苯二酚，1％水杨酸，对苯二酚，苯甲酸，二丁醚，乙酸，乙酰氯，卢卡斯试剂，硝酸铈铵溶液，$FeCl_3$ 溶液，6 mol/L

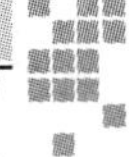

硝酸溶液，5%重铬酸钾溶液，溴水，浓硫酸，碳酸氢钠。

【实验操作】

1. Lucas 试验

将正丁醇、仲丁醇、叔丁醇、苄醇各 5 滴分别加入 4 支干燥的试管中。再各加入 1 mL 卢卡斯试剂，塞好试管摇荡后，室温静置。观察反应现象，并记录溶液变混浊和分层所需的时间。若静置后仍不见混浊，则将此试管置于温水浴中加热 2～3 min，振荡后再观察是否有混浊或分层现象。

2. 乙酰氯试验

在 3 支配有塞子的干净试管中分别加入正丁醇、仲丁醇、叔丁醇各 0.5 mL，再在每个试管中加入 0.5 mL 乙酰氯，塞紧瓶塞，振摇。注意是否发热，是否有氯化氢的白雾出现。静置 1～2 min 后倒入 3 mL 水，加入碳酸氢钠粉末使呈中性，塞紧瓶塞，激烈摇动，观察是否有水果香味逸出，若有则说明样品为低级醇。

3. 硝酸铈铵试验

取 3 支干净试管，各加入 0.5 mL 硝酸铈铵溶液和 1 mL 水，再分别滴加 5 滴乙醇、仲丁醇和叔丁醇，振摇试管使其溶解。观察反应现象。若醇不溶于水，则将 0.5 mL 硝酸铈铵溶液和 1 mL 乙酸加入一个干净试管中(如有沉淀，加 3～4 滴水使沉淀溶解)，再加 5 滴样品，振摇试管使其溶解。观察反应现象。

4. 氧化试验

取 3 支干净试管，各加入 1 mL 6 mol/L 硝酸溶液和 3～5 滴 5%重铬酸钾溶液，然后分别加入数滴正丁醇、仲丁醇和叔丁醇，振摇试管，观察反应现象。

5. 溴水试验

取 3 支干净试管，分别加入 0.5 mL 1%的苯酚、1%的间苯二酚和 1%的水杨酸水溶液，再向每个试管中逐滴加入溴水，观察溶液的颜色变化和沉淀的生成。

6. 显色反应

取 5 支干净试管，分别加入 0.5 mL 1%的样品水溶液(样品分别为苯酚、间苯二酚、对苯二酚、水杨酸，苯甲酸)，再各加入 2～3 滴 $FeCl_3$ 水溶液，观察各种酚所表现出来的颜色。

7. 醚的性质

取 1 支干净干燥试管，加入 1 mL 二丁醚，再加入 2 mL 浓硫酸，振摇，观察有无分层现象。然后加入 2 mL 蒸馏水，振摇，观察现象。

【思考题】

1. 高级醇能否用卢卡斯试剂检测？为什么？

2. 如何用简单化学方法鉴别环己醇、苄醇和苯酚？

4.2.4.1 木质素中甲氧基含量的测定

【实验目的】

(1)了解木质素中甲氧基含量的测定原理。

(2)掌握木质素中甲氧基含量的测定方法。

【实验原理】

木质素中的甲氧基在浓氢碘酸中裂解生成碘甲烷，由溴分解成溴甲烷和溴化碘。溴化碘被过量溴氧化成碘酸，多余的溴用甲酸还原。加碘化钾析出碘，由硫代硫酸钠滴定。相关反应如下：

$$ROCH_3 + HI \longrightarrow ROH + CH_3I$$

$$CH_3I + Br_2 \longrightarrow CH_3Br + IBr$$

$$IBr + 2Br_2 + 3H_2O \longrightarrow HIO_3 + 5HBr$$

$$6HIO_3 + 5KI \longrightarrow 3I_2 + 3H_2O + 5KIO_3$$

$$3I_2 + 6Na_2S_2O_3 \longrightarrow 6NaI + 3Na_2S_4O_6$$

【仪器及试剂】

(1)甲氧基测定装置。

(2)油浴。

(3)恒温水浴(温度范围：室温至100℃可调)。

(4)57%氢碘酸：浓氢碘酸浓度为57%，密度约1.7 g/cm³。市售HI浓度低于57%，并含有许多游离碘，不适于直接用来测量甲氧基。可在蒸馏烧瓶中除去杂质，在二氧化碳气氛中蒸馏。将50%的亚磷酸水溶液通过滴液漏斗逐滴加入到已沸的HI溶液，直至溶液无色为止，然后蒸馏，先除去124℃以前的馏分，收集124～126℃的馏分，接收器中放入红磷(按50 mL氢碘酸约加1 g红磷)。把蒸馏得到的氢碘酸保存在磨口、密封性能好的棕色瓶中。

(5)结晶苯酚。

(6)96%醋酸溶液。

(7)纯化红磷。

(8)溴水。

(9)20%醋酸钠溶液。

(10)4%甲酸溶液。

(11)10% H_2SO_4 溶液。

(12)0.02%淀粉溶液。

(13)饱和 $NaHCO_3$ 溶液。

(14)10% KI溶液。

(15)0.1 mol/L硫代硫酸钠标准溶液：称取25 g硫代硫酸钠($Na_2S_2O_3 \cdot 5H_2O$)和0.2 g无水碳酸钠(Na_2CO_3)溶解于1 000 mL蒸馏水中，慢慢煮沸10 min。冷却后将此溶液保存于有玻璃塞的试剂瓶中，放置数日后过滤。滤液用基准物碘酸钾进行标定，得到此硫代硫酸钠标准溶液准确的摩尔浓度。

【实验内容】

(1)甲氧基测定装置如图4-2所示。在反应器A中加入10 mL新蒸馏的氢碘酸、少许苯酚(目的是增加木质素的溶解性)以及25 mg纯化的红磷。

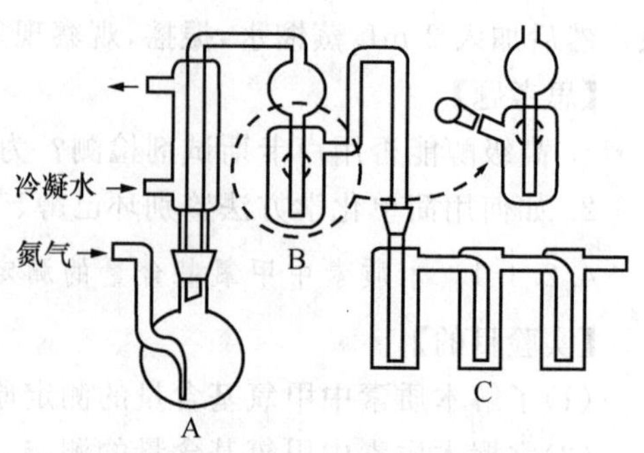

图4-2 甲氧基测定装置

A. 反应器 B. 洗气瓶 C. 收集器

(2)在洗气瓶 B 中加入 3 mL 蒸馏水。

(3)在收集器 C 的第一个玻璃瓶中加入 1.5～2.5 mL 20%醋酸钠-96%醋酸溶液,然后振荡加入 10～12 滴溴水,用 20%醋酸钠-96%醋酸溶液加满,倾斜 C 使溶液均匀地分布于 C 的 3 个玻璃瓶中。

(4)将 A、B 连接起来,缓慢地向反应器 A 中通入氮气,控制速率为每分钟 60 个气泡[1]。加热反应器 A 回流 2 h[2],使氢碘酸中析出的少量碘在红磷的作用下再生成氢碘酸。

(5)加热完毕后,用饱和的 $NaHCO_3$ 溶液替换 B 中的蒸馏水(可用干净的注射器吸出蒸馏水,加入饱和 $NaHCO_3$)。将收集器 C 与 B 连接起来,将包有 10 mg 左右的(精确到 0.01 mg)木质素的铝箔加入 A 中,将 A、B 连接起来,再加热回流 1 h。

(6)反应完后,将 C 中的液体转移到盛有 15 mL 20%醋酸钠溶液的 250 mL 锥形瓶中,用 20 mL 蒸馏水洗涤 C 收集器 3 次,加入锥形瓶中,向锥形瓶中滴加 5～10 滴甲酸,振荡直至溴的红棕色褪去。

(7)向上述溶液中加入 3 mL 10%的 H_2SO_4 溶液和 15 mL 10%的 KI 溶液,反应 5 min,用 0.1 mol/L 的 $Na_2S_2O_3$ 标准溶液滴定,加入 1～2 mL 0.02%的淀粉溶液,滴定至蓝色消失。在相同的条件下做空白试验,甲氧基的含量按下式计算:

$$CH_3O\text{ 含量(对木质素试样)} = \frac{(V_s - V_b) \times c \times 517.06}{m} \times 100\%$$

式中:V_s为样品消耗硫代硫酸钠标准溶液的体积(mL);V_b 为空白试验消耗硫代硫酸钠标准溶液的体积(mL);c 为硫代硫酸钠标准溶液的摩尔浓度(mol/L);m 为绝干木质素试样的质量(mg)。

【注释】

[1]为了 CH_3I 吸收完全,控制氮气流量为每分钟 60 个气泡。反应物沸腾后调节针形阀,使出泡均匀。其次,控制第一吸收管内液面要高于第二管 1 倍左右。

[2]控制油浴温度,使瓶内沸腾适中,一般为 140～145℃,否则暴沸溅散样品影响吸收。

【思考题】

1. 测定木质素甲氧基含量的原理是什么? 测定甲氧基含量有何意义?
2. 可否根据甲氧基含量来大体判定木质素的类型?
3. 进行木质素甲氧基含量的测定时要注意的问题很多,都有哪些?
4. 如何将官能团含量由"%"换算为"mmol/g"?

4.2.4.2 木质素中总羟基含量的测定

【实验目的】

了解木质素中总羟基含量的测定方法。

【实验原理】

羟基和已知量的乙酸酐作用生成酯。以吡啶作溶剂和催化剂,与释放的乙酸结合成乙酸吡啶,以防止乙酸的挥发和促使反应完成。酯化后,加水水解过量乙酸酐。用碱滴定剩余的乙酸。相关反应如下:

$$R—(OH)_x + n(CH_3CO)_2O \longrightarrow R—(OCOCH_3)_x + (2n-x)CH_3COOH$$
$$n(CH_3CO)_2O \longrightarrow 2nCH_3COOH$$

【仪器及试剂】

(1)10 mL 或 20 mL 具磨口塞的试管。

(2)恒温水浴(温度范围:室温至 100℃可调)。

(3)电位滴定仪。

(4)带盖及针头的玻璃注射器。

(5)100 mL 锥形瓶。

(6)乙酰化试剂:由吡啶、乙酸酐、二氧六环按体积比 4∶4.7∶4.4 混合而成。

(7)1.0 g/L 酚酞指示液:称取 0.1 g 酚酞溶解于 95%的乙醇溶液中,并用 95%乙醇稀释至 100 mL。

(8)0.1 mol/L NaOH 标准溶液:称取 4.17 g NaOH(纯度 99%),加蒸馏水溶解,并稀释至 1 000 mL。精确称取 0.2 g 在 105～110℃烘至恒重的基准邻苯二甲酸氢钾,溶于 50 mL 新煮沸过的冷水中,加 2 滴酚酞指示剂,用配制好的 NaOH 溶液滴定至溶液呈粉红色。同时做空白试验。结果表示:

$$c(\mathrm{NaOH}) = \frac{m \times 40}{(V_1 - V_2) \times 0.204\,2} \times 100$$

式中:$c(\mathrm{NaOH})$为氢氧化钠标准溶液的物质的量浓度(mol/L);m 为邻苯二甲酸氢钾的质量(g);V_1 为样品氢氧化钠溶液的用量(mL);V_2 为空白试验氢氧化钠溶液的用量(mL);0.204 2 为与 1.00 mL NaOH 标准溶液[$c(\mathrm{NaOH})=1.000$ mol/L]相当的基准邻苯二甲酸氢钾的质量(g)。

(9)甲酚红-百里酚蓝指示剂。

(10)丙酮。

(11)二氧六环∶水,4∶1(体积比)。

【实验内容】

(1)用玻璃称样管称取木质素约 40 mg 于 10 mL 磨口试管中,用带盖的玻璃针头注射器[1]加入乙酰化试剂 0.5～0.6 g,密封,50℃恒温反应 24 h[2],加入 5 mL 丙酮,加盖摇匀放置片刻。

(2)用二氧六环与水的混合溶液洗入 25 mL 容量瓶中,定容。

(3)取 5 mL 溶液,用 0.1 mol/L NaOH 标准溶液电位滴定到终点,并做空白实验。

如果没有电位滴定仪,也可打开瓶盖,加入 5 mL 丙酮,加盖摇匀放置片刻。用 25 mL 蒸馏水分三次洗入 100 mL 容量瓶中,用蒸馏水定容至刻度,取 5 mL 溶液,以甲酚红-百里酚蓝(或酚酞)为指示剂,用 0.1 mol/L 氢氧化钠标准溶液滴定到由黄色变蓝色为终点。

(4)结果计算:

$$\text{OH 含量(对木质素试样)} = \frac{(b_0 - b) \times c \times 1.7 \times 5}{A} \times 100\%$$

式中:b_0 为空白消耗的 0.1 mol/L NaOH 标准溶液体积(mL);b 为样品消耗的 0.1 mol/L

NaOH 标准溶液体积(mL);c 为 NaOH 标准溶液浓度(mol/L);1.7 为 1 mL 0.1 mol/L NaOH 标准溶液对应羟基含量;A 为不含水木质素质量(mg)。

【注释】

[1]加入反应的乙酰化试剂建议称取质量,如果采用量取体积的方法,则分析误差较大。吸取乙酰化试剂的注射器可加套密封防止吸潮。

[2]乙酰化反应温度,可用50℃恒温反应 24 h,根据木质素样品来源不同,可适当延长反应时间直至 72 h。

【思考题】

1. 总羟基包括哪些官能团?
2. 总羟基含量测定原理是什么?
3. 如何将官能团含量由"%"换算为"mmol/g"?

4.2.5 醛和酮的检验

【基本原理】

醛和酮分子中都含有羰基,因此都能与苯肼、亚硫酸氢钠等化合物发生亲核加成反应。这些反应常用作醛、酮的鉴定反应。醛、酮与 2,4-二硝基苯肼加成的产物为黄色、橙色或红色沉淀。醛、甲基酮和少于 7 个碳原子的环酮可以与亚硫酸氢钠反应生成 α-羟基磺酸钠,呈白色结晶析出。该结晶与稀盐酸或稀碳酸钠共热,则分解为原来的醛或酮。

醛和酮结构不同,性质不完全相同。可以用吐伦(Tollen)试剂和斐林(Fehling)试剂来区别醛和酮。Tollen 试剂的主要成分是银氨离子(硝酸银的氢氧化铵溶液),它与醛反应时,醛被氧化成酸,银离子被还原成银,附着在试管壁上形成银镜,由此称该反应为银镜反应。Tollen 试剂与酮不发生上述反应,所以此实验可区别醛和酮。需要注意的是还原性糖、多元酚、多元胺、氨基酚、羟胺等还原性物质有干扰反应。

Fehling 试剂是碱性铜配离子的溶液。该铜配离子能与脂肪醛反应,反应时,Cu^{2+} 配离子被还原为红色的氧化亚铜沉淀,蓝色消失,醛被氧化成酸。Fehling 溶液与芳香醛和简单酮(α-羟基酮和 α-酮醛例外)不能发生上述反应,因此,利用 Fehling 试剂可以区分脂肪醛和芳香醛,也可以区分脂肪醛和酮。

此外,甲基酮(醛)或者能被次碘酸钠氧化成甲基酮(醛)的化合物,可以与次碘酸钠反应生成黄色的碘仿沉淀,该反应称为碘仿反应。碘仿反应常用于鉴别甲基酮(醛)或能被次碘酸钠氧化成甲基酮(醛)的化合物。

【试剂】

甲醛水溶液,40%乙醛溶液,乙醇,丙酮,苯甲醛,2,4-二硝基苯肼,饱和亚硫酸氢钠溶液,碘-碘化钾溶液,10%NaOH 溶液,5%NaOH 溶液,斐林 A,斐林 B,5%硝酸银溶液,2%氨水。

【实验操作】

1. 与 2,4-二硝基苯肼的加成反应

取 4 支试管分别加入甲醛溶液、40%乙醛溶液、丙酮和苯甲醛各 3 滴,再各加入 1 mL 2,4-二硝基苯肼[1],观察有无沉淀生成。

2. 与亚硫酸氢钠的加成反应

取4支试管各加入2 mL新配制的饱和亚硫酸氢钠溶液[2]，分别加入甲醛溶液、40%乙醛溶液、丙酮和苯甲醛各1 mL，振摇试管，将试管置于冷水中冷却，观察有无晶体析出。

3. 银镜反应

取3支干净试管，均加入1 mL 5%硝酸银溶液和1滴5%氢氧化钠溶液，然后逐滴加入2%氨水[3]，边滴边摇动试管，直到生成的沉淀恰好溶解为止。分别取2滴丙酮、乙醛溶液和苯甲醛加入上述3个试管的溶液中，在室温下放置几分钟，如果试管上没有银镜生成，在热水浴中温热几分钟(注意加热时间不可太久)，观察有无银镜生成。

4. 与Fehling试剂反应

取3支试管，均加入1 mL斐林A和1 mL斐林B[4]，混匀后再分别加入10滴乙醛溶液、丙酮和苯甲醛，然后置试管于沸水浴中加热3～5 min，观察颜色变化及有无沉淀生成。

5. 碘仿反应

取4支试管，分别加入1 mL甲醛溶液、乙醛溶液、乙醇、丙酮，然后再各加入2 mL碘-碘化钾溶液，再各滴加10%氢氧化钠溶液并摇匀，直至碘的颜色消失，观察有无沉淀产生。

【注释】

[1]2,4-二硝基苯肼毒性较大，操作时应小心，避免试剂沾到皮肤上。如不慎触及皮肤，应先用稀醋酸洗，再用水冲洗。

[2]实验中所用的饱和亚硫酸氢钠溶液必须是在室温下新配制的饱和溶液，其浓度为40%左右。

[3]配制Tollen试剂时应防止加入过量的氨水，否则将生成雷酸银(Ag—ON ═C)，受热易爆炸，并且试剂本身失去灵敏性。Tollen试剂久置后将形成雷银(AgN_3)黑色沉淀。它受震动时即分解，易爆炸，因此Tollen试剂需临用时配制。进行实验时，切忌用灯焰直接加热。实验完毕，应加入少许硝酸，立即煮沸洗去银镜。

[4]Fehling试剂是由硫酸铜溶液(斐林A)和酒石酸钾钠的氢氧化钠溶液(斐林B)等量混合配制而成的。此时，硫酸铜的铜离子和碱性酒石酸钾钠形成深蓝色铜配离子溶液，但该配合物不稳定，因此两种溶液要分别配制，在使用时再将二者混合。

【思考题】

如何用简单的化学方法鉴别苯甲醇、苯甲醛、正丁醛和苯乙酮？

木质素中羰基含量的测定

【实验目的】

了解木质素中羰基含量的测定方法。

【实验原理】

将醛或酮与盐酸羟胺反应，形成肟，并生成盐酸，用标准碱滴定酸。

【仪器及试剂】

(1)磨口试管。

(2)恒温水浴(温度范围：室温至100℃可调)。

(3)100 mL锥形瓶。

(4)5 mL移液管。

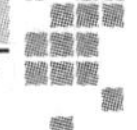

(5)肟化试剂:0.2 mol/L 盐酸羟胺溶液和 0.08 mol/L 三乙醇胺酒精溶液[1]。

(6)二甲亚砜。

(7)氮气。

(8)0.1 mol/L HCl 标准溶液:量取 9 mL 浓 HCl,加适量水并稀释至 1 000 mL。准确称取 0.15 g 在 270～300℃干燥到恒重的基准无水碳酸钠,加 50 mL 水使之溶解,加 10 滴溴甲酚绿甲基红混合指示剂,用配制好的 HCl 溶液滴定至溶液由绿色转变为紫红色,煮沸 2 min,冷却至室温,继续滴定至溶液由绿色变为暗紫色。同时做空白试验。

结果表示:

$$c(\mathrm{HCl})=\frac{m}{(V_1-V_2)\times 0.0530}$$

式中:c(HCl)为盐酸标准溶液的物质的量浓度(mol/L);m 为无水碳酸钠的质量(g);V_1 为样品 HCl 溶液的用量(mL);V_2 为空白试验 HCl 溶液的用量(mL);0.053 0 为与 1.00 mL HCl 标准溶液[c(HCl)=1.000 mol/L]相当的基准无水碳酸钠的质量(g)。

【实验内容】

(1)称取约 80 mg 木质素[2]于磨口试管中,加二甲亚砜 2 mL 使其稍溶。精确加入 5 mL 肟化试剂,氮气排除试管中空气,封口。于 80℃恒温反应 2 h,每隔 10～15 min 摇匀一次。用 20 mL 蒸馏水洗移到 100 mL 锥形瓶内。以 0.1 mol/L HCl 标准溶液电位滴定到 pH=3.3 为终点。做空白实验。

(2)结果计算:

$$\text{CO 含量(对木质素试样)}=\frac{(a-a_0)\times c\times 2.801}{A}\times 100\%$$

式中:a_0 为空白消耗的 0.1 mol/L HCl 标准溶液体积(mL);a 为样品消耗的 0.1 mol/L HCl 标准溶液体积(mL);c 为 HCl 标准溶液的浓度(mol/L);2.801 为对应 1 mL 0.1 mol/L HCl 标准溶液的羰基量(mg);A 为不含水木质素质量(mg)。

【注释】

[1]肟化试剂在温度较低时,容易析出晶体,故应保持温度 25℃左右。

[2]分析改性木质素时,考虑其他活性基团可能与三乙醇胺反应,故必须用一定量的 0.08 mol/L 三乙醇胺酒精溶液和木质素按操作方法求得校正值,以免误计为羰基所结合的盐酸羟胺量。

【思考题】

1. 总羰基含量的测定原理是什么?
2. 如何将官能团含量由"%"换算为"mmol/g"?

4.2.6 羧酸及其衍生物的检验

【实验原理】

羧酸具有酸性,比无机强酸弱,但比碳酸强。当其烃基上连有吸电子基团时酸性会增强。可以利用其与碳酸钠或碳酸氢钠反应放出 CO_2 气体来鉴别羧酸。甲酸具有还原性,能够被高锰酸钾氧化。草酸易脱羧生成甲酸,也能够被高锰酸钾氧化。

羧酸衍生物能与羟胺反应生成羟肟酸,羟肟酸与三氯化铁在弱酸性溶液中能生成紫色或深红色的可溶性羟肟酸铁,由此可以鉴别羧酸衍生物。注意当试样中有与三氯化铁溶液起颜色反应的官能团时不能用此试验鉴别。

$$RC(=O)A + NH_2OH \longrightarrow RC(=O)NHOH + HA$$

$$3\,RC(=O)NHOH + FeCl_3 \longrightarrow [RC(=O)NHO]_3Fe + 3HCl$$

羧酸衍生物都可以发生水解、醇解、氨解反应,也可以用这些反应来鉴别,它们的反应活性顺序为酰卤>酸酐>酯>酰胺。

乙酰乙酸乙酯同时具有酮式和烯醇式两种互变异构体,因此既可与羰基试剂反应,又可与饱和溴水和金属钠反应,也能与三氯化铁发生显色反应。

【试剂】

甲酸,冰醋酸,三氯乙酸,草酸,水杨酸,乙酰氯[1],乙酸酐,10%乙酰乙酸乙酯,无水乙醇,10%硫酸,1 mol/L 盐酸,6 mol/L 氢氧化钠溶液,0.5%高锰酸钾,羟胺盐酸盐乙醇溶液,5%三氯化铁溶液,5%硝酸银溶液,饱和溴水,苯胺,2,4-二硝基苯肼,$NaHCO_3$,广泛 pH 试纸,刚果红[2]试纸,石蕊试纸。

【实验操作】

1. 羧酸的酸性

(1)取 3 片 pH 试纸,分别滴上 1 滴甲酸、冰醋酸和三氯乙酸,观察试纸颜色的变化,估计其 pH 并比较酸性强弱。

(2)取 3 支试管,分别加入 5 滴甲酸、冰醋酸和 0.5 g 草酸,再各加 2 mL 蒸馏水,振摇试管,然后分别用干净的玻璃棒蘸取酸液在刚果红试纸上划线,比较其线条的颜色深浅。

(3)在(2)中的 3 支试管中分别加入少量 $NaHCO_3$ 固体,观察溶液中有无气泡逸出。

2. 甲酸和草酸的氧化反应

取 4 支试管,分别加入 0.5 mL 甲酸、0.5 mL 乙酸、0.1 g 草酸和 0.1 g 水杨酸,然后各加入 1 mL 10%硫酸及 3 滴 0.5%高锰酸钾,振摇试管,观察溶液颜色的变化情况。

3. 羧酸衍生物与羟胺的反应

将 1 mL 羟胺盐酸盐乙醇溶液,1 滴液体样品或 5 mg 固体样品加入一支干净试管中,振摇后,加 0.2 mL 6 mol/L 氢氧化钠溶液,将溶液煮沸,稍冷后加入 2 mL 1 mol/L 盐酸,如果溶液变浑,再加 2 mL 无水乙醇。然后加 1 滴 5%三氯化铁溶液。观察是否有紫色出现,如果出现的颜色很快消失,继续滴加 5%三氯化铁溶液,直到溶液不变色为止。紫色表示正反应。

4. 羧酸衍生物的水解反应

在盛有 1 mL 水的试管中,小心滴加乙酰氯 4~5 滴,振荡试管后,观察有何变化,是否有热量放出。反应结束后在溶液中滴加 2 滴 5%硝酸银溶液,观察现象。

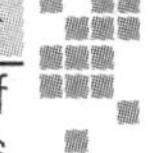

用乙酸酐代替乙酰氯进行水解试验，必要时可微微加热，观察现象，并比较乙酸酐与乙酰氯的反应活性。

5. 羧酸衍生物的醇解反应

取 1 mL 无水乙醇于干燥试管中，逐滴滴加 8～10 滴乙酰氯，边加边振荡，并用冷水冷却。反应完毕后加入 1 mL 水，用 6 mol/L 氢氧化钠溶液中和至碱性（用石蕊试纸测），观察液层并用手扇动闻气味。若无分层现象，可向溶液中加入食盐至饱和，进行盐析，观察现象。

6. 羧酸衍生物的氨解反应

取 5 滴苯胺于干燥试管中，逐滴滴加 5 滴乙酰氯，边加边振荡，反应完毕后加入 2 mL 水，并用玻璃棒摩擦试管内壁，观察有无结晶出现。再取另一试管，用乙酸酐代替乙酰氯，按上述操作混合苯胺与乙酸酐，混合后用小火加热至沸，待冷却后加约 2 mL 水，摩擦试管内壁，观察有无结晶出现。

7. 乙酰乙酸乙酯的反应

1）与 2,4-二硝基苯肼的反应　将 1 mL 2,4-二硝基苯肼加入干燥试管中，再滴入 10％乙酰乙酸乙酯 4～5 滴，观察有无固体析出。

2）与溴水反应　滴加 10 滴 10％乙酰乙酸乙酯和 1 滴饱和溴水至试管中，振摇试管，观察反应液颜色的变化情况。

3）与三氯化铁反应　滴加 5 滴 10％乙酰乙酸乙酯和 2 滴 5％三氯化铁溶液至试管中，振摇试管，观察反应液颜色的变化情况。

【注释】

[1]必须使用无色透明的乙酰氯进行试验，因为乙酰氯久置后将产生混浊或析出沉淀，会影响试验结果。

[2]刚果红是一种指示剂，变色范围从 pH＝5（红色）到 pH＝3（蓝色）。刚果红与弱酸作用显蓝黑色，与强酸作用显稳定的蓝色。

【思考题】

1. 酰卤、酸酐、酯和酰胺四种羧酸衍生物水解反应的活性顺序是什么？为什么？

2. 如何用实验说明常温下乙酰乙酸乙酯中烯醇式和酮式结构平衡的存在？

木质素中羧基含量的测定

【实验目的】

了解酸溶木质素中羧基含量的测定方法。

【实验原理】

羧基和醋酸钙有离子交换作用，释放出醋酸。使用滤纸过滤以除去木质素钙盐的沉淀，用碱液定量反应释放出的醋酸。具体反应式如下：

$$(\mathrm{OH})_n\text{—R—}(\mathrm{COOH})_m + 0.5m(\mathrm{CH_3COO})_2\mathrm{Ca} \longrightarrow (\mathrm{OH})_n\text{—R—}(\mathrm{COOCa_{0.5}})_m + m\mathrm{CH_3COOH}$$

【仪器及试剂】

(1)25 mL 容量瓶。

(2)恒温水浴（温度范围：室温至 100℃可调）。

(3)无灰滤纸。

(4)100 mL 锥形瓶。

(5)甲酚红-百里酚蓝混合指示剂[1]。

(6)酚酞指示剂。

(7)0.05 mol/L 氢氧化钠标准溶液。

(8)0.4 mol/L 乙酸钙[2]。

【实验内容】

(1)称取 40～60 mg 木质素于 25 mL 容量瓶中，加入 20 mL 0.4 mol/L 乙酸钙溶液，盖瓶塞，在 85℃恒温 0.5 h。放置 15 min 使其冷却，加蒸馏水至刻度。过滤，取滤液 20 mL，用 0.05 mol/L NaOH 标准溶液电位滴定，并做空白实验。

(2)如果无电位滴定仪，取滤液 20 mL 于 100 mL 锥形烧瓶中。加甲酚红-百里酚蓝混合指示剂(或酚酞指示剂)，用 0.05 mol/L 氢氧化钠标准溶液滴定，并做空白实验。

(3)结果计算：

$$\text{COOH含量(对木质素试样)} = \frac{(a - a_0) \times c \times 1.25 \times 0.85}{A} \times 100\%$$

式中：a 为样品消耗的 0.05 mol/L NaOH 体积(mL)；a_0 为空白消耗的 0.05 mol/L NaOH 体积(mL)；c 为 NaOH 标准溶液的浓度(mol/L)；1.25 为换算系数；0.85 为 1 mL 0.05 mol/L NaOH 标准溶液对应木质素中羧基的含量；A 为不含水木质素质量(mg)。

【注释】

[1]甲酚红-百里酚蓝混合指示剂，由黄变紫色，终点明显。

[2]醋酸钙溶液不宜存放过久，容易霉变。

【思考题】

1. 羧基含量测定原理是什么？

2. 如何将官能团含量由“%”换算为“mmol/g”？

4.2.7 胺的检验

【基本原理】

伯、仲、叔胺与苯磺酰氯碱溶液的反应称为兴斯堡反应。苯磺酰氯与伯胺生成的 N-取代苯磺酰胺具有酸性，能溶于氢氧化钠溶液。苯磺酰氯与仲胺生成的 N,N-二取代苯磺酰胺没有酸性，不能溶于氢氧化钠溶液。苯磺酰氯与叔胺不发生这个反应。因此，应用兴斯堡反应可以区别伯、仲和叔胺。

相关反应式为：

$$\left.\begin{matrix} RNH_2 \\ R_2NH \\ R_3N \end{matrix}\right\} \xrightarrow[\text{NaOH(过量)}]{C_6H_5SO_2Cl} \left\{\begin{matrix} [RNSO_2C_6H_5]^- Na^+ \\ R_2NSO_2C_6H_5 \downarrow \\ R_3N\text{(油状，不反应)} \end{matrix}\right\} \xrightarrow{\text{HCl 酸化}} \begin{matrix} RNHSO_2C_6H_5 \downarrow \text{(白色沉淀)} \\ R_2NSO_2C_6H_5 \downarrow \text{(白色沉淀)} \\ [R_3NH]^+ Cl^- \text{(溶于水)} \end{matrix}$$

亚硝酸试验可用于鉴别芳香族伯胺和脂肪族伯胺，还可以区别仲胺和叔胺。

芳香族伯胺与亚硝酸作用生成重氮盐，重氮盐不稳定，遇热分解生成酚和放出氮气，未分解的重氮盐与生成的酚发生偶联反应产生橙红色的偶氮化合物。脂肪族伯胺与亚硝酸作用生成重氮盐，重氮盐在常温下即可放出氮气转变成相应的醇，不发生偶联反应。

仲胺与亚硝酸作用生成黄色固体或油状的亚硝基化合物，其遇碱不变色。叔胺与亚硝酸作用生成黄色固体或油状物，其用碱中和后转变为绿色固体。

相关反应为：

$$RNH_2 + NaNO_2 \xrightarrow[0\sim5℃]{HCl} R\overset{+}{N}_2 \text{（不稳定）} \longrightarrow \overset{+}{R} + N_2\uparrow, \quad \overset{+}{R} \xrightarrow{H_2O} ROH + H^+$$

$$ArNH_2 + NaNO_2 \xrightarrow[0\sim5℃]{HCl} Ar\overset{+}{N}_2 \xrightarrow{\beta\text{-萘酚}} Ar{-}N{=}N{-}C_{10}H_6OH \text{（红色沉淀）}$$

$$Ar{-}NH{-}R + NaNO_2 \xrightarrow[0\sim5℃]{HCl} Ar{-}N(NO){-}R \text{（黄色固体或油状物，遇碱不变色）}$$

$$C_6H_5{-}NR_2 + NaNO_2 \xrightarrow[0\sim5℃]{HCl} \left[ON{-}C_6H_4{-}\overset{+}{N}HR_2\right]\cdot Cl^- \xrightarrow{NaOH} ON{-}C_6H_4{-}NR_2$$

此外，由于苯胺亲电活性很高，易与溴水反应生成2,4,6-三溴苯胺白色沉淀，反应非常灵敏，可利用此反应鉴别苯胺。干扰反应：苯酚等化合物也易与溴水反应生成白色沉淀。

【试剂】

苯胺，*N*-甲苯胺，*N*,*N*-二甲苯胺，正丁胺，10% 氢氧化钠溶液，苯磺酰氯，6 mol/L 盐酸，2 mol/L 盐酸，10%亚硝酸钠溶液，*β*-萘酚，溴水，广泛 pH 试纸，蓝色石蕊试纸。

【实验操作】

1. 兴斯堡试验

分别取0.5 mL 苯胺、*N*-甲苯胺、*N*,*N*-二甲苯胺加入三支试管中，再分别向每一支试管中加入2.5 mL 10%氢氧化钠溶液和约0.5 mL 苯磺酰氯，塞好塞子，用力振摇3～5 min。取下塞子，将三支试管在不高于70℃水浴中加热并振摇1 min，冷却后用pH试纸检验，若不呈碱性，应再滴加10%氢氧化钠溶液至碱性，若溶液澄清，可用6 mol/L 盐酸酸化，酸化后析出沉淀或油状物，则试样为苯胺(伯胺)；若溶液中有沉淀或油状物析出，亦用6 mol/L 盐酸酸化至蓝色石蕊试纸变红，沉淀不消失，则试样为*N*-甲苯胺(仲胺)；若始终无反应，溶液中仍有油状物，用盐酸酸化后油状物溶解为澄清溶液，则样品为*N*,*N*-二甲苯胺(叔胺)[1]。

2. 亚硝酸试验

在试管Ⅰ中加入3滴试样和2 mL 2 mol/L 盐酸混合均匀，在试管Ⅱ中加入2 mL 10%

亚硝酸钠溶液，在试管Ⅲ中加入 4 mL 10% NaOH 溶液和 0.2 g β-萘酚。将此三支试管都置于冰水浴中冷却到 0～5℃。将试管Ⅱ中的溶液倒入试管Ⅰ中，振荡并保持温度不超过 5℃。根据所发生的现象判断样品的归属。试样可取苯胺、N-甲苯胺、N，N-二甲苯胺和正丁胺。

若在此温度下有大量气泡冒出，则样品为脂肪族伯胺。

若在此温度下不冒气泡或仅有极少量气泡冒出，溶液中也无固体或油状物析出，则取试管Ⅲ中溶液逐渐滴入其中，产生橙红色沉淀表明样品为芳香族伯胺。

若溶液中有黄色固体或油状物析出，则用 10% NaOH 中和至碱性，颜色保持不变，则样品为仲胺；若中和后转变为绿色固体，则表明样品为叔胺。

3. 苯胺与溴的反应

在 5 mL 水中滴入 1 滴苯胺，振荡使其全部溶解后，取此苯胺溶液 2 mL，加溴水，观察是否有白色沉淀立即析出。

【注释】

[1]兴斯堡反应中，试样为叔胺时，通常芳香族叔胺不溶于反应体系而呈油状物沉于试管底部。苯磺酰氯会迅速与体系中的 OH^- 反应生成苯磺酸，苯磺酸易溶于水，故观察不到明显的反应现象。但还会有一部分苯磺酰氯混溶于叔胺中，一起沉于试管底部。加热可使叔胺分散浮起，以使其中的苯磺酰氯全部转化为苯磺酸，否则酸化后，未转化的苯磺酰氯仍以油状物存在，往往会造成误判。

干扰现象：若仲胺分子中含有羧基等酸性基团，则该仲胺与苯磺酰氯作用后的产物也具有酸性，也能溶于氢氧化钠溶液，与伯胺的实验现象相同。

【思考题】

如何鉴别伯、仲、叔胺？

4.2.8 糖类化合物的检验

【实验原理】

糖类化合物是多羟基醛和多羟基酮以及它们的缩合物。根据水解情况，分为单糖、低聚糖和多糖。

糖类化合物在浓无机酸的作用下，脱水生成糠醛或糠醛的衍生物，这些化合物继续与酚类化合物缩合生成有色物质。常用的酚类化合物有 α-萘酚，与糖类化合物生成紫色络合物，该反应常用于鉴别糖类化合物；间苯二酚与酮糖一般在 30 s 内反应生成红色缩合物，与醛糖的反应较慢，可利用反应速率的差异鉴别醛糖和酮糖。

单糖和含有半缩醛羟基的二糖称为还原糖，能被弱氧化剂 Fehling 试剂和 Tollen 试剂氧化，并能与过量苯肼作用生成糖脎，根据糖脎的形成速度、晶形和熔点可以鉴别不同的糖。醛糖可以被溴水氧化，而酮糖不能，因此可以利用此反应的差异鉴别醛糖和酮糖。

低聚糖和多糖在酸或酶的催化作用下可以发生水解，水解的最终产物是还原性单糖。淀粉遇碘产生蓝色，在酸或淀粉酶作用下逐步水解，先水解成糊精，再水解成麦芽糖，最终产物为葡萄糖。

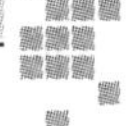

【试剂】

2%葡萄糖，2%果糖，2%蔗糖，2%麦芽糖，1%淀粉，5% α-萘酚乙醇溶液，0.05%间苯二酚盐酸溶液，浓硫酸，斐林 A，斐林 B，5%硝酸银溶液，5%氢氧化钠溶液，2%氨水，饱和溴水，苯肼试剂，浓盐酸，10%氢氧化钠溶液，碘-碘化钾溶液。

【实验操作】

1. 显色反应

1)Molish 反应　取 4 支试管，分别加入 1 mL 葡萄糖、果糖、蔗糖、1%淀粉溶液，再各加入 5 滴 α-萘酚乙醇溶液，混匀。将试管倾斜，分别沿管壁慢慢加入浓硫酸 1 mL，然后小心竖起试管(注意不要振荡试管)，使硫酸与糖溶液清楚地分为两层，注意观察两液面间颜色环的出现，记录颜色。注意所用的浓硫酸要尽可能干燥，若其中含水较多，反应现象会不明显或出现绿色环。

2)Seliwaoff 反应　取 4 支试管，分别加入 1 mL 0.05%间苯二酚盐酸溶液，再依次分别加入葡萄糖、果糖、蔗糖和麦芽糖溶液各 2 滴，在沸水浴中加热，注意观察各试管颜色的变化，并记录变色所需要的时间。

2. 还原性试验

1)与 Fehling 试剂的反应　取 5 支试管，分别加入 10 滴斐林 A 和斐林 B，混合均匀，然后分别加入 5 滴葡萄糖、果糖、蔗糖、麦芽糖和 1%淀粉溶液，混匀后置于沸水浴中加热 3～5 min，注意观察各试管内溶液颜色的变化及有无砖红色沉淀的生成。

2)与 Tollen 试剂反应　取 4 支干净试管，分别加入 1 mL 5%硝酸银溶液和 1 滴 5%氢氧化钠溶液，然后逐滴加入 2%氨水，边滴边摇动试管，直到生成的沉淀恰好溶解为止。再分别加入 0.5 mL 葡萄糖、果糖、蔗糖、麦芽糖溶液各 2 滴，混匀后置于 50～60℃水浴中温热，观察各试管中发生的现象。

3)与溴水反应　取 2 支试管，分别加入饱和溴水 0.5 mL，再分别加入 0.5 mL 葡萄糖和果糖溶液，振摇试管，观察试管中溶液颜色的变化情况。

3. 糖脎的形成

取 4 支试管，分别加入 1 mL 葡萄糖、麦芽糖、蔗糖、果糖溶液，再各加入 0.5 mL 苯肼试剂[1]，混合均匀，置于沸水浴中加热，记录并比较形成结晶所需要的时间。加热 20 min 后，将所有试管取出，慢慢冷至室温观察结晶情况(迅速冷却可能引起糖脎的结晶变形)。用玻棒蘸取少量结晶，放在载玻片上，用显微镜观察糖脎的晶形，并与已知的糖脎进行比较(图 4-3)。

(a)葡萄糖脎

(b)麦芽糖脎

图 4-3　糖脎的晶形

4. 二糖和多糖的水解

1)蔗糖的水解　在试管中加入 1 mL 蔗糖溶液和 2 滴浓盐酸,在沸水浴上加热 10～15 min 后取出冷却,用 10%氢氧化钠溶液中和至中性或弱碱性,然后加入斐林 A 和斐林 B 各 1 mL 混匀,在沸水浴上加热 2～3 min,观察试管内颜色的变化并解释之。

2)淀粉的水解　取 1 mL 1%淀粉溶液加入试管中,再加入 3 滴浓盐酸,在沸水浴中加热,每 5 min 取出 1 滴溶液放在点滴板上,加 1 滴碘-碘化钾溶液,观察其颜色变化,直至反应液对碘不再显颜色为止。然后向试管中滴加 10%氢氧化钠溶液,中和至中性或弱碱性,用斐林试剂检验其还原性(同上),并解释之。

【注释】

[1]醋酸钠与苯肼盐酸盐作用生成苯肼醋酸盐,弱酸弱碱所成的盐在水中容易水解生成苯肼和乙酸。苯肼有毒,试管用少许脱脂棉塞住,避免接触皮肤。如沾染到皮肤上必须先用稀醋酸洗,再用清水洗净。

【思考题】

如何鉴别葡萄糖、果糖、麦芽糖、蔗糖和淀粉?

纤维素含量的测定

【实验目的】

了解纤维素含量的测定方法。

【实验原理】

用 20%硝酸和 80%乙醇混合液处理试样,所生成的硝化木质素和氧化木质素溶解于乙醇中,与此同时有大量的半纤维素被水解、氧化而溶出。所得残渣即硝酸乙醇纤维素。所得的残渣过滤后,用水洗并烘干,测定其含量。

【仪器及试剂】

(1)自动调节温度的电水浴。

(2)直形或球形冷凝管。

(3)250 mL 锥形瓶。

(4)玻璃过滤器。

(5)硝酸-乙醇混合液:用洁净干燥的量筒取 80 mL 化学纯乙醇(95%)于一洁净干燥的 1 000 mL 烧杯中,再用一洁净干燥量筒[1],量取 20 mL 化学纯硝酸(相对密度 1.42)徐徐分次倾入乙醇中[2],每次加入少量(约 10 mL),并用玻璃棒搅匀后继续滴加,全部硝酸溶入乙醇后,充分搅匀,冷后贮于棕色试剂瓶中[3][4]。

【实验内容】

(1)精确称取 1 g(准确至 0.000 1 g)试样于 25 mL 洁净干燥的锥形瓶中(同时另称取试样测定水分),加入 25 mL 硝酸-乙醇混合液,装上回流冷凝管,放在沸水浴上加热 1 h。在加热过程中,应随时摇荡瓶内物,以防止试样跳动。

(2)到达规定时间后,移去冷凝管,将锥形瓶自水浴取下,静置片刻。残渣沉积瓶底后,用倾泻法滤经已恒重的玻璃滤器,尽量不使试样流出。用真空泵将滤器中的滤液吸干。再用玻璃棒将流入滤器的残渣移入锥形瓶中。量取 25 mL 硝酸-乙醇混合液,分数次将滤器及锥形瓶口附着的残渣移入瓶中,装上回流冷凝管,再在沸水浴中加热 1 h。重复数次,直至纤

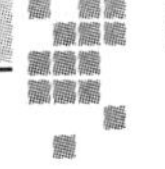

维变白为止。一般阔叶树及稻草处理三次即可，松木及芦苇则需处理四次以上。

(3)将锥形瓶内的物质全部移入滤器，用 10 mL 硝酸-乙醇液洗涤残渣，再用热水洗涤用甲基橙试之至不呈酸性为止，最后用乙醇洗两次，吸干洗液。将滤器移入烘箱，于 105℃烘干至恒重。

如为草类原料，则须测定其中所含灰分。

(4)结果计算：

$$木材原料纤维素含量=\frac{(G_1-G)\times 100}{G_2(100-W)}\times 100\%$$

式中：G 为玻璃滤器重(g)；G_1 为盛有烘干后残渣的玻璃滤器重(g)；G_2 为风干试样重(g)；W 为试样水分含量(%)。

【注释】

[1]硝酸、乙醇应分别用两个量筒量取，不应用同一个量筒量取。

[2]应将硝酸加入乙醇中，不能将乙醇倾入硝酸中，并注意应徐徐加入。每次加少量硝酸后，应搅拌均匀后开始续加，否则可能发生爆炸。

[3]混合液必须完全冷却后，才可倾入试剂瓶中。

[4]混合液现配现用，不宜放置时间太久。

【思考题】

纤维素含量测定方法有哪些？各自的原理是什么？

4.2.9 氨基酸和蛋白质的检验

【实验原理】

氨基酸为白色结晶化合物，易溶于水而难溶于非极性有机溶剂，熔点较高，一般在 200℃以上。α-氨基酸与水合茚三酮在溶液中共热，可被氧化分解成醛、氨和二氧化碳，茚三酮则被还原为仲醇，与所生成的氨结合生成紫红色物质，最终形成蓝紫色的化合物(脯氨酸和羟脯氨酸除外，会与茚三酮作用生成黄色物质)，该反应非常灵敏。反应产生的蓝紫色的深浅与氨基酸的浓度和 pH 有关，此反应的适宜 pH 为 5～7，酸度过大时甚至不显色。

蛋白质是由多种 α-氨基酸经肽键相互联结而成的复杂高分子化合物。蛋白质分子中含有一些特殊基团可以与某些试剂如缩二脲、茚三酮、米伦试剂、浓硝酸等发生特殊的颜色反应，用于鉴别蛋白质。

缩二脲是两分子尿素脱除一分子氨生成的产物，它与氢氧化铜在碱溶液中生成鲜红的配合物，即缩二脲反应。蛋白质、多肽分子中含有类似的结构单元(肽键)，因此也能与 Cu^{2+} 形成有色配合物。蛋白质和多肽生成的配合物显紫色。氨基酸因不含肽键无此反应，因此该反应可用于区别氨基酸和蛋白质。

蛋白质与米伦试剂反应后会有白色沉淀析出，用沸水浴加热，白色絮状沉淀聚成块状并显砖红色或粉红色，表明蛋白质中含酪氨酸或(和)色氨酸。该反应机理尚不明确。此外，蛋白质溶液中如含有大量无机盐，可与米伦试剂中的汞离子产生沉淀从而丧失试剂的作用。另外试液中还不能含有 H_2O_2、醇或碱，因它们能使试剂中的汞离子变成氧化汞沉淀。

蛋白质与浓硝酸混合后，首先与酸作用发生不可逆沉淀(白色)。若蛋白质分子中含有芳香环，则在加热时发生硝化反应，产生鲜黄色的硝化产物（黄蛋白反应），该产物在碱性溶液中可生成负离子使颜色加深而呈橙黄色。

【试剂】

甘氨酸，蛋白溶液[1]，0.1%茚三酮乙醇溶液，米伦试剂[2]，浓硝酸，浓氨水，10% NaOH溶液，1%硫酸铜溶液。

【实验操作】

1. 缩二脲反应

取1 mL蛋白溶液置于试管中，加入2 mL 10% NaOH溶液，再加入2滴1%硫酸铜溶液，观察其颜色变化。

2. 米伦反应

取1 mL蛋白溶液置于试管中，加入5滴米伦试剂，加热至沸，观察其颜色变化。

3. 黄蛋白反应

取1 mL蛋白溶液置于试管中，加入5滴浓硝酸，加热至沸，观察其颜色变化。再加入浓氨水使成碱性后，有何变化？

4. 茚三酮反应

取米粒大小甘氨酸加于试管中，再加1 mL水溶解，另取1 mL蛋白溶液置于另一试管中，再分别向两个试管中加入1 mL 0.1%茚三酮乙醇溶液，都置于沸水中加热5～10 min，观察其颜色变化。

【注释】

[1]蛋白溶液的制取方法：取3个鸡蛋，除去蛋黄，将鸡蛋清与900 mL水及100 mL饱和食盐水混合均匀，大部分球蛋白呈絮状沉淀析出，然后用湿纱布过滤，滤液中主要是清蛋白，供实验用。

[2]米伦试剂的配制方法如下：将1 g金属汞溶于2 mL浓硝酸中，用两倍水稀释，放置过夜，过滤。滤液即米伦试剂，其中含有汞、硝酸汞、硝酸亚汞，此外还含有过量的硝酸和少量的亚硝酸。

【思考题】

为什么皮肤接触硝酸后会变黄？

Chapter 5 第 5 章
综合性、设计性实验
Comprehensive and Designing Experiments

5.1 综合性实验

5.1.1 昆虫信息素 2-庚酮的制备

【实验目的】

(1)掌握实验室制备 2-庚酮(2-heptanone)的原理和方法。

(2)学习减压蒸馏的实验操作。

【实验原理】

同种个体之间相互作用的化学物质称为信息素(pheromone),该物质能影响彼此的行为、习性乃至生育和生理活动。信息素由体内腺体制造,直接排出散发到体外,依靠空气、水等传导媒介传给其他个体。从低等动物到高等哺乳动物都有信息素。由于信息素依靠外界环境传递,故又称外激素。生物异种之间相互作用的化学物质称为种间信息素或异种信息素。昆虫向体外分泌多种化学物质,用于昆虫之间传递信息,称之为信号化合物(signal chemicals)或化学信使(chemical messager)。作用于同种昆虫个体间的化学物质称为昆虫信息素。信息素分为集合信息素(aggregation pheromone)、性信息素(sex pheromone)、标记信息素(marking pheromone)、追踪信息素(trail pheromone)及告警信息素(alarm pheromone)等。例如,蚂蚁在寻找道路时,它尾部末端的刺针沿着地面释放出追踪信息素,以示其行动的踪迹,使同伴追踪寻迹而至。蚂蚁、白蚁等昆虫分泌出集合信息素,以此召唤同类,一起栖息,共同取食,攻击异种对象。蜜蜂分泌出告警信息素,当外敌侵害蜂巢时,执勤工蜂一起向外敌进攻,直至外敌消除。将用溶有 2-庚酮的石蜡油涂抹的小木块和单独用石蜡油涂抹的小木块同时放在蜂箱的入口处,对于前者蜜蜂会蜂拥而至,而后者不能引起蜜蜂的注意。2-庚酮就是工蜂的告警信息素。信息素的特点是含量很少,而生理作用极为显著,因此合成信息素防治害虫意义重大。

【反应式】

2-庚酮可经乙酰乙酸乙酯的烷基化,水解而制得。

$$CH_3\overset{\overset{O}{\|}}{C}CH_2\overset{\overset{O}{\|}}{C}OC_2H_5 + CH_3CH_2CH_2CH_2Br \xrightarrow{C_2H_5ONa}$$

$$CH_3\overset{\overset{O}{\|}}{C}\underset{\underset{CH_2CH_2CH_2CH_3}{|}}{CH}\overset{\overset{O}{\|}}{C}OC_2H_5 \xrightarrow{NaOH} \xrightarrow[\triangle]{H^+} CH_3\overset{\overset{O}{\|}}{C}CH_2CH_2CH_2CH_2CH_3$$

【试剂与规格】

绝对无水乙醇,金属钠,浓盐酸,无水硫酸镁,氢氧化钠,硫酸,氯化钙,乙酰乙酸乙酯,正溴丁烷,二氯甲烷。

【物理常数】

2-庚酮:无色液体,有类似梨的水果香味。相对分子质量 114.19,沸点 151.5℃,熔点 −35℃,闪点 47℃,d_4^{20} 0.82,溶于水,可混溶于多数有机溶剂。

【实验步骤】

1. 正丁基乙酰乙酸乙酯的制备

在盛有 25 mL 绝对无水乙醇的 150 mL 圆底烧瓶中[1],分批加入 1.2 g(0.1 mol)片状的金属钠。待反应完成后,加入 6.3 mL(0.05 mol)乙酰乙酸乙酯,并立即加入 6.4 mL(0.12 mol)正溴丁烷,塞住瓶口,放置 7 天。装上回流冷凝管和干燥管,加热使之缓慢回流,直到反应完成为止[2]。待冷却后过滤除去溴化钠,将滤液蒸馏,除去过量的乙醇。然后加入 85 mL 水和 1 mL 浓硫酸,并转移至分液漏斗中,分出水层。有机层用蒸馏水洗涤 2 次,每次 10 mL,用无水硫酸镁干燥。过滤除去干燥剂,滤液减压蒸馏,收集 120~135℃/3.33 kPa 的馏分。

2. 2-庚酮的制备

在 150 mL 锥形瓶中,加入 31 mL 5%氢氧化钠溶液及正丁基乙酰乙酸乙酯,充分搅拌 3~4 h 后,慢慢滴加 5.8 mL 33%硫酸溶液[3],这时将剧烈放出二氧化碳气体。待气体停止逸出后,将反应液转移至 150 mL 圆底烧瓶中,蒸馏收集约 25 mL 含水的馏出物。在馏出液中加入粒状氢氧化钠,直至红色石蕊试纸刚呈碱性为止[4]。将此碱性溶液移至分液漏斗中,分出有机层。水层用二氯甲烷萃取 2 次,每次 10 mL,然后浓缩,浓缩液与上述有机层合并,用 2 mL 40%氯化钙水溶液洗涤 3 次,再用无水硫酸镁干燥。蒸馏粗产物,收集 145~152℃馏分,称量并计算产率。

【2-庚酮光谱数据】

IR ν_{max}(液膜)/cm^{-1}:2 950,2 860,1 710,1 450,1 400,1 350,1 150,720。

^1H NMR $\delta_H(CCl_4)$:0.9,1.3,2.0,2.3。

【注释】

[1]无水乙醇吸水性很强,操作要迅速,蒸馏或回流均应安装无水氯化钙干燥管。产率的高低取决于乙醇的纯度,本实验所用的绝对无水乙醇含量为 99.95%。

[2]为测定反应是否完成，可用湿的红色石蕊试纸检测反应液，如果为红色，表明反应已经完成。注意：溴化钠沉淀易引起暴沸，使仪器发生振动。

[3]每 2 mL 水中加入 1 mL 浓硫酸。

[4]若将馏出物放置到下次试验，则有助于 2-庚酮从含水的馏出物中分离出来。

【思考题】

1. 在合成正丁基乙酰乙酸乙酯时，为什么要用绝对无水乙醇？
2. 在合成正丁基乙酰乙酸乙酯时，测定反应是否完成为什么要用红色石蕊试纸试验？
3. 试写出正丁基乙酰乙酸钠脱羧生成 2-庚酮的反应机理。
4. 合成 2-庚酮时，在含水的馏出物中，除产品外可能还含有什么化合物？
5. 试解释 2-庚酮核磁共振谱中化学位移的归属。

5.1.2　利用废聚酯饮料瓶制备对苯二甲酸

【实验目的】

(1)利用所学知识，变废为宝，净化环境，增强环保意识。

(2)了解化学与人们生活的密切关系。

(3)综合训练机械搅拌、加热、回流、减压蒸馏、过滤、洗涤、微波干燥、IR 和 HPLC 等基本实验操作技能。

【实验原理】

高分子材料的广泛使用在丰富和方便人们生活的同时，也带来了“白色污染”的环境问题。目前，世界塑料用量已达到 1 亿多吨，每年产生的废塑料量可达几千万吨。聚对苯二甲酸乙二醇酯(PET，简称聚酯)是通用高分子材料之一，因 PET 物化性能优良，被广泛应用于食品、饮料、医药、感光胶片、装饰材料、工程材料、磁带、服装等行业。

目前市场上大量碳酸饮料、矿泉水、食用油等产品包装瓶几乎都是用 PET 制作的。据统计，我国年生产和消耗聚酯瓶在 12 亿只以上，折合聚酯废料 6.3 万吨。世界范围内每年消耗的聚酯量为 1 300 万吨，其中用于饮料包装瓶的聚酯量达 15 万吨。废旧聚酯瓶进入环境，不能自发降解，将造成严重的环境污染和资源浪费。如何有效地循环利用废旧聚酯瓶是一项非常重要、非常有意义的工作，也是化学工作者责无旁贷的任务。

废 PET 经化学解聚制备 PET 的初始原料对苯二甲酸(TPA)及乙二醇(EG)，形成资源的循环利用，既可有效治理污染，又可创造巨大的经济和环境效益，是实现聚酯工业可持续发展战略的重要途径之一。

PET 化学解聚回收 TPA 和 EG 是 PET 聚合的逆向反应。其解聚主要有水解法、甲醇醇解法、乙二醇醇解法、碱解法及酸解法。水解法、甲醇醇解法均需在高压下进行，乙二醇醇解法虽然可实现常压，但反应时间长，一般需 8～10 h，而且解聚不完全，仅能得到含单体、低聚体等多种物质的混合物，难以形成 TPA 单一产品。

本实验将醇解反应与碱解反应相结合，采用醇碱联合解聚 PET 的方法。以乙二醇和碳酸氢钠为复合解聚剂，在催化剂氧化锌的存在下，可在常压下快速、彻底解聚 PET，同时回收 TPA 和 EG。

【反应式】

$$HO(CH_2CH_2OOC—C_6H_4—COO)_nCH_2CH_2OH+2nNaHCO_3 \xrightarrow[EG]{ZnO}$$

$$(n+1)HOCH_2CH_2OH+nNaOOC—C_6H_4—COONa+2nCO_2\uparrow$$

$$nNaOOC—C_6H_4—COONa+2nHCl \longrightarrow nHOOC—C_6H_4—COOH+2nNaCl$$

【试剂】

废矿泉水瓶，氧化锌，碳酸氢钠，乙二醇，活性炭，盐酸，丙酮。

【实验步骤】

1. 制备

在 100 mL 四颈瓶上分别安装冷凝管、搅拌器和温度计[1]。然后依次加入 5.00 g 洗净干燥的废矿泉水瓶碎片[2]（自备，PET 厚度≤3 mm）、0.05 g 氧化锌[3]、5.00 g 碳酸氢钠和 25 mL 乙二醇。加毕，缓慢搅拌[4]，油浴加热，缓慢升温，于 0.5 h 内将温度升至 180℃（不超过 185℃），在此温度下反应 0.5 h。反应完毕，体系呈白色稠浆状。降下油浴，冷却至 160℃左右停止搅拌，将搅拌回流装置改成搅拌蒸馏装置（图 5-1），水泵减压[5]，油浴加热蒸去乙二醇，记录乙二醇的沸点及回收体积。

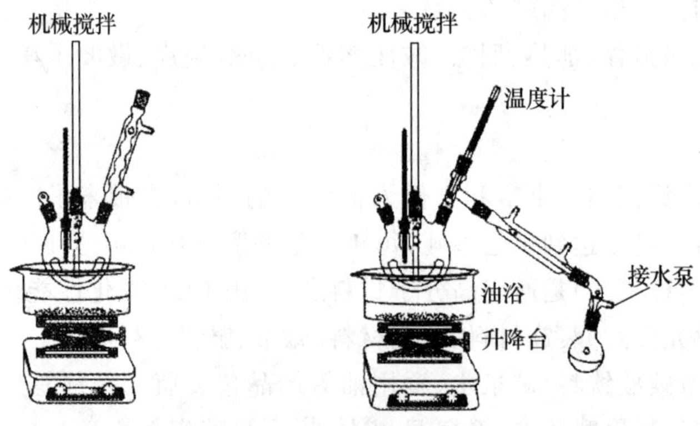

图 5-1　PET 解聚实验装置

蒸馏完毕，撤去油浴，擦去反应瓶外壁的硅油，向四颈瓶中加入 50 mL 沸水，搅拌使四颈瓶中的残留物溶解，溶液温度维持在 60℃左右（溶液中还有少量白色不溶物及未反应的 PET）。拆除装置，将四颈瓶中的混合物用布氏漏斗及滤纸抽滤除去少量不溶物，滤毕，用 25 mL 热水洗涤四颈瓶和滤纸，记录滤液颜色（若有颜色，加活性炭脱色 10 min）。将滤液转移到 400 mL 烧杯中，用 25 mL 水荡洗吸滤瓶并倒入烧杯中，再添加蒸馏水使溶液总体积达 200 mL，加入 2 粒沸石，将烧杯置于石棉网上加热煮沸。取下烧杯，趁热边搅拌边用 1∶1 的 HCl 酸化滤液至 pH 为 1～2，需 10～12 mL 1∶1 的 HCl，酸化结束，体系呈白色糊状。冷至室温后再用冰水浴冷却，用砂芯漏斗抽滤，滤饼用蒸馏水洗涤数次，每次 25 mL，洗至滤出液 pH＝6，抽干后再用 10 mL 丙酮分两次洗涤，抽干。将滤饼置于已称量的扁形称量瓶中，摊开，置于微波炉中干燥（微波干燥条件：功率 500 W，时间：每次 5 min，干燥两次。第一次干燥后取出用磨口塞将产品压成粉末以便更快干燥，第二次干燥后将样品冷却至室温后称量）。记录对苯二甲酸的产量（4.1～4.3 g），并计算产率。

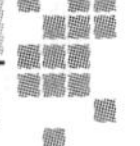

2. 产品分析

(1)IR 分析并解析谱图。

(2)HPLC 分析产品质量。

分析条件如下：

液相色谱仪：Agilent 1100；色谱柱：ODS 柱 4.6 m×150 mm×5 μm(国产)；柱温：室温；流动相：CH_3OH-H_2O(70 ∶ 30，H_3PO_4 调 pH＝2.0)；流速：1.0 mL/min；检测波长：254 nm；溶液溶剂：甲醇；浓度：1%；进样量：2 μL。

【注释】

[1]安装实验装置时注意留出后面改装成蒸馏装置的高度。油浴下垫升降台，便于操作。油浴中挂温度计，控制浴温≤200℃。

[2]PET 碎片越小，比表面越大，解聚速度越快。若 PET 碎片太大，不仅影响解聚速度，而且不利于体系充分搅拌。

[3]ZnO 为解聚反应催化剂，促使 PET 在过量 EG 中迅速溶胀，增加反应界面，使 PET 长链快速断裂成低聚体，然后形成碱解和醇解相互协同、相互促进的分解环境，最终成为碱解产物。

[4]确保 PET 碎片浸没在 EG 中，否则影响反应结果。随着反应的进行，酌情调节搅拌速度。

[5]降低蒸馏温度，避免乙二醇聚合和氧化，使产物颜色加深。

【思考题】

1. 写出本实验中废 PET 解聚制备 TPA 的原理。PET 的解聚速度和分解率主要受哪些因素的影响？

2. 本实验中是否能用廉价的 $Ca(OH)_2$ 或 $Mg(OH)_2$ 代替 $NaHCO_3$？为什么？

3. 本实验中回收乙二醇时，为什么采用减压蒸馏？

4. 试设计能有效循环利用废旧聚酯瓶的其他实验方案。

【产品的光谱图】

产品的光谱图如图 5-2 和图 5-3 所示。

5.1.3 番茄中番茄红素的提取与分离

番茄红素(lycopene)是从番茄、西瓜、南瓜等植物中提取的功能性天然食品色素，不仅能提供鲜艳的天然红色，而且番茄提取液中的类胡萝卜素具有抗氧化、消除自由基、防癌等多种生理功能。有关番茄红素的提取及功能性研究是目前国内外备受关注的研究热点之一。

番茄红素粗提液中的主要成分有胡萝卜素、叶黄素、玉米黄素等。λ＝447 nm 的成分为 β-胡萝卜素，λ＝503 nm 的主要成分为叶黄素和玉米黄素，λ＝472 nm 的成分为番茄红素。

番茄红素在 50℃以下的加热损失率不大。金属离子中的 Fe^{3+} 和 Cu^{2+} 会引起番茄红素的较大损失，Fe^{2+}、Al^{3+} 也会引起一定的不稳定性，所以在番茄红素的制取、存放与应用过程中应该避开铁器、铜器和铝器。高浓度的酸对番茄红素有破坏作用，在碱性环境中随碱浓度增大，吸光度值稍有增加。氧化剂、还原剂对番茄红素的稳定性基本无影响。番茄红素对光

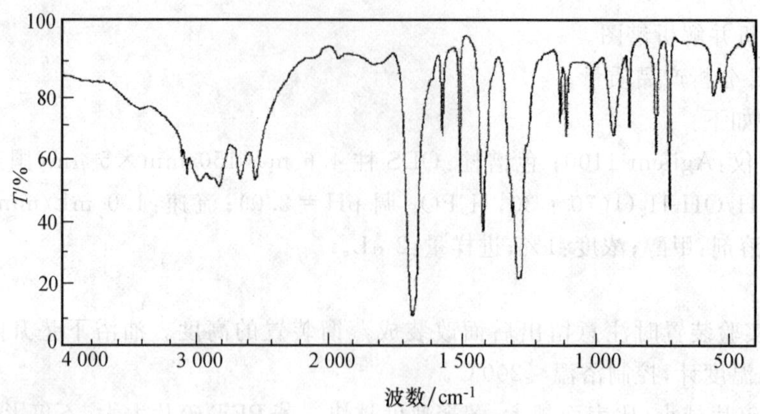

图 5-2　对苯二甲酸的红外光谱

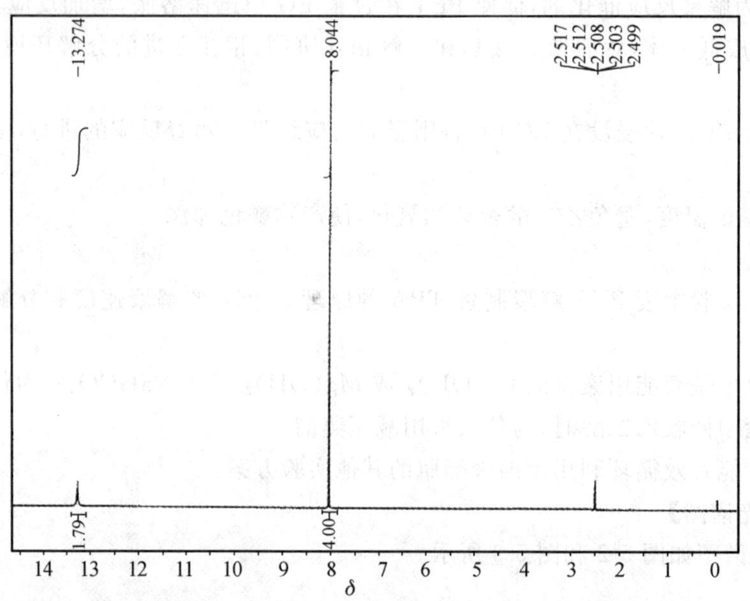

图 5-3　对苯二甲酸的核磁共振氢谱(400 MHz,DMSO-D_6)

十分敏感,尤其是日光和紫外光影响最大,在暗处则较稳定,因此提取和保存番茄红素时应尽量避免暴露在光下。

本实验涉及了天然有机物的经典溶剂浸提、柱层析、现代微波萃取等提取、分离及纯化技术,紫外分光光度分析和液相色谱等现代分析检测技术。这些实验操作原理与技术,在前期实验教学和理论课程教学中,曾经学习或接触过其中的单个技术,本次实验则集成了上述实验的几个关键实验内容,体现了对天然产物提取、分离、纯化、鉴定、保存等技术的全部内容方面的实践训练,综合性强,难度适中,可操作性强。

【实验目的】

(1)了解天然色素在自然界中的存在方式,分析番茄红素的化学构成及其性质。

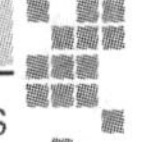

(2)进一步熟悉溶剂浸提萃取、柱层析技术在天然产物有效成分的分离、提取、纯化方面的综合运用。

(3)学习微波加热萃取和微波反应的原理与操作技术。

(4)学习紫外分光光度法和液相色谱等现代分析检测技术的原理和操作过程。

(5)了解萃取溶剂极性和层析柱吸附材料的性质与化合物分离纯化效果的关系。

【实验原理与技术】

(1)柱层析分离技术与原理。

(2)紫外分光光度法的原理与操作技术。

(3)液-液萃取与微波加热操作原理。

【实验内容】

(1)液-液萃取法和微波加热法提取番茄红素。

(2)层析法纯化番茄红素。

(3)紫外分光光度法分析检测番茄红素的含量和化学稳定性。

(4)番茄红素化学稳定性的检测和储存条件的确定。

【原料、试剂与仪器】

原料:番茄粉末(新鲜番茄 500 g,经洗净冻结、室温解冻、捣碎、55℃烘干、粉碎即得番茄粉末,密封、避光保存备用)。

试剂:丙酮水溶液(丙酮∶水=10∶1)、吸附剂(中性氧化铝)。

仪器:紫外-可见分光光度计、微波合成/萃取仪、pH 计、层析柱、离心机、高速粉碎机、水浴恒温振荡器。

【实验步骤】

1. 番茄红素的提取

1)溶剂浸提法 每次取 1 g 番茄粉末于 250 mL 碘量瓶中,加入丙酮水溶液,摇匀后于水浴恒温振荡器中浸提 2 h。提取结束后在 5 000 r/min 条件下离心 20 min,继续加入溶剂提取、离心至无色,合并上清液,漏斗过滤,该滤液即为番茄红素粗提液,暗处存放。

以提取液的紫外扫描结果为依据,相对提取率为指标,考察不同溶剂量、提取温度、时间、pH 对提取率的影响,确定最佳提取工艺条件。

2)微波辐射提取法 将番茄粉和丙酮水溶液加入微波合成/萃取仪中,设定不同的固液比、提取功率、温度、时间、提取级数,进行单因素及正交试验。每次提取、倾出上清液,再加入同样体积的丙酮水溶液,继续提取至几乎无色,将多次提取液混合,即为微波辐射提取的番茄红素粗提液,暗处存放。

以提取液的紫外扫描结果为依据,相对提取率为指标,确定微波提取番茄红素的工艺条件。

番茄红素提取工艺的参考实验条件如下:

溶剂萃取工艺条件:固液比 1∶300(g/mL),pH=5.5～6.5,提取温度 45～50℃,提取时间 3 h,相对提取率为 51.1%。

微波萃取法提取工艺条件:固液比 1∶300(g/mL),pH=6,功率 360 W,温度 50℃,提取时间 40 s,提取级数为 2,相对提取率为 75.9%。

2. 柱层析法提纯番茄红素

1)准备工作　将经预处理后吸附剂干法装柱，并用溶剂丙酮水溶液润湿。

2)湿法上样　用胶头滴管转移，沿着层析柱内壁均匀加入番茄红素粗提取液，打开活塞，待液面下降至硅胶面时，再用少量溶剂洗涤两次，关闭活塞，此时硅胶面上仍保持少量溶剂。

3)洗脱　以丙酮水溶液为洗脱剂，收集流出液，直到番茄红素的红色谱段变为无色，停止洗脱，在波长 472 nm 处用紫外-可见分光光度计检测洗脱液中番茄红素的含量。通过正交试验来确定吸附、脱附流速等萃取条件。

柱层析实验参考条件：中性氧化铝(100～200 目)为吸附剂；20 mm×200 mm 玻璃层析柱；丙酮水溶液为洗脱液；丙酮水溶液润湿流速、分离流速、洗脱流速分别为 8 mL/min、3 mL/min、6 mL/min。

3. 番茄红素的性质测试

1)番茄红素的紫外-可见波谱性质　用紫外-可见光谱法对番茄红素提取液进行扫描测定，检测其紫外-可见波谱特征。

2)番茄红素的稳定性　将番茄红素粗提液收集混匀，测定在不同温度、金属离子共存、pH、氧化剂与还原剂加入、光照等条件下，番茄红素在 472 nm 处的吸光度值 A，测量连续波长扫描下番茄红素的紫外-可见波谱特征，分析其稳定性和稳定性条件。

【思考题】

1. 查找资料，给出番茄红素主要成分的化学结构，分析番茄红素的化学结构及在酸碱条件下紫外-可见吸收特性。

2. 根据番茄红素的化学组成和结构，分析其化学稳定性的影响因素，并设计简要的实验方案，考察番茄红素的化学稳定性，给出其存放条件。

3. 分析溶剂浸提和微波提取分离对番茄红素提取效率的影响，对比二者在分离提取番茄红素工艺中各自的特点。

4. 分析萃取溶剂的性质和组成、吸附剂成分对番茄红素分离纯化的影响。

5. 对比分析番茄红素的粗提液和提纯液的紫外-可见波谱图间的异同和原因。

5.1.4 安息香的辅酶合成

【实验目的】

(1)了解和学习仿生化学和生物有机合成的研究进展和应用现状。

(2)通过用维生素 B_1 为催化剂合成安息香的实验，学习并了解生物有机化学的合成方法和基本原理。

(3)进一步学习回流、重结晶、熔点测定、光谱分析等基本实验技术在具体实验中的综合运用。

(4)锻炼和培养科研设计和研究能力、创新能力。

【实验预习】

(1)查阅资料并填写下列数据表。

化合物	M_r	mp/℃	bp/℃	ρ/(g/cm³)	n_D^{20}	水中溶解度/g	投料量			理论产量/g
							体积/mL	质量/g	物质的量/mol	
安息香										
维生素 B_1										
苯甲醛										

(2)本实验反应原料的投料比为多少？反应介质和催化剂是什么？反应温度和反应时间是多少？

(3)阅读和理解本实验内容，画出本实验流程图。

(4)写出本实验的反应原理，有哪些副反应？

(5)查阅并整理有关安息香合成的资料和文献，写出综述。

(6)查阅并整理有关仿生有机合成的研究进展或在本专业领域的最新动态，写出综述。

【实验原理】

苯甲醛在氰化钠(钾)的作用下，在乙醇中加热回流，两分子的苯甲醛之间发生缩合反应，生成二苯乙醇酮，俗称安息香。该反应的机理与羟醛缩合反应类似：

$$C_6H_5-\overset{O}{\overset{\|}{C}}-H + CN \rightleftharpoons C_6H_5-\underset{CN}{\underset{|}{\overset{O^-}{\overset{|}{C}H}}} \rightleftharpoons C_6H_5-\underset{CN}{\underset{|}{\overset{HO}{\overset{|}{C^-}}}} \xrightleftharpoons{H-\overset{O}{\overset{\|}{C}}-C_6H_5}$$

$$C_6H_5-\underset{CN}{\underset{|}{\overset{OH}{\overset{|}{C}}}}-\underset{O^-}{\underset{|}{\overset{H}{\overset{|}{C}}}}-C_6H_5 \rightleftharpoons C_6H_5-\underset{CN}{\underset{|}{\overset{O^-}{\overset{|}{C}}}}-\underset{OH}{\underset{|}{CH}}-C_6H_5 \rightleftharpoons$$

$$C_6H_5-\overset{O}{\overset{\|}{C}}-\underset{OH}{\underset{|}{CH}}-C_6H_5 + CN^-$$

其他取代芳醛(如对甲基苯甲醛、对甲氧基苯甲醛和呋喃甲醛等)也可以发生类似的缩合生成相应的对称性二芳基羟乙酮。此反应既可以发生在相同的芳香醛之间，也可以发生在不同的芳香醛之间。因此，通常将芳香醛发生分子间缩合生成 α-羟酮的反应统称为安息香缩合反应。

由于受到芳香醛结构本身体积比较大的限制，该反应的发生具有一定的局限性。反应能否顺利进行主要取决于芳香醛能否顺利地与氰基发生加成反应产生碳负离子，以及碳负离子能否与羰基发生加成反应。从反应机理可知，当苯环上带有强的供电子基(如对二甲胺基苯甲醛)或强的吸电子基(如对硝基苯甲醛)时，均很难发生安息香缩合反应。因为供电子基降低了羰基的正电性，不利于亲核加成反应；而吸电子基则降低了碳负离子的亲核性，同样不利于与羰基发生亲核加成反应。但分别带有供电子基和吸电子基的两种不同的芳醛之间，则可以顺利发生混合的安息香缩合并得到一种主要产物，即羟基连在含有活泼羰基芳香醛一端，例如：

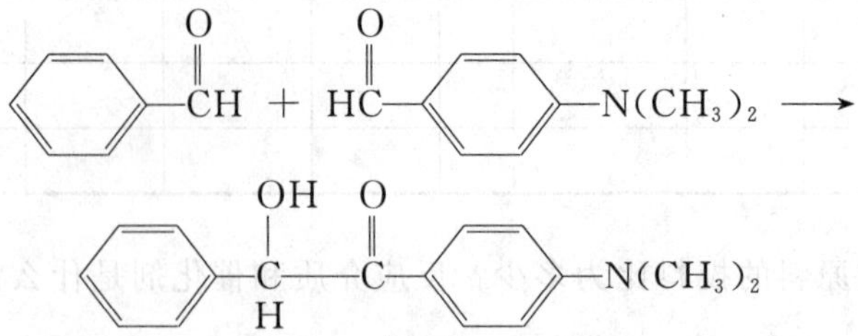

$$C_6H_5CHO + HCOC_6H_4N(CH_3)_2 \longrightarrow C_6H_5CH(OH)COC_6H_4N(CH_3)_2$$

安息香缩合反应的化学催化剂通常是氰化钾或氰化钠。氰化物剧毒，如果使用不当会有危险性。反应共同使用的溶剂是醇的水溶液。使用四丁基氯化铵等相转移催化剂，反应则可在水中顺利进行。

酶与辅酶是生物催化剂，在生命过程中起着很重要的作用。有生物活性的维生素 B_1 是一种辅酶，其化学名称为硫胺素或噻胺，其主要生化作用是使酮酸脱羧和形成偶姻（α-羟基酮）。本实验借助维生素 B_1 的辅酶作用，利用仿生合成技术创新了安息香的合成方法和技术。

维生素 B_1 受热易变质，失去催化作用，所以必须放入冰箱内保存，使用时取出，用毕立即放回冰箱中。为了增加其水溶性，实际上使用的是维生素 B_1 的盐酸盐，其结构为：

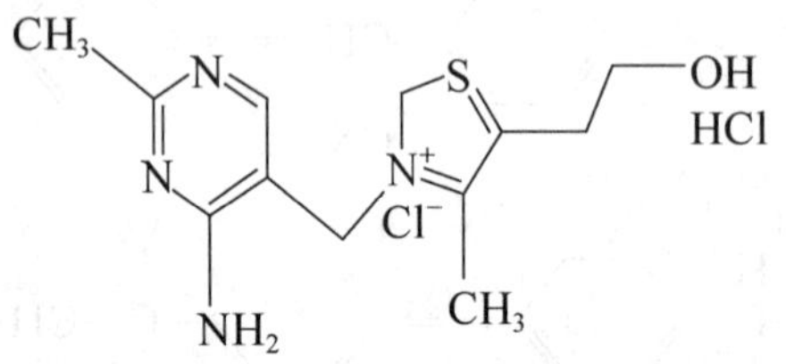

从化学角度来看，硫胺素分子中最主要的部分是噻唑环。噻唑环 C-2 上的质子因受氮、硫原子的影响，具有明显的酸性，在碱的作用下质子容易被除去产生负碳活性中心，形成苯偶姻。维生素 B_1 在安息香缩合反应中的作用机理大致如下（式中 R 为嘧啶环部分）：

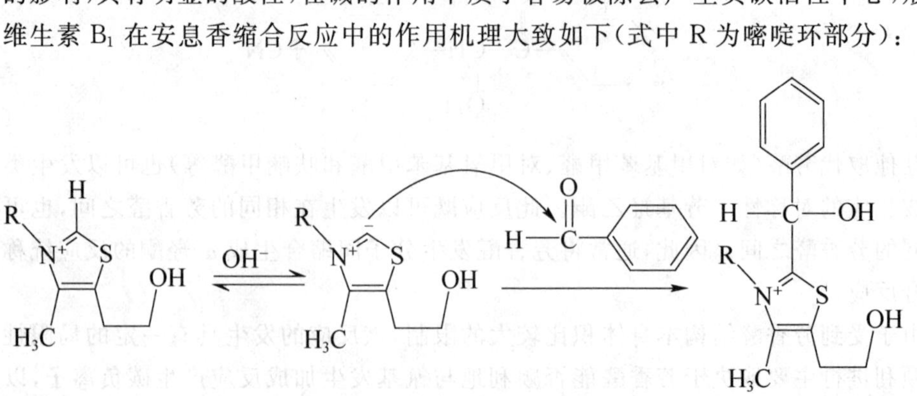

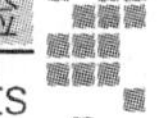

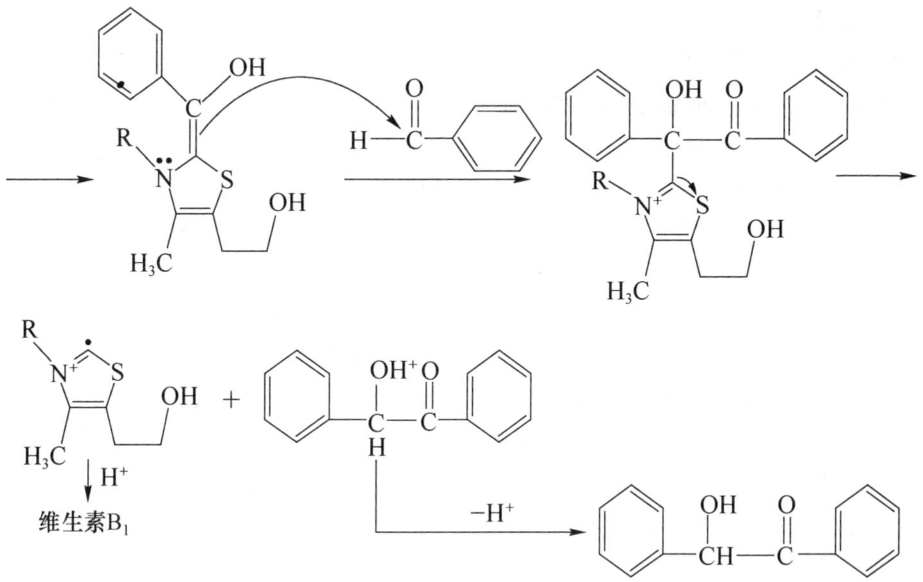

(1)在碱的作用下，产生的碳负离子和邻位带正电荷的氮原子形成稳定的两性离子——内鎓盐或称叶立德(ylide)。

(2)噻唑环上的碳负离子与苯甲醛发生亲核加成，形成烯醇加合物，环上带正电荷的氮原子起到调节电荷的作用。

(3)烯醇加合物再与苯甲醛作用，形成一个新的辅酶加合物。

(4)辅酶加合物离解成安息香，辅酶还原。

本实验用维生素 B_1 作催化剂，其特点是原料易得、无毒、反应条件温和、产率较高。维生素 B_1 在酸性条件下稳定，但易吸水，在水溶液中易被空气氧化失效。遇光和 Cu、Fe、Mn 等金属离子均可加速氧化。在氢氧化钠溶液中，噻唑环容易开环失效。因此，在反应前维生素 B_1 溶液、氢氧化钠溶液应分别用冰水浴冷透，这是本实验成败的关键。

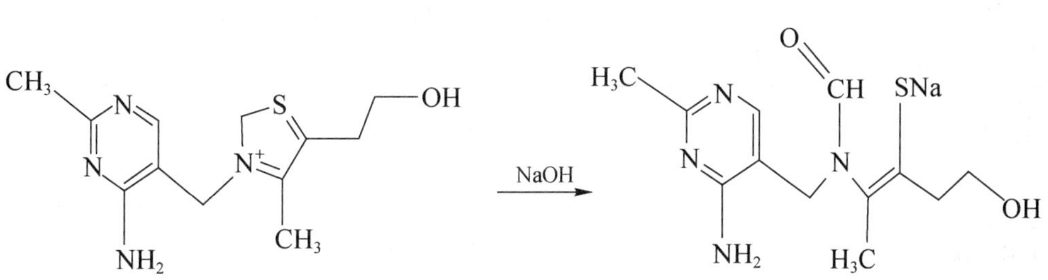

二苯羟乙酮(安息香)在有机合成中常被用作中间体。安息香可以进一步被铜盐或三氯化铁氧化为二苯乙二酮。后者用浓碱处理，发生重排反应，生成二苯羟乙酸。

【实验原料】

试剂：1.8 g 维生素 B_1，10 mL 苯甲醛(新蒸，10.4 g，0.098 mol)，95%乙醇，10%氢氧化钠溶液，蒸馏水。

仪器设备：圆底烧瓶或锥形瓶(100 mL)，球形冷凝管，布氏漏斗，减压过滤装置，熔点测定仪，红外光谱仪。

【实验方法】

1. 原料处理与装置安装

向 100 mL 圆底烧瓶或锥形瓶中加入 1.8 g 维生素 B_1 和 5 mL 蒸馏水使其溶解，再加入 15 mL 95%乙醇(维生素 B_1 必须在水中完全溶解后再加入乙醇)，塞上瓶塞，放入冰盐浴中冷却。另取 5 mL 10%的氢氧化钠溶液于一支试管中，置于冰水浴中冷却。冷却时间至少 10 min。再量取 10 mL 新蒸的苯甲醛备用(原料苯甲醛极易被空气氧化，而且本实验苯甲醛中不能含苯甲酸，故需新蒸)。

2. 开始反应

试剂冷却 10 min 后，在冷却下将冷透的氢氧化钠溶液加入烧瓶内的维生素 B_1 溶液内，并立即加入量好的 10 mL 苯甲醛，充分振动使反应物混合均匀，测定溶液的 pH 应在 9～10。然后装上回流冷凝管，并放入 1～2 粒沸石，在 65～75℃水浴中加热。开始时溶液不必沸腾，反应后期可以适当升高温度至缓慢沸腾，切勿将反应物加热至剧烈沸腾，水浴温度不超过 80℃，此时可测定反应溶液的 pH。反应混合物呈橘黄色均相溶液，反应 90 min 后停止加热。

3. 分离纯化

反应停止后，冷却反应混合物至室温。将反应后的混合物用冰水冷却，使晶体析出。如果反应混合物中出现油层，应重新加热使其变为均相溶液，再慢慢冷却结晶。若无晶体析出，可用玻璃棒在溶液内摩擦容器内壁，促使其结晶析出。减压过滤，用 40 mL 冷水分两次洗涤晶体，干燥后得粗产物。

粗产物可用 95%乙醇回流法重结晶(安息香在热 95%乙醇中的溶解度为 12～14 g/100 mL，每 1 g 粗产物需 7.0～8.0 mL 95%乙醇)，若产物呈黄色，应加少量活性炭脱色，纯净的安息香为白色针状晶体。减压过滤，干燥晶体，称量产品。

4. 产品的性质与鉴别

包括外观性状与检查、熔点测定、紫外光谱测定(溶于乙醇后测定)、红外光谱测定。

5. 实验整理

整理实验物品和实验室卫生，处理废液废渣。检查水、电、煤气是否关好。

【实验记录与数据处理】

实验时间：	室温：　　　　大气压强：
实验地点：	指导教师：
投料比：	
反应条件：	
反应时间：	
实验步骤	实验现象与备注
粗产品：	纯产品量：
纯化收率：	产率计算：

产品鉴定记录
(1)产品外观与检查：
(2)熔点测定：
(3)紫外光谱：
(4)红外光谱：

【实验结果和结论】

产量和产率:(预期产量 4～5 g)

产品纯度:(熔程应为 134～137℃)

光谱鉴定:

【教学指导与要求】

(1)本实验需 4～6 h。

(2)实验课前检查学生预习情况,针对实验关键问题进行必要的讲解、讨论和提问。

(3)本实验的关键:实验温度的控制和选择、pH 控制。

(4)实验后参考文献资料撰写并提交一篇实验论文。

【安全提示】

(1)乙醇:易燃品,注意预防火灾。

(2)苯甲醛口服有害,防止误服。

【思考题】

1. 为什么要向维生素 B_1 溶液中加入氢氧化钠?试用化学反应式说明。

2. 加入苯甲醛后,反应物的 pH 为什么要保持在 9～10?过高或过低有何不好?

3. 安息香还有哪些合成方法?查阅文献并结合本实验进行仿生合成方法的研讨。

5.2 设计性实验

5.2.1 设计性实验的目的

设计性实验是在指导教师给定实验目的和要求下,由学生结合已学课程的综合理论及实践知识,根据实验课题要求和实验室条件,自行设计实验方案并完成的实验。

设计性实验要求学生具有一定基础知识、实验技能以及数据处理能力,在完成设计性实验的准备过程中,学生要根据指导教师的提示,阅读一些相关文献,从实验原理、实验条件以及对实验结果的影响因素等方面,综合分析、概括总结,反复探讨实验方案的可行性,并主动与老师交流讨论,预测实验过程中可能出现的安全问题和影响实验结果的内外在因素。对指定的实验进行系统而深入地分析和研究,才能完成综合性设计性实验,真正实现提高学生的自学能力、创新能力和实践操作能力等方面的综合目标。

设计性实验的目的是开阔学生视野,培养学生分析问题、解决问题的能力,所以在实验方案设计的初期应对学生提出一些具体的要求。

(1)查阅文献。学生应尽量多地查阅文献资料,并且要查阅较新的期刊文献。提交设计方案时,附带不少于 5 篇与实验内容相关的重要参考文献。

(2)方案设计。要求学生立足于所学过的理论知识与实验技巧,充分考察不同文献资料的不足与长处,详细考证包括催化剂选择,原料配比、用量,反应时间等各种影响因素,设计步骤应尽量详细、周全,师生之间多交流、沟通,注重设计方案的合理性和实用性。

(3)设计方案与实验报告的书写。要求书写规范,工整清晰,操作过程尽量细化,对实验现象和结果要提前做出预测和分析。

5.2.2 设计性实验的实施要求

设计性实验的实施过程一般需要 4～6 周的周期。教师提前 4 周告知学生具体的设计性实验的内容以及实验室提供的主要原料，分组安排学生共同查阅资料，设计出初步的实验方案，提前 1 周将实验方案草稿、所需仪器及试剂清单和参考文献附件等内容提交给教师，教师对设计方案进行初步审查，提出较为具体的修改意见并反馈给学生，由学生根据教师的建议，对方案进行修改和完善，在规定的时间再次提交给教师审查。教师对二次实验方案的审查，要综合考查学生查找和选取实验背景材料的正确性和全面性，对前期已有的理论知识和实验技术的掌握程度，以及提交的实验方案内容及写作表述的规范性等方面，予以具体的分析和指导。根据方案所需仪器设备、试剂等条件，在尊重学生思路和实验要求的前提下，协助其确定一个切实可行的实验方案。最后，在进行实验前再次提交具体实验步骤。

设计性实验过程中，学生提交的实验方案中要包括：实验目的、实验原理，提出合理的实验方案及可行性论证依据，列出实验方案所需试剂和仪器，并绘出实验装置图和操作过程的工艺流程图，分析实验过程的注意事项及预期效果。教师根据学生所提交的实验方案中反映的相关内容（如方案设计的合理性、资料掌握的全面性等），以及实验实施过程中技能的表现等几个方面，评价实验成绩。

5.2.3 设计性实验的设计方案与实验报告内容

学生提交的实验设计方案，要有较为详细的实验工艺技术路线、测试方法、操作过程、实验方案的可行性分析等内容，依据实验方案和实验实施结果，最终形成的实验报告中，应包含以下内容：

1. 实验名称
2. 实验目的
3. 实验原理
4. 试剂和仪器

(1)试剂及其物理常数列表。
(2)画出实验装置图。

5. 操作过程与步骤

(1)实验过程设计。
(2)绘制合成过程的工艺流程图。
(3)分离提纯工艺。

6. 实验注意事项
7. 产率计算
8. 分析测试表征方法
9. 可行性分析与结果预测（或影响实验效率的因素分析）
10. 思考题

5.2.4 去痛片组分的分离

【实验目的】

(1)学习设计柱色谱分离的方案和实验步骤。

(2)学习展开剂和洗脱剂的选择方法。

(3)学习从药物中提取有机化合物。

【实验原理】

普通去痛片(APC)主要由乙酰水杨酸、非那西丁、咖啡因和其他药物成分组成,是白色片剂。本实验通过用95%乙醇溶液将以上3种成分从药片中提取出来,然后用薄层色谱的方法确定柱色谱的分离条件,最后用柱色谱将其分离成3种纯物质,并且对每种物质进行鉴定。由于3种物质组分均为无色,需要用紫外灯或者碘熏显色的方法来确定各组分,然后用薄层色谱法和标准溶液鉴定出它们分别是什么物质。

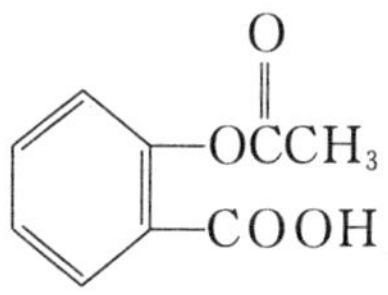

乙酰水杨酸 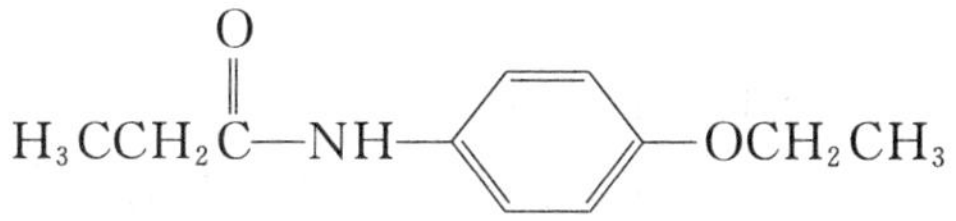　　　　非那西丁 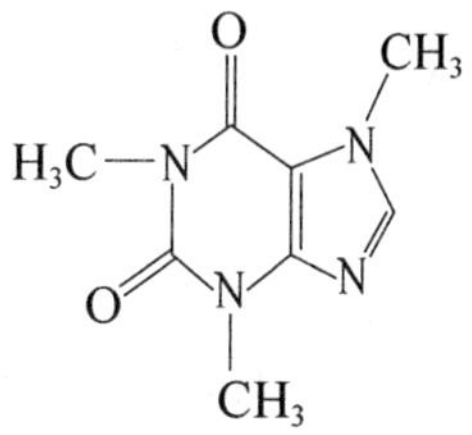　　　　咖啡因

【试剂与仪器】

试剂:柱色谱硅胶(100～200目),1%乙酰水杨酸的乙醇标准溶液,1%非那西丁的乙醇标准溶液,1%咖啡因的乙醇标准溶液,95%乙醇,无水乙醚,二氯甲烷,冰醋酸,丙酮。

仪器:每人5块已经制备好的薄板,展开缸,烧杯,玻璃塞,离心试管2支,滴管,色谱柱,锥形瓶。

【实验步骤】

此实验每两人一组,每组一片去痛片,先将试剂碾成粉末,放入一支试管或锥形瓶中,加入5 mL 95%乙醇,搅拌萃取,然后过滤,将过滤后的溶液浓缩至1 mL左右。下面的分离鉴定实验由学生自己设计实验步骤和方法。

【注意事项】

(1)过滤提取液时,可取一个小的玻璃漏斗,在颈部放一小块棉花。

(2)浓缩样品时,可以用旋转蒸发,也可以用简单蒸馏的方法。

(3)在设计实验步骤时,应结合样品的结构进行分析。

(4)薄层板应在前一次实验制备好,干燥后待用。

【思考题】

1. 在设计实验步骤的过程中应该注意什么问题?

2. 请说出设计实验步骤的大致思路。

3. 在此实验过程中如何判断何时流出的是产物?

4. 用何种方法鉴定流出物是哪种化合物?

5.2.5 水杨酸甲酯(冬青油)的制备

【实验目的】

(1)学习网上中文及英文电子期刊的查阅方法。

(2)了解进行科学研究的基本过程,提高综合分析、解决实际问题的能力。

(3)掌握酯的制备原理和方法。

【实验原理】

$$RCOOH + R'OH \rightleftharpoons RCOOR' + H_2O$$

【实验任务】

(1)查阅文献资料,调研酯的工业制备方法及实验室制备方法。

(2)分析各种方法的优缺点,做出自己的选择。

(3)结合实验条件,设计并完成酯的制备方案。

【实验要求】

1. 预习部分

(1)根据文献调研,写出 300 字以上的文献简述。

(2)计算 6.0 g 水杨酸为起始原料制备水杨酸甲酯时,所需其他物质的量。

(3)查阅反应物和产物及使用的其他物质的物理常数。

(4)设计实验步骤(包括分析可能存在的安全问题,并提出相应的解决策略)。

(5)列出所需的试剂、仪器设备,画出实验装置简图。

(6)提出产物的分析测试方法和打算使用的仪器。

(7)将文献简述及实验方案交给老师审阅。

2. 实验部分

(1)学生完成实验的具体操作。

(2)对所得产物进行测试分析。

(3)做好实验记录,教师签字确认。

3. 报告部分

(1)包括实验的目的、原理和实验步骤。

(2)整理分析实验数据。

(3)给出结论,确认实验所得产物是否符合要求。

(4)对实验结果、实验现象进行讨论。

(5)列出参考文献。

【思考题】

1. 在此实验过程中应该采取哪些实验手段来提高产物的产率?

2. 在产物的分离提纯过程中应该注意哪些问题?

5.2.6 偶氮染(颜)料的合成

【研究背景】

颜色的特征在于具有可见光区(400～700 nm)吸收或发射光的能力。从西班牙的 Altamira、法国的 Grotto Chauvet、津巴布韦、古埃及洞穴的岩画和我国西安的兵马俑都可以反映出来,人们从史前年代就已应用天然色素。上述古埃及和我国的遗址尤为令人瞩目,因为在此发现了最早的合成颜料——埃及蓝($CaCuSi_4O_{10}$)、中国蓝(汉蓝,$BaCuSi_4O_{10}$)和中国紫(汉紫,$BaCuSi_2O_4$)。这显然表明,颜色在过去、现今在人类学、心理学、审美、功能和经济等诸多方面对人类社会产生影响。

五光十色的染料和颜料扮靓了色彩斑斓的世界,颜色与我们的生活息息相关。天然纤维、化学纤维、塑料、橡胶、食品、试剂、化妆品、油墨、涂料、竹、木、藤、草、金属、皮革、陶瓷、搪瓷、玻璃、水泥、建材、纸、墨、蜡等的着色,需要合成数以万计的不同色泽的染(颜)料,以满足不同领域、不同层次的要求。目前,染(颜)料合成技术已由传统型向高技术的功能染料、符合欧洲认证的纺织品标准的绿色环保型染(颜)料的开发转化,使染(颜)料的应用涉足高科技领域。

自从 1856 年 Perkin 发现了马尾紫(Mauve,或苯胺紫)以来,现代合成染(颜)料工业历经了 150 多年,此间人们合成了几百万种不同的有色化合物,并随着时间的推移,约有 15 000 种染(颜)料实现了工业规模的生产。将这些有色化合物按照基本结构进行分类,可分为偶氮型(分子中含有 Ar—N=N—Ar′)、蒽醌型、醌亚胺型、芳甲烷型(分子中含有二芳基或三芳基甲烷结构)、杂环型、酞菁型、硫化及稠环酮类等,其中偶氮型染料或颜料是品种最多、产量最大的一类。它的特点是合成方法简便、合成物的结构变化多样、摩尔消光系数较高且具有中等到高级的耐光和耐湿处理牢度。

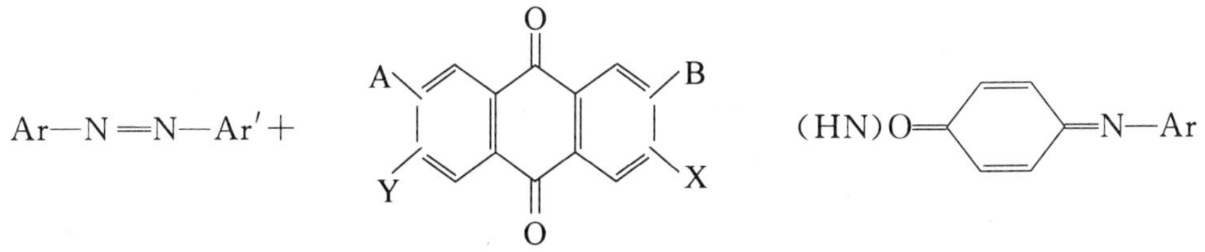

Ar—N=N—Ar′+ (A, B, X, Y, O) (HN)O=⬡=N—Ar

偶氮型染料　　蒽醌型染料　　醌亚胺型染料

(A、B、X、Y 为不同的取代基团)

【研究内容】

(1)查阅相关文献,总结近期偶氮类染料(颜料)的进展。

(2)设计一个单偶氮或多偶氮化合物的结构式。

(3)用反向合成设计法将偶氮化合物的结构予以拆分和组装。

(4)通过亲电取代或亲核取代直接或间接地引入取代基而获得芳族中间体。

(5)用不同的芳族中间体作为亲电的重氮组分或亲核的偶合组分进行合成反应。

(6)总结实验研究结果,撰写总结论文。

附 录
Appendices

附录 1 水的饱和蒸气压(1～100℃)

表中数值为水和其本身蒸汽接触时的蒸气压值。

附表 1-1 水的饱和蒸气压(1～100℃)

温度/℃	蒸气压/Pa	温度/℃	蒸气压/Pa	温度/℃	蒸气压/Pa
1	656.74	18	2 063.43	35	5 622.87
2	705.81	19	2 196.75	36	5 941.24
3	757.94	20	2 337.81	37	6 275.08
4	813.40	21	2 486.46	38	6 625.05
5	872.33	22	2 643.38	39	6 991.69
6	939.99	23	2 808.83	40	7 375.92
7	1 001.65	24	2 984.69	41	7 778.02
8	1 072.58	25	3 167.20	42	8 199.32
9	1 147.77	26	3 360.92	43	8 639.28
10	1 227.76	27	3 564.90	44	9 100.58
11	1 312.42	28	3 779.55	45	9 583.21
12	1 402.38	29	4 005.40	46	10 085.83
13	1 497.34	30	4 242.85	47	10 612.46
14	1 598.13	31	4 492.30	48	11 160.41
15	1 704.92	32	4 754.67	49	11 735.03
16	1 817.72	33	5 030.12	50	12 333.65
17	1 937.17	34	5 319.29	51	12 958.93

续附表 1-1

温度/℃	蒸气压/Pa	温度/℃	蒸气压/Pa	温度/℃	蒸气压/Pa
52	13 610.87	69	29 828.20	86	60 115.03
53	14 292.15	70	31 157.42	87	62 488.17
54	15 000.09	71	32 517.31	88	64 941.30
55	15 737.36	72	33 943.86	89	67 474.42
56	16 505.30	73	35 423.74	90	70 095.54
57	17 307.90	74	36 956.94	91	72 800.65
58	18 142.50	75	38 543.48	92	75 592.42
59	19 011.76	76	40 183.34	93	78 473.51
60	19 915.69	77	41 876.54	94	81 446.60
61	20 855.61	78	43 636.39	95	84 513.01
62	21 834.20	79	45 462.91	96	87 675.42
63	22 848.78	80	47 342.75	97	90 935.15
64	23 906.02	81	49 289.26	98	94 294.87
65	25 003.27	82	51 315.76	99	97 757.25
66	26 143.17	83	53 408.92	100	101 324.96
67	27 325.74	84	55 568.74		
68	28 553.64	85	57 808.55		

附录 2　常见基团及化学键的红外吸收特征频率

附表 2-1　常见基团及化学键的红外吸收特征频率

化合物	基团	波数/cm^{-1}	波长/μm	强度	振动类型
烷烃	$-CH_3$	2 962±10	3.37	强	C—H 伸
		2 872±10	3.48	强	C—H 伸
		1 450±20	6.89	中	C—H 弯
		1 375±10	7.25	强	C—H 弯
	$-CH_2-$	2 926±5	3.42	强	C—H 伸
		2 853±5	3.51	强	C—H 伸
		1 465±20	6.83	中	C—H 弯
	$-C(CH_3)_3$	1 395～1 385	7.16～7.22	中	C—H 弯
		1 365±5	7.33	中	C—H 弯
		1 250±5	8.00	强	C—H 伸
		1 250～1 200	8.00～8.33	强	C—H 伸
	$-C(CH_3)_2-$	1 385±5	7.22	强	C—H 弯
		1 370±5	7.30	强	C—H 弯
		1 170±5	8.55	强	C—H 伸
		1 170～1 140	8.55～8.77	强	C—H 伸
	$-(CH_2)_n-$	750～720	13.33～13.88	强	C—H 伸($n=4$)
不饱和烃	C=C	1 680～1 620	5.95～6.17	变化	C=C 伸
	C=C(共轭)	～1 600	6.25	强	C=C 伸
	—CH=CH—	3 040～3 010	3.29～3.32	中	C—H 伸
		970～960	10.30～10.42	强	C—H 弯
	R—C≡CH	2 140～2 100	4.67～4.76	中	C≡C 伸
	R—C≡C—R′	2 260～2 190	4.47～4.57	中	C≡C 伸
	—C≡C—H	2 260～2 235	4.42～4.57	强	C≡C 伸
	R—C≡C—H	3 320～3 310	3.01～3.02	中	C—H 伸
		680～610	14.71～16.39	中	C—H 弯
芳烃		3 070～3 030	3.25～3.30	强	C—H 伸
		1 600～1 450	6.25～6.89	中	C—C 伸
		900～695	11.11～14.39	强	C—H 弯
醇和酚	OH(二聚)(分子间氢键)(多聚)	3 450～3 350	2.82～2.90	变化	O—H 伸
		3 400～3 200	2.94～3.13	强	O—H 伸
	伯醇	3 643～3 630	2.74～2.75	强	O—H 伸
		1 075～1 000	9.30～10.00	强	C—O 伸
		1 350～1 260	7.41～7.93	强	O—H 弯
	仲醇	3 635～3 620	2.75～2.76	强	O—H 伸
		1 120～1 030	8.93～9.71	强	C—O 伸
		1 350～1 260	7.41～7.93	强	O—H 弯

续附表 2-1

化合物	基团	波数/cm^{-1}	波长/μm	强度	振动类型
醇和酚	叔醇	3 620～3 600	2.76～2.78	强	O—H 伸
		1 170～1 100	8.55～9.09	强	C—O 伸
		1 410～1 310	7.09～7.63	中	O—H 弯
	酚	3 612～3 593	2.77～2.78	强	O—H 伸
		1 230～1 140	8.13～8.77	强	C—O 伸
		1 410～1 310	7.09～7.63	中	O—H 弯
胺	伯胺	3 398～3 381	2.92～2.96	弱	N—H 伸
		3 344～3 324	2.99～3.01	弱	N—H 伸
		1 079±11	9.27	中	C—N 伸
		3 400～3 100	2.94～3.23	强	N—H 伸(氢键)
		1 650～1 590	6.06～6.29	强	N—H 弯
		900～650	11.11～15.38	弱	N—H 弯
	仲胺	3 360～3 310	2.76～3.02	弱	N—H 伸
		1 139±7	8.78	中	C—N 伸
		1 650～1 550	6.06～6.45	弱	N—H 伸
羰基化合物	酮	1 725～1 705	5.87～6.00	强	C═O 伸
	芳酮	1 960～1 860	5.92～5.95	强	C═O 伸
	醛	1 745～1 730	5.73～5.78	强	C═O 伸
		2 900～2 700	3.45～3.70	弱	C—H 伸
		1 440～1 325	6.94～7.55	强	C—H 弯
	酯	1 750～1 730	5.71～5.78	强	C═O 伸
		1 300～1 000	7.69～10.00	强	C—O—C 伸
	酸	1 725～1 700	5.80～5.88	强	C═O 伸
		1 700～1 680	5.88～5.95	强	C═O 伸(芳酸)
		2 700～2 500	3.70～4.00	弱	O—H 伸(二聚体)
		3 560～3 500	2.81～2.86	中	O—H 伸(单体)
		1 440～1 395	6.94～7.19	弱	C—O 伸
		1 320～1 211	7.58～8.26	强	O—H 弯
羧酸及其衍生物	CO_2^-	1 610～1 560	6.21～6.45	强	C═O 伸
		1 420～1 300	7.04～7.69	中	C═O 伸
	酰卤	1 970～1 810	5.53～5.59	强	C═O 伸
	伯酰胺	1 890～1 650	5.92～6.06	强	C═O 伸
		～3 520	2.84	中	N—H 伸
		3 410	2.93	中	N—H 伸
		1 420～1 405	7.04～7.12	中	C—N 伸
	仲酰胺	1 680～1 630	5.95～6.13	强	C═O 伸
		～3 340	2.91	强	N—H 伸
		1 570～1 530	6.37～6.54	强	N—H 伸
		1 300～1 260	7.69～7.94	中	C—N 伸
	叔酰胺	1 670～1 630	5.99～6.13	强	C═O 伸

续附表 2-1

化合物	基团	波数/cm^{-1}	波长/μm	强度	振动类型
硝基化合物	C—NO_2（脂肪族）	1 554±6	6.44	极强	N—O 伸
		1 382±6	7.24	极强	N—O 伸
	C—NO_2（芳香族）	1 555～1 487	6.43～6.72	强	N—O 伸
		1 357～1 348	7.37～7.59	强	N—O 伸
		875～830	11.42～12.01	中	C—N 伸
	O—N═O	1 640～1 620	6.10～6.17	强	—N═O 伸
		1 285～1 270	7.78～7.87	强	—N═O 伸
有机卤化物	C—F	1 100～1 000	9.09～10.00	弱	C—F 伸
	C—Cl	830～500	12.04～20.00	强	C—Cl 伸
	C—Br	600～500	16.67～20.00	强	C—Br 伸
	C—I	600～465	16.6～21.50	弱	C—I 伸
其他有机化合物	—C—S—H	2 950～2 500	3.38～3.90	弱	S—H 伸
		700～590	14.28～16.95	弱	C—S 伸
	C═S	1 270～1 245	7.87～8.03	强	C═S 伸
	C—Si—H	2 280～2 050	4.39～4.88	极强	Si—H 伸
		890～860	11.24～11.63		Si—H 弯
	C—P—H	2 475～2 270	4.04～4.40	中	P—H 伸
		1 250～950	8.00～10.53	强	P—H 弯
无机化合物	CO_3^{2-}	1 490～1 410	6.71～7.09	极强	C—O 伸
		880～860	11.36～12.50	中	C—O 弯
	SO_4^{2-}	1 130～1 080	8.85～9.62	极强	S—O 伸
		680～610	14.71～16.40	中	S—O 弯
	NO_2^-	1 250～1 230	8.00～8.13	强	N—O 伸
		1 360～1 340	7.35～7.46	强	N—O 伸
		840～800	11.90～12.50	弱	N—O 弯
	NO_3^-	1 380～1 350	7.25～7.41	极强	N—O 伸
		840～815	11.90～12.26	中	N—O 弯
	NH_4^+	3 300～3 030	3.03～3.33	极强	N—H 伸
		1 485～1 390	6.73～7.19	强	N—H 弯
	PO_4^{3-}、HPO_4^{2-}、$H_2PO_4^-$	1 100～1 000	9.09～10.00	强	P—O 伸
	ClO_3^-	980～930	10.20～10.75	极强	Cl—O 伸
	ClO_4^-	1 140～1 060	8.77～9.43	极强	Cl—O 伸
	$Cr_2O_7^{2-}$	950～900	10.35～11.11	强	Cr—O 伸
	CN^-、CNO^-、CNS^-	2 200～2 000	4.55～5.00	强	C—N 伸

附录 3　实验室中常用试剂的性质

附表 3-1　实验室中常用试剂的性质

溶剂	bp/℃	mp/℃	相对分子质量	相对密度（20℃）	溶解度/(g/100 g 水)	与水共沸物	
						bp/℃	含水量/%
环乙烯	83.0	−103.5	82.15	0.809 4	0.021^{25}	70.8	10
环乙醇	161.1	25.2	100.01	0.941 6^{30}	3.8	97.9	79
正溴丁烷	101.6	−112.4	137.03	1.268 6^{25}	不溶		
正丁醚	142.4	−97.9	130.22	0.768 9	0.03	94.1	33.4
苯甲醛	178.9	−26	106.12	1.044 7	0.3		
苯甲酸	133$^{10\ mmHg}$	122.4	122.12	1.080	0.29		
苯甲醇	205.45	−15.3	108.13	1.041 3^{25}	0.08	99.9	91.0
乙酐	140.0	−73.1	102.09	1.082^{15}	13		
苯乙酮	202.08	19.62	120.15	1.023 8^{25}	0.55		
苯酚	181.8	40.9	94.11	1.057 6^{41}	6.7	99.5	90.79
对硝基苯甲酚	279	112～114	139.11	1.495	溶解		
邻硝基苯甲酚	214～216	44～45	139.11	1.495	微溶		
苯胺	184.40	−5.98	93.13	1.0217	3.5^{25}		
乙酰苯胺	304	114.3	135.17	1.219^{15}	0.56^{25}		
环己酮	155.7	−45～−47	98.15	0.947 8	15^{10}	95.0	61.6
己二酸	337.5	152	146.14	1.360^{25}	1.4		
肉桂酸	300	134	148.16	1.247 5^{4}	0.05		
二氯甲烷	40.5	−96.7	84.93	1.325 5	1.32^{25}	38.1	1.5
乙醚	34.6	−116.3	74.12	0.713 4	6.04^{25}	34.2	1.2
戊烷	36.1	−129.7	72.15	0.626 2	0.036	35	1
氯甲烷	−24.22	−97.7	50.49	0.92	0.48^{25}	39	2
二硫化碳	46.26	−111.6	76.14	1.261^{22}	0.29	43.6	2.0
丙酮	56.24	−95.35	5.088	0.790 8	∞	无	—
氯仿	61.7	−63.59	111.39	1.498 5^{15}	0.82	56.3	3.0
甲醇	64.7	−97.7	32.04	0.791 3	∞	无	—
四氢呋喃	66	−108.5	72.11	0.889 2	∞	64	5
己烷	68.7	−95.4	86.18	0.659 4	不溶	62	6
四氯化碳	76.7	−22.9	153.82	1.586 7	不溶	66.8	4.1
乙酸乙酯	77.1	−84	88.11	0.900 6	9.7	70.4	6.1
乙醇	78.3	−114	46.07	0.789 4	∞	78.2	4.4

续附表 3-1

溶剂	bp/℃	mp/℃	相对分子质量	相对密度（20℃）	溶解度/(g/100 g 水)	与水共沸物	
						bp/℃	含水量/%
苯	80.10	5.53	78.11	0.873 7[25]	0.172	69.4	8.9
丁酮	79.6	−86.7	72.11	0.804 9	24.0	73.4	12.0
环己烷	80.7	6.5	84.16	0.778 6	0.01	70	8
乙腈	81.60	−43.8	41.05	0.785 7	∞	76.5	16.3
三乙胺	89.6	−114.7	101.19	0.732 6[25]	∞	75.8	10.0
水	100.00	0.00	18.02	1.000[4]	—	—	—
甲酸	100.8	8.5	46.03	1.220	∞	107.1	22.5
1,4-二氧六环	101.2	11.7	88.10	1.032 9	∞	87.8	18.4
甲苯	110.6	−95.0	92.14	0.866 0	不溶	85.0	20.2
吡啶	115.2	−41.6	79.10	0.978 2[25]	∞	92.6	43.0
正丁醇	117.7	−88.6	74.12	0.809 7	7.4	93.0	44.5
乙酸	117.90	16.63	60.05	1.049 2	∞	无	—
氯苯	131.7	−45.3	112.56	1.106 3	0.049[30]	90.2	28.4
N,*N*-二甲基甲酰胺	153.0	−60.4	73.10	0.944 5[25]	∞	无	—
二甲亚砜	189.0	18.5	78.13	1.100	溶解	无	—
乙二醇	197.6	−13	62.07	1.113 5	∞	无	—
硝基苯	210.8	5.8	123.11	1.205[15]	0.19	99	88
三乙醇胺	335.4	21.6	149.19	1.124 2	∞	—	—
邻苯二甲酸二甲酯	282	67～68	194.19	1.194	0.43	无	—
乙酸丁酯	97.8	—	111.16	0.866 5	难溶	90.2	28.7
异丙醇	82.5	−88	60.10	0.785 1	∞	80.4	12.1
氯乙酸	188	61～63	94.50	1.58	溶解	—	—
苯氧乙酸	285	99	152	—	微溶	—	—

注：除上角（数字代表温度，单位℃）说明外，温度为 20℃。

附录 4　常用酸碱溶液的相对密度和溶解度

附表 4-1　盐酸

质量分数/%	相对密度 d_4^{20}	溶解度/(g/100 g 水)	质量分数/%	相对密度 d_4^{20}	溶解度/(g/100 g 水)
1	1.003 2	1.003	22	1.108 3	24.38
2	1.008 2	2.016	24	1.118 7	26.86
4	1.018 1	4.072	26	1.129 0	29.35
6	1.027 9	6.167	28	1.139 2	31.90
8	1.037 6	8.301	30	1.149 2	34.48
10	1.047 4	10.47	32	1.159 3	37.10
12	1.057 4	12.69	34	1.169 1	39.75
14	1.067 5	14.95	36	1.178 9	42.44
16	1.077 6	17.24	38	1.188 5	45.16
18	1.087 78	19.58	40	1.198 0	47.92
20	1.098 0	21.96			

附表 4-2　硫酸

质量分数/%	相对密度 d_4^{20}	溶解度/(g/100 g 水)	质量分数/%	相对密度 d_4^{20}	溶解度/(g/100 g 水)
1	1.005 1	1.005	70	1.610 5	112.7
2	1.011 8	2.024	80	1.727 2	138.2
3	1.018 4	3.055	90	1.814 4	163.3
4	1.025 0	4.100	91	1.819 5	165.6
5	1.031 7	5.159	92	1.824 0	167.8
10	1.066 1	10.66	93	1.827 9	170.0
15	1.102 0	16.53	94	1.831 2	172.1
20	1.139 4	22.79	95	1.833 7	174.2
25	1.178 3	29.46	96	1.835 5	176.2
30	1.218 5	36.56	97	1.836 4	178.1
40	1.302 8	52.11	98	1.836 1	179.9
50	1.395 1	69.76	99	1.834 2	181.6
60	1.498 3	89.90	100	1.830 5	183.1

附表 4-3　氢氧化钠溶液

质量分数/%	相对密度 d_4^{20}	溶解度/(g/100 g 水)	质量分数/%	相对密度 d_4^{20}	溶解度/(g/100 g 水)
1	1.009 5	1.010	26	1.284 8	33.40
5	1.053 8	5.269	30	1.327 9	39.84
10	1.108 9	11.09	35	1.379 8	48.31
16	1.175 1	18.80	40	1.430 0	57.20
20	1.279 1	24.38	50	1.525 3	76.27

附表 4-4　氨水

质量分数/%	相对密度 d_4^{20}	溶解度/(g/100 g 水)	质量分数/%	相对密度 d_4^{20}	溶解度/(g/100 g 水)
1	0.993 9	9.94	16	0.936 2	149.8
2	0.989 5	19.79	18	0.929 5	167.3
4	0.981 1	39.24	20	0.922 9	184.6
6	0.973 0	58.38	22	0.916 4	201.6
8	0.965 1	77.21	24	0.910 1	218.4
10	0.957 5	95.75	26	0.904 0	235.0
12	0.950 1	114.0	28	0.898 0	251.4
14	0.943 0	132.0	30	0.892 0	267.6

附表 4-5　碳酸钠溶液

质量分数/%	相对密度 d_4^{20}	溶解度/(g/100 g 水)	质量分数/%	相对密度 d_4^{20}	溶解度/(g/100 g 水)
1	1.008 6	1.009	12	1.124 4	13.49
2	1.019 0	2.038	14	1.146 3	16.05
4	1.039 8	4.159	16	1.168 2	18.69
6	1.060 6	6.364	18	1.190 5	21.43
8	1.081 6	8.653	20	1.213 2	24.26
10	1.102 9	11.03			

附录 5 常用恒沸物组成及其恒沸点

附表 5-1 常见二元恒沸物组成及其恒沸点

组分(沸点/℃)		恒沸点/℃	恒沸物质量分数/%	
A	B		A	B
水(100)	苯(80.6)	69.3	9	91
	甲苯(231.1)	84.1	19.6	80.4
	氯仿(61)	56.1	2.8	97.2
	乙醇(78.3)	78.2	4.5	95.5
	正丁醇(117.8)	92.4	38	62
	异丁醇(108)	90.0	33.2	66.8
	仲丁醇(99.5)	88.5	32.1	67.9
	四氯化碳(76.8)	66	4.1	95.9
	丁醛(75.7)	68	6	94
	三聚乙醛(115)	91.4	30	70
	甲酸(100.8)	107.3	22.5	77.5
	乙酸乙酯(77.1)	(最高)70.4	8.2	91.8
	苯甲酸乙酯(212.4)	99.4	84	16
乙醇(78.3)	苯(80.6)	68.2	32	68
	氯仿(61)	59.4	7	93
	四氯化碳(76.8)	64.9	16	84
	乙酸乙酯(77.1)	72	30	70

组分(沸点/℃)		恒沸点/℃	恒沸物质量分数/%	
A	B		A	B
水(100)	叔丁醇(82.8)	79.9	11.7	88.3
	烯丙醇(97)	88.2	27.1	72.9
	苄醇(205.2)	99.9	91	9
	乙醚(34.6)	110	79.76	20.24
	二氧六环(101.3)	(最高)87	20	80
甲醇(64.7)	四氯化碳(76.8)	55.7	21	79
	苯(80.6)	58.3	39	61
乙酸乙酯(77.1)	四氯化碳(76.8)	74.8	43	57
	二硫化碳(46.3)	46.1	7.3	92.7
丙酮(56.5)	二硫化碳(46.3)	39.2	34	66
	氯仿(61)	65.5	20	80
	异丙醚 (69)	54.2	61	39
己烷(69)	苯(80.6)	68.8	95	5
	氯仿(61)	60.0	28	72
环己烷(80.8)	苯(80.6)	77.8	45	55

附表 5-2 常见三元恒沸物组成及其恒沸点

组分(沸点/℃)			恒沸物质量分数/%			恒沸点/℃
A	B	C	A	B	C	
水(100)	乙醇(78.3)	乙酸乙酯(77.1)	7.8	9.0	83.2	70.3
		四氯化碳(76.8)	4.3	9.7	86	61.8
		苯(80.6)	7.4	18.5	74.1	64.9
		环己烷(80.8)	7	17	76	62.1
		氯仿(61)	3.5	4.0	92.5	55.6
	正丁醇 (117.8)	乙酸乙酯(77.1)	29	8	63	90.7
	异丙醇 (82.4)	苯(80.6)	7.5	18.7	73.8	66.5
	二硫化碳 (46.3)	丙酮(56.5)	0.81	75.21	23.98	38.04

附录6 常用易燃易爆物品的性能及储存条件的要求

1. 爆炸性物品

(1)苦味酸(又称三硝基酚)

黄色针状结晶,无臭,味极苦,强热或剧烈撞击能发生剧烈爆炸,燃烧猛烈,固体有毒,浓溶液能刺激皮肤发炎起泡,爆炸能产生极大灾害。

储藏:必须盛于非金属容器内,并加水浸没,储藏于阴凉通风处,与有机物、易燃品、氧化剂隔离。

(2)叠氮钠

白色六角形晶体,极毒,能溶于水与氨水中,微溶于醇,不溶于醚,不稳定,加热至30℃分解,微高热或剧烈震动能强剧爆炸。

储藏:必须与有机物、易燃物、氧化剂隔离,存放于阴凉处。

2. 氧化剂

(1)高锰酸钾

黑紫色细长单针柱状结晶,加热能放出氧气,与乙醚、酒精、易燃气体、硫酸、硫、磷、氧化剂接触、撞击或加热能发生爆炸,与甘油混合能自燃。

储藏:必须与有机物,易燃物,酸类尤其是硫酸、氯酸、硝酸,隔离储藏。

(2)重铬酸钾(又称红矾钾)

透明、光亮、黄色结晶,遇酸或高热能放出氧气,使有机物发热、燃烧,微有毒,勿与伤口接触以防止皮肤吸入,粉末能刺激呼吸器官,使鼻腔发炎。

3. 腐蚀性物品

(1)过氧化氢

无色无臭浓厚液体,比水重,能与水以任意比混合,长时间暴露时过氧化氢的气体能刺激皮肤、眼及肺。

储藏:必须盛于密封容器内,储藏于阴凉、黑暗、通风处,与有机物、易燃液体及铁、铜、铬等金属粉末隔离储藏。

(2)硝酸(智利硝)

无色、透明,有潮解性,味咸微苦,比水重,能溶解于水,燃烧时发出有毒和刺激性的过氧化氮和氧化氮气体。

储藏:必须储藏于干燥处,与有机物、易燃物、酸类隔离储藏。

4. 压缩和液化气体

气体用高压压缩或液化后储藏于钢瓶内,如使用不慎将其跌落或环境温度过高受热膨胀,钢瓶破裂易产生漏气,所以应时常检查其容器,并由专人保管,储藏于阴凉处。

附录 7 常见有毒化学试剂及极限安全值

1. 高毒性固体(附表 7-1)

极少量就能使人迅速中毒甚至致死。

附表 7-1 高毒性固体及极限安全值(TLV) mg/m³

名称	TLV	名称	TLV
三氧化锇	0.002	砷化合物	0.5(按 As 计)
汞化合物(特别是烷基汞)	0.01	五氧化二钒	0.5
铊盐	0.1(按 Tl 计)	草酸和草酸盐	1
硒和硒化合物	0.2(按 Se 计)	无机氰化物	5(按 CN 计)

2. 毒性危险气体(附表 7-2)

附表 7-2 毒性危险气体及极限安全值(TLV) μg/g

名称	TLV	名称	TLV	名称	TLV
氟	0.1	氟化氢	3	重氮甲烷	0.2
光气	0.1	二氧化氮	5	磷化氢	0.3
臭氧	0.1	硝酰氯	5	氰化氢	10
三氟化硼	1	氰	10	氯	1
硫化氢	10	一氧化碳	50		

3. 毒性危险液体和刺激性物质(附表 7-3)

长期少量接触可能引起慢性中毒,其中许多物质的蒸气对眼睛和呼吸道有强刺激性。

附表 7-3 毒性危险液体和刺激性物质及极限安全值(TLV) μg/g

名称	TLV	名称	TLV	名称	TLV
羰基镍	0.001	硫酸二甲酯	1	三溴化硼	1
异氰酸甲酯	0.02	硫酸二乙酯	1	氢氟酸	3
丙烯醛	0.1	四溴乙烷	1	2-氯乙醇	1
溴	0.1	烯丙醇	2	四氯乙烷	5
3-氯丙烯	1	2-丁烯醇	2	苯	10
溴甲烷	15	二硫化碳	20		

4. 其他有毒物质

(1)许多卤代烷烃以及多卤衍生物有毒,特别是附表 7-4 中所列化合物。

附表 7-4　卤代烷及极限安全值(TLV)　μg/g

名称	TLV	名称	TLV
溴仿	0.5	1,2-二溴乙烷	20
碘甲烷	5	1,2-二氯乙烷	50
四氯化碳	10	溴乙烷	200
氯仿	10	二氯甲烷	200

(2)全部芳胺,包括它们的烷氧基、卤素、硝基取代物都有毒性。脂肪族胺类中的低级脂肪族胺的蒸气有毒。一些代表性例子见附表 7-5。

附表 7-5　芳胺和脂肪族胺及极限安全值(TLV)

名称	TLV	名称	TLV/(μg/g)
对苯二胺(及其异构体)	0.1 mg/m^3	苯胺	5
甲氧基苯胺	0.5 mg/m^3	邻甲基苯胺(及其异构体)	5
对硝基苯胺(及其异构体)	1 μg/g	二甲胺	10
N-甲基苯胺	2 μg/g	乙胺	10
N,*N*-二甲基苯胺	5 μg/g	三乙胺	25

(3)酚和芳香族硝基化合物有毒,会对人体的皮肤、血液和肝脏造成损伤,苯环上代入的羟基或硝基的位置和数目的不同,其毒性也不尽相同。苯酚具有强腐蚀性,与皮肤接触后会变白,然后变黑;硝基苯对神经系统作用明显。一些代表性化合物见附表 7-6。

附表 7-6　酚和芳香族硝基化合物及极限安全值(TLV)

名称	TLV/(mg/m^3)	名称	TLV/(μg/g)
苦味酸	0.1	硝基苯	1
二硝基苯酚、二硝基甲苯酚	0.2	苯酚	5
对硝基氯苯(及其异构体)	1	甲苯酚	5
间二硝基苯	1		

5. 致癌物质

下面列举一些已知的危险致癌物质:

(1)芳胺及其衍生物:联苯胺(及某些衍生物),β-萘胺,二甲氨基偶氮苯,α-萘胺。

(2)*N*-亚硝基化合物,*N*-甲基-*N*-亚硝基苯胺,*N*-亚硝基二甲胺,*N*-甲基-*N*-亚硝基脲,*N*-亚硝基氢化吡啶。

(3)烷基化剂:双(氯甲基)醚,硫酸二甲酯,氯甲基甲醚,碘甲烷,重氮甲烷,β-羟基丙酸内酯。

(4)稠环芳烃:苯并[a]芘,二苯并[c,g]咔唑,二苯并[a,h]蒽,1,2-二甲基苯并[a]蒽。

(5)含硫化合物:硫代乙酰胺(thioacetamide),硫脲。

(6)石棉粉尘。

6. 具有长期累积效应的毒物

这些物质进入人体不易排出，在人体内累积，引起慢性中毒。这类物质主要有：①苯；②铅化合物，特别是有机铅化合物；③汞和汞化合物，特别是二价汞盐和液态的有机汞化合物。

在使用以上各类有毒化学试剂时，都应采取妥善的防护措施。避免吸入其蒸气和粉尘，不要使它们接触皮肤。有毒气体和挥发性的有毒液体必须在效率良好的通风橱中操作。汞的表面应该用水覆盖，不可直接暴露在空气中。盛装汞的仪器应放在搪瓷盘上，以防溅出的汞流失。溅洒汞的地方迅速撒上硫黄石灰糊。

附录8 有机实验废液的处理方法

1. 注意事项

(1)尽量回收溶剂,在对实验没有妨碍的情况下,可反复使用。

(2)为了方便处理,往往按类收集:①可燃性物质;②难燃性物质;③含水废液;④固体物质等。

(3)可溶于水的物质,容易成为水溶液流失,因此回收时要加以注意。但是,甲醇、乙醇及乙酸之类溶剂,能被细菌作用而易于分解,故对这类溶剂的稀溶液,经用大量水稀释后,即可排放。

(4)含重金属的废液,将其有机质分解后,按无机类废液进行处理。

2. 处理方法

1)焚烧法

(1)将可燃性物质的废液,置于燃烧炉中燃烧。如果数量很少,可装入铁制或瓷制容器,选择室外安全的地方将其燃烧。点火时,取一长棒,在其一端扎上蘸有油类的破布,或用木片等,站在上风方向进行点火。并且,必须监视至烧完为止。

(2)对难以燃烧的物质,可与可燃性物质混合燃烧,或者喷入配备有助燃器的焚烧炉中燃烧。对多氯联苯之类难于燃烧的物质,往往会排出一部分还未焚烧的物质,要加以注意。对含水的高浓度有机类废液也可用此法进行焚烧。

(3)对由于燃烧而产生 NO_2、SO_2 或 HCl 之类有害气体的废液,必须用配备有洗涤器的焚烧炉燃烧。此时,必须用碱液洗涤燃烧废气,除去其中的有害气体。

(4)对固体物质,也可将其溶解于可燃性溶剂中,然后使之燃烧。

2)溶剂萃取法

(1)对含水的低浓度废液,用与水不相混溶的正己烷类挥发性溶剂进行萃取,分离出溶剂层后,进行焚烧。再用吹入空气的方法,将水层中的溶剂吹出。

(2)对形成乳浊液之类的废液,不能用此法处理,要用焚烧法处理。

3)吸附法

用活性炭、硅藻土、矾土、层片状织物、聚丙烯、聚酯片、氨基甲酸乙酯泡沫塑料、稻草屑及锯末之类能良好吸附溶剂的物质,使其充分吸附后,与吸附剂一起焚烧。

4)氧化分解法

在含水的低浓度有机类废液中,对易氧化分解的废液,用 H_2O_2、$KMnO_4$、NaClO、$H_2SO_4+HNO_3$、HNO_3+HClO_4、$H_2SO_4+HClO_4$ 及废铬酸混合液等物质,将其氧化分解。然后,按无机类实验废液的处理方法加以处理。

5)水解法

对有机酸或无机酸的酯类,以及一部分有机磷化合物等容易发生水解的物质,可加入 NaOH 或 $Ca(OH)_2$,在室温或加热下进行水解。水解后,若废液无毒害,中和、稀释后,即可排放。如果含有有害物质,用吸附等适当的方法加以处理。

6)生物化学处理法

用活性污泥等并吹入空气进行处理。例如,对含有乙醇、乙酸、动植物性油脂、蛋白质及淀粉等的稀溶液,可用此法进行处理。

3. 含一般有机溶剂的废液

一般有机溶剂是指醇类、酯类、有机酸、酮及醚等由 C、H、O 元素构成的物质。

对此类物质废液中的可燃性物质,用焚烧法处理。对难于燃烧的物质及可燃性物质的低浓度废液,则用溶剂萃取法、吸附法及氧化分解法处理。再者,废液中含有重金属时,要保管好焚烧残渣。但是,对易被生物分解的物质(通过微生物的作用而容易分解的物质),其稀溶液用水稀释后,即可排放。

4. 含石油、动植物性油脂的废液

此类废液包括:含苯、己烷、二甲苯、甲苯、煤油、轻油、重油、润滑油、切削油、机器油、动植物性油脂及液体和固体脂肪酸等物质的废液。对可燃性物质,用焚烧法处理。

对难于燃烧的物质及低浓度的废液,则用溶剂萃取法或吸附法处理。对含机油之类的废液,含有重金属时,要保管好焚烧残渣。

5. 含 N、S 及卤素类的有机废液

此类废液包括:吡啶、喹啉、甲基吡啶、氨基酸、酰胺、二甲基甲酰胺、二硫化碳、硫醇、烷基硫、硫脲、硫酰胺、噻吩、二甲亚砜、氯仿、四氯化碳、氯乙烯类、氯苯类、酰卤化物和含 N、S、卤素的染料、农药、颜料及其中间体等。

对可燃性物质,用焚烧法处理,但必须采取措施除去由燃烧而产生的有害气体(如 SO_2、HCl、NO_2 等)。对多氯联苯类物质,因难以燃烧而有一部分直接被排出,要加以注意。

对难以燃烧的物质及低浓度的废液,用溶剂萃取法、吸附法及水解法进行处理。但对氨基酸等易被微生物分解的物质,用水稀释后,即可排放。

6. 含酚类物质的废液

此类废液包括:苯酚、甲酚、萘酚等。

对浓度大的可燃性物质,可用焚烧法处理。对浓度低的废液,则用吸附法、溶剂萃取法或氧化分解法处理。

7. 含有酸、碱、氧化剂、还原剂及无机盐类的有机类废液

此类废液包括:含有硫酸、盐酸、硝酸等酸类和氢氧化钠、碳酸钠、氨等碱类,以及过氧化氢、过氧化物等氧化剂与硫化物、联氨等还原剂的有机类废液。

首先,按无机类废液的处理方法,分别加以中和。然后,若有机类物质浓度大,用焚烧法处理(保管好残渣)。能分离出有机层和水层时,将有机层焚烧,对水层或其浓度低的废液,则用吸附法、溶剂萃取法或氧化分解法进行处理。但是,对易被微生物分解的物质,用水稀释后,即可排放。

8. 含有机磷的废液

此类废液包括:含磷酸、亚磷酸、硫代磷酸及膦酸酯类、磷化氢类以及磷系农药等物质的废液。

对浓度高的废液进行焚烧处理(因含难以燃烧的物质多,故可与可燃性物质混合进行焚烧)。对浓度低的废液,经水解或溶剂萃取后,用吸附法进行处理。

9. 含有天然及合成高分子化合物的废液

此类废液包括：含有聚乙烯、聚乙烯醇、聚苯乙烯、聚乙二醇等合成高分子化合物，以及蛋白质、木质素、纤维素、淀粉、橡胶等天然高分子化合物的废液。

对含有可燃性物质的废液，用焚烧法处理。对难以焚烧的物质及含水的低浓度废液，经浓缩后，将其焚烧。但对蛋白质、淀粉等易被微生物分解的物质，其稀溶液不经处理即可排放。

参考文献

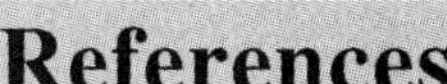

[1]孙才英，于朝生．有机化学实验．哈尔滨：东北林业大学出版社，2012.

[2]李明，刘永军，王叔文，等．有机化学实验．北京：科学出版社，2010.

[3]周志高，蒋鹏举．有机化学实验．北京：化学工业出版社，2005.

[4]任世学，姜贵全，屈红军．植物纤维化学实验教程．哈尔滨：东北林业大学出版社，2008.

[5]崔玉．有机化学实验．北京：科学出版社，2009.

[6]周建峰．有机化学实验．上海：华东理工大学出版社，2002.

[7]杨淑惠．植物纤维化学．北京：中国轻工业出版社，2006.

[8]孙世清，工铁成．有机化学实验．北京：化学工业出版社，2009.

[9]陈东红，冯文芳，袁红玲．有机化学实验．上海：华东理工大学出版社，2009.

[10]丁长江．有机化学实验．北京：科学出版社，2008.

[11]郭书好．有机化学实验．武汉：华中科技大学出版社，2008.

[12]孟晓荣，史玲．有机化学实验．北京：科学出版社，2013.

[13]赵斌．有机化学实验．青岛：中国海洋大学出版社，2009.

[14]朱文，贾春满，陈红军．有机化学实验．北京：化学工业出版社，2015.

[15]吴美芳，李琳．有机化学实验．北京：科学出版社，2013.

[16]常建华，董绮功．波谱原理及解析．北京：科学出版社，2005.

[17]王福来．有机化学实验．武汉：武汉大学出版社，2001.

[18]廖蓉苏，丁来欣．有机化学实验．北京：中国林业出版社，2009.

[19]余天桃．有机化学实验．济南：山东人民出版社，2013.

[20]孙尔康，张剑荣，郭玲香，等．有机化学实验．南京：南京大学出版社，2009.

[21]邹平，黄乾明．有机化学实验．．北京：中国农业出版社，2014.

[22]邢其毅，裴伟伟，徐瑞秋，等．基础有机化学．北京：高等教育出版社，2005.

[23]赵殊，廖蓉苏，鞠昭年．有机化学．北京：中国林业出版社，2003.

参考文献

[illegible]